Die

Arithmetik der Spr

oder:

Der Redner durch sich selb

Psychologisch-rhetorisches Lehrge

von

M. LANGENSCHWARZ.

Leipzig,
bei Georg Joachim Göschen.
1834.

Die
Arithmetik der Sprache
und
Psychologie der Redekunst.

Der

Menschheit

gewidmet.

Vorrede und Einleitung.

Mit dem Bewußtsein, ein Werk an's Licht treten zu lassen, dessen in's tiefste geistige Leben eingreifender Inhalt gewiß noch nicht erschöpfend genug für den Zweck desselben sich darstellt, — aber auch mit dem Bewußtsein, die Bahn zu einem ganz neuen Gebiete der rhetorischen Philosophie im Interesse der Zeit und Menschheit wenigstens eröffnet zu haben, und dadurch einem allgemeinen schon sehr alten Wunsche nach Kraft und Möglichkeit nachgekommen zu sein, übergebe ich dieses Buch der Oeffentlichkeit.

Die verfassungsmäßige Gestaltung der neueren Staatenordnung sowohl, als auch überhaupt das in jeder Beziehung vorausgeschrittene gesellschaftliche und öffentliche Leben, brachten das Bedürfniß guter Redner für Staat und Gesellschaft mit sich, und nur allzufühlbar wurde gar bald der Mangel einer reingeistigen Redelehre, die im Stande sei, den Redner aus seinem innersten Selbst hervor zu bilden, ohne ihn durch ein langes und am Ende doch ganz zweckloses Studium bloßer Wortphrasen hinzuhalten und erfolglos zu ermüden.

Diese Redelehre konnte natürlich nicht bloß Lehre von den Regeln der Schönheit, von Styl und Grammatik u. s. w., die ja schon das verarbeitete Material zum Sprach-Gebäude bilden, sein, — sie mußte vielmehr aus der klaren Darstellung einer willensfreien Gedankenformung entspringen, d. h. sie mußte den zu Lehrenden auf eine solche Bahn führen, von der aus er zur Selbsterkenntniß und sodann aus seinem eignen Innern hervor zur Entwickelung der ihm inne wohnenden Sprachkraft gelangen konnte; — und diese Bahn so klar als möglich vorzuzeichnen, setzte der Verfasser durch vorliegendes Werk sich zur Aufgabe.

Die trefflichsten, bis jetzt über Rhetorik erschienenen, Werke erreichten den beabsichtigten Erfolg deshalb nur zum Theil oder auch gar nicht, weil sie die Vervollkommnung der allgemeinsten menschlichen Fähigkeit auf dem Wege der Induction zu bewerkstelligen vermeinten, während doch diese Vervollkommnung einzig und allein die Erkenntniß der Ideenverbindung zur Grundlage haben, also nur auf dem Wege der Exduction bewirkt werden kann.

Durch meine Laufbahn als Improvisator auf den Weg zu meinem Inneren geleitet, gelangte ich über die eigentliche Triebfeder und ausübungsfähige Kraft der Sprache zur Klarheit, und gebe die Resultate meiner Erkenntniß hier so einfach wieder, als sie mir selbst wurden; wobei ich den einzigen Zweck habe, zur sichreren Ausbreitung der öffentlichen und gesellschaftlichen Rede mein Schärflein beizutragen.

Die, wenn auch nur theilweise, Erreichung dieses Zweckes ist der höchste Lohn, den ich erwarte, und daraus möge man schließen, ob ich durch die von mir entwickelten Ansichten dem bisherigen rhetorischen Gelehrtenkreise gegenüber zu treten beabsichtigte, oder ob es mir bloß darum zu thun war, in aller Bescheidenheit etwas zum Allgemeinnutzen der Menschheit beizutragen. Daß ich über so Manches anderer Meinung bin, als die Mehrzahl unserer Philosophen, ist Folge meiner Erkenntniß, meiner unwandelbaren Ueberzeugung und meiner Wahrheitliebe. —

Redekunst ist die Fähigkeit: eine gerundete, zusammenhängende, und den inneren Menschen berührende Darstellung bestimmter Empfindungen dergestalt durch die Sprache kund zu geben, daß die in unserer Seele gebildeten Begriffe sich, zur Erreichung einer bestimmten Absicht, der Denkkraft Anderer lenkend anschließen. — Um zu dieser Fähigkeit zu gelangen, muß daher die Grundlage unsres Studiums im Erforschen der innersten Wesenheit unseres geistigen Zustandes und in der Uebung der geistigen Sprachkraft bestehen. — Zu diesem Behufe legen wir hier unseren geehrten Theilnehmern eine förmliche „geistige Arithmetik“ vor, verwahren uns jedoch gleich im Voraus gegen jedweden Verdacht des Materialismus, dem wir, wie im Verlaufe unsrer Darstellung sich ergeben wird, ganz und gar entgegen sind, wenn wir gleich dem, durch die Sprache sich verlautbarenden Denkvermögen eine Reihung (Addition), Trennung (Subtraction), Mehrung (Multiplication) und Fügung (Division) der Gedanken zum Grunde legen.

Unser Plan war im Allgemeinen: „die Feststellung eines rhetorischen Systems, durch dessen genaue Befolgung es auch dem ungeübtesten Redner nach und nach möglich würde, seiner Empfindungen und Ideen vollkommen und zwar in einem solchen Grade Herr zu werden, daß er, ungehindert durch alles um ihn her Vorgehende, und zu jeder beliebigen Stunde fähig sei, das in seinem Innern Erwachte klar, geordnet und zusammenhängend auszusprechen.“ Wie viele gebildete, ja selbst gelehrte Personen es geben mag, welche, die schönsten Ideen in ihrem Innern tragend, dennoch nicht im Stande sind, unvorbereitet und zu jeder Zeit so klar und zusammenhängend sich auszusprechen, als ob sie dieselben vorher dem Papiere anvertraut, — und daß schon diesen Personen allein, mindestens zur Ausbildung für die gesellschaftliche Sphäre, ein Leitfaden wie der vorliegende nicht ganz unwichtig sein kann, dürfen wir wohl nicht erst bemerken. Denjenigen aber, welche sich der öffentlichen Rednerbühne und der Kanzel zu widmen gedenken, glauben wir ein unentbehrliches Handbuch bieten zu können, durch dessen Studium sie die einzig-wahre Grundlage zur beabsichtigten Laufbahn zu erlangen vermögen. Sie bedürfen zu diesem Studium weiter keiner Mitgabe, als der festen, unerschütterlichen Willenskraft; dies aber um so mehr, als der Mensch von Natur aus sehr geneigt ist, sich lieber mit Dingen außer ihm, als mit sich selbst zu beschäftigen.

Mit dem stolzen Selbstgefühle der Urtheils- und Vernunftkraft, und mit dem noch stolzeren Bewußtsein, das Werthverhältniß alles außer ihm Bestehenden zu seinem eigenen ermessen zu können, tritt der Mensch in die Welt, und alles einsaugend von außen, was er dem Begehren und der Kraft seiner geistigen Wesenheit glaubt anfügen oder unterordnen zu dürfen, zieht er mit freiüberschauendem, mehr oder minder ruhigem Geistesblicke, die Kreise der zu erforschenden Gebiete um sich her; und verliert sich in eine Außenwelt, in der er selbst sich dunkel bleibt, weil er fälschlicher Weise seine Vernunft als das willkührlich Selbstschließende, das in den Geist Aufzunehmende aber meist als von dem Denker schon zuvor Ausgegangene betrachtet. Darum erscheint es dem Menschen leichter, sich mit Begriffen außer ihm zu beschäftigen, als mit der Wesenheit seines eigenen Innern; er sucht den Standpunkt seiner eignen Geisteskraft aus dem Werthverhältnisse fremder Geisteskräfte herzuleiten und zu bestimmen, und scheut dabei nichts so sehr, als den Weg der Selbsterkenntniß in und durch sich selbst einzuschlagen. Mit Hast und Unbefangenheit betritt er jeden Forschungskreis, in welchem er sich als subjectiv oder das Bestimmende erblickt, und aus sich selbst herauszutreten vermag, — mit Unlust dagegen oder einer Art von Widerwillen wirft er den Blick in die Tiefen seines Selbst, ja es scheint ihn zu schauern bei dem Versuche, den Weg der Erkenntniß von innen heraus zu eröffnen. Und doch ist die wahre Vervollkommnung fast aller geistigen Kraft und Fähigkeit des Menschen nur auf diesem Wege zu erzwecken! —

Wir also wollen diesen Weg der Erkenntniß unsern Lesern durch vorliegendes Werk eröffnen, damit sie zur Selbstbildung der innewohnenden Sprach- und Rede-Fähigkeit gelangen, und damit sie die in der Seele so wunderbar bestehende Gedanken-Ordnung der Kraft des Willens unterziehen, und von ihr den zweckmäßigsten Gebrauch machen lernen.

Empfindung und Sprache! welch' ein Himmel in zwei Worten! — — Klar und zusammenhängend, knüpfen sie das innere Sein an das Vorgefühl einer Unsterblichkeit; unklar und stockend, werden sie zum Vorwurfe der Natur gegen die Nachlässigkeit in der Erkenntniß unseres innersten Heiligthumes.

Alles in der Natur — wenn es als abgeschlossen und in seinem Urbestande auch noch so vereinfacht dasteht, — darf nicht vereinzelt dastehen, wenn es einen wirkenden Theil im Gemälde unseres Daseins bilden soll. Daher sucht Alles, was nur den Begriff „lebend" verkünden soll, Vereinigung, Aneinanderschließung, Verbindung mit ihm gleichen Kräften; — die Empfindung will Vereinigung der Empfindung, — der Gedanke Vereinigung des Gedankens, — das Leben Vereinigung des Lebens. Dies ist es, was das Grundprinzip „Streben“ in ewig-gleicher Wechselwirkung erzeugt, die Pfeiler am großen Tempel des Menschen- und Staatslebens aufrecht erhält, bittre Vergangenheit, durch Anschließung an die reiche Gegenwart, vergessen macht, die Sehnsucht in der Menschenbrust erweckt, und die Hoffnung zum Troste des Schmerzes erhebt. — Aber alle Kraft hat ihre Gegenkraft. Aller Kraft des Vereins streben feindliche Kräfte der Trennung entgegen, und je größer ein Kreis wird, in dem sich gleiche Kräfte zu verbinden suchen, um so stärker werden in diesem Kreise die ungleichen Kräfte erstehn, um so öfterer werden sie jene gleichartig strebenden Verbindungskräfte durch den Verein entgegenstrebender Gewichte zu trennen suchen. Nur dadurch erhält sich die Ebbe und Fluth der menschlichen Thatkraft, das gleichmäßige Steigen und Fallen ihrer Erzeugnisse, das richtige Gleichgewicht der innern Welt.

Doch der weise Schöpfer dieser Welt sah ein, daß er den, — durch dieselben natürlichen Mängel, die ihn zum Streben zwingen, zugleich s c h w a c h e n — Menschen, wenigstens in E i n e natürlich-abtheilende Schranke verweisen müsse, damit die Menschen-Welt aus mehreren geregelten Theilen des Ganzen bestünde, und nicht eine allzugroße Masse verschiedenartiger Menschenkräfte sich in einen Kreis zusammendränge, der für sie ein ewiger, blutiger Streitapfel werden könne. — Daher gab er zwar uns Allen zusammen ein Ganzes, — die Welt — aber er band jeden Einzelnen an einen Theil dieses Ganzen — an sein Vaterland. — Die Hauptschranke nun, die er uns zur Verkettung mit diesem Theile setzte, war nicht etwa eine Schranke, gleich dem Gitter am Kerker eines Gefangenen, nicht etwa eine Schranke, die uns wehe thun könnte — nein! es war die süßeste, erhabenste, war eine göttliche Schranke, — die der Muttersprache! — Jeder, der Bildung angehörende, Mensch kann und sollte, nach der Grundbedeutung des Naturgesetzes, ein Redner sein, in seiner Muttersprache. — Was wir als Säugling gelallt, das wiegt uns als Greis in den Himmel. — Jene weise Anordnung schließt uns inniger und fester an den Flecken Erde, auf dem wir in die Welt traten; und vermehrt und erhalten wird das Bedürfniß einer Lautwerdung der Empfindungen durch das Bedürfniß gegenseitiger Mittheilung*).

*) Nur aber auch in der Sprache, die wir mit der Muttermilch einsogen, oder die mindestens unsre Kindheit bis zum erwachenden Verstande begleitete, und diesen redend in's Leben einführte, sind wir im Stande, es bis zur vollkommnen Denk- und Redefertigkeit zu bringen. Man wird es daher natürlich

Das Bedürfniß menschlicher Mittheilung erheischte schon in den frühesten Zeiten menschlichen Wandels und bei allen Nationen schon im Zustande der niedrigsten Cultur um so dringender eine zusammenhängende Bezeichnung durch die Sprache,

---

finden, wenn wir bei dieser Gelegenheit erklären: wie zweckmäßig es sei, Kinder in ihrer frühesten Jugend vorzüglich nur mit Einer Sprache (sei diese selbst, wenn man durchaus so will, nicht Muttersprache) zu beschäftigen, und sie erst, wenn sie in die Jahre des erwachenden Verstandes getreten sind, in das Gebiet anderer Sprachen einzuführen. Die erste Denk-Richtungsweise ist die bleibendste, und es kann vielen schädlichen Einfluß auf unser Leben haben, wenn wir schon als Kind, und in Jahren, die noch gar keine eigene Denkkraft zulassen, mit einer Art von Zwang — mögen es auch Andere nennen, wie sie wollen — zu einem drei- oder vierfachen Zerschneiden der ersten, kindlichen Eindrücke durch drei oder vier Sprachen zugleich, genöthigt werden. — Ferne sei es von uns, uns zum Moralisiren berufen zu glauben, und wir selbst halten das Erlernen fremder Sprachen für sehr gut und schön; aber es muß auch nur ein Erlernen sein, in den Jahren, die uns zum Erlernen fähig machen. Wir haben Hunderte von Beispielen, daß Kinder schon vom ersten Eintritte in die Welt an, entweder zwei bis drei verschieden sprechende Erzieher oder Ammen erhalten, oder daß die Eltern selbst sich bemühen, ihr Kind mit den ersten Lauten, die es zu lallen vermag, an mehrere Sprachen zugleich zu gewöhnen — ja, oft sogar mit Hintansetzung der Muttersprache! Dem sei nun wie ihm wolle, so ist es ausgemacht, daß dergleichen allzufrühes Zertheilen der Empfindungs- und Denkkraft Jemanden zwar dahin zu bringen vermag, in mehreren Sprachen etwas zu sagen, aber in keiner einzigen wirklich zu reden. —

als es bei wichtigen Gelegenheiten zu dem Grade der Darstellung gesteigert werden mußte. Die Nothwendigkeit eines Besitzthumes und eines Vaterlandes erzeugt den Krieg aus dem Begriffe Vereinigung, und die gegenseitige Erkennung so wie das festere Aneinanderschließen zur Unterstützung, wurde befördert durch die Sprache. Alle Nationen hatten in ihrer Urzeit schon ihre Schlachtreden, und viel kam darauf an, wenn in jenen Tagen ein Heerführer oder zurückkehrender Herold seine vaterländischen Brüder durch zusammenhängende, treffende Darstellung zum Kampfe zu begeistern wußte. Dies mußte schon früher darauf führen, die Kraft der Sprache zu erhöhen, und einem Studium zu unterwerfen; daher die Redner und Sprecher schon bei Volksstämmen, die oft noch als Nomaden umherzogen. Um wie viel mehr aber mußte die vollkommene Fertigkeit der Sprache in späteren Zeiten erheischt werden, in denen nicht allein die steigende Bildung und innigere Verkettung der Nationen durch Familiengeselligkeit, Gesetz und Staatsordnung so manches Sprachgebäude für Meinungen, Belehrung und Allgemeinwohl bedurften, sondern in denen auch Künste und Wissenschaften andrer Art einen solchen bleibenden Werth, eine solche Höhe errungen hatten, daß das Reden, als etwas vermeintlich Alltägliches und Gewöhntes, zu einer eignen Sphäre der Vollendung sich erheben mußte, sollte es den übrigen schönen Künsten gleichgeachtet werden. —

Diese Erhebung zur Rede-Fertigkeit fand nun auch Statt, — aber mit so geringem Allgemeineifer, daß, indem alle anderen Künste sehr schnell vorwärts schritten, und sich durch alle cultivirten Erdtheile verbreiteten, die Redekunst in ihrer gebührenden Höhe nur äußerst selten sich zeigte, und wir in dieser natürlichsten, ersten und menschlich-erhabensten Fähigkeit, im Verhältnisse zu andern Wissenschaften, leider! nur sehr wenige Beispiele vollkommner Meisterschaft aufzustellen vermögen. — Das Merkwürdigste aber bei dieser Redner-Seltenheit — und vielleicht das Traurigste dabei — ist: daß die Ursache der Seltenheit nicht immer gerade wie bei andern Künsten und Wissenschaften in dem Befürchten der Schwierigkeit, Mühe, Talenterforderniß u. s. w. zu suchen ist, sondern, daß die Redekunst sehr häufig bloß darum keine freiwilligen Anhänger und Schüler fand, weil man ein ernstes und näheres Beschäftigen mit dem bloßen Reden, als etwas Alltäglichem und allen Menschen Eignem, häufig für gering hielt, und weil es zu allen Zeiten Menschen gab, die eine vielseitige Oberflächlichkeit in Modekünsten und Wissenschaften, oder das unzusammenhängende Gewirre mehrerer fremder Sprachen zugleich höher schätzten, als die Fertigkeit: eine schöne vollkommene Rede und zusammenhängende Darstellung durch das lebende Wort geben zu können. —

Gehören doch auch zu jedem geringen Handwerke, wenn es vollkommen genannt werden soll, eine besondere Erkenntniß, ein langes Ueben; dennoch zählen wir Hunderttausende der geschicktesten Handwerker. — In der Malerei, der Musik, der Bildhauerkunst, die das Studium vieler Jahre erfordern, um einigermaßen vollkommen zu heißen, zu denen lange Anstrengungen und mühesame Vorarbeiten gehören, um sich ihnen würdig anzuschließen, zählen wir eine ungemeine Menge von Schülern, Anhängern und Künstlern, und Tausende drängen sich mit wahrer Gierde zu ihnen hin, die ihr halbes Leben damit hinziehen, ohne irgend eine Vollkommenheit in sich hineingepinselt oder gemusicirt zu haben. Nur in der Redekunst, eine Kunst, zu der ein jeder, körperlich und geistig gesunde, Mensch vom Schöpfer und von Natur aus mit der Muttersprache die inneren Anlagen erhält, und für die wir daher gerade die meisten Anhänger, die begierigsten Schüler und die größte Anzahl wahrer Meister besitzen sollten, — war bis jetzt die Zahl aller dieser so ganz unglaublich geringe, zum Verhältnisse der Menschenzahl, daß man fast sagen könnte: die Natur müßte es der Menschheit zum Frevel anrechnen, die allgemeinste, heiligste ihrer Gaben mit solcher Nachlässigkeit behandelt zu haben! — —

Möge es uns gelingen, durch vorliegenden Leitfaden diesen Vorwurf zum Theil ausgleichen zu können! —

Lembola auf Finnland, im Sommer 1832.

Langenschwarz.

Inhalt.

I.

Der Gedanke.

(Grundverhältniß.)

Theorie.

Die neun Rede=Grundzahlen.

Das Gebäude der Sprache oder die Rede beruht auf dem Vereine der Ideen — der Gedanke selbst auf der geordneten Empfindung und auf der Einheit in ihrer Anwendung.

Alles in der Welt ist von Natur aus in seinem Urbestande geordnet. Die geringste Abweichung in Form und Art heißt daher mit Recht „unnatürlich," und jedes unnatürliche Verhältniß eines Theiles zum Ganzen, oder die theilweise Unvollkommenheit in Dingen, die eine Vervollkommnung erheischen und zulassen, ist für die denkende Seele von unangenehmem Eindrucke. Die natürlichste Ordnung aber ist nichts anderes, als die natürlichste Einfachheit in der Zusammensetzung, — und allen lebenden Wesen ohne Ausnahme ist die Fähigkeit angeboren, den Bedürfnissen und Erfordernissen des Daseins auf die einfachste und ordnungsvollste Weise genügen zu können†). Durch die

†) Aus dieser Ursache wird es begreiflich, warum der denkende und mit Verstand begabte Mensch zuweilen gerin=

zweckgemäße Uebung und Anwendung der ihm angebornen Fähigkeiten vermag der Mensch sie zur Kunstfertigkeit zu steigern; eine Kunstfertigkeit erlangen aber heißt: uns die Begriffe so wie die Erkenntniß der Bestandtheile einer Sache dermaßen anzueignen, daß wir sie in ihren einfachsten Beziehungen, oder in ihren durch strenge Einheit bedingten Verhältnissen genau erkennen, ihre Zusammensetzungen oder Auflösungen auf das Einfachste zu bestimmen vermögen, unsre Fähigkeiten auf sie übertragen, und, mit einem Worte, sie, durch das Zurückführen auf ihr einfachstes Bestehen, in unsere Gewalt bekommen. —

Ist dies geschehen, und haben wir uns zum Meister des Begriffes ihrer Bestandtheile gemacht, so stehen wir ihrer Wesenheit nahe, und nichts in der Welt kann unserer Seele die Vervollkommnung der Fähigkeit wieder entziehen, es sei denn, daß die Kraft ihrer Vernunft selbst aufhörte. Wir sagen: „der Wesenheit nahe stehn;“ die Wesenheit ganz erreichen kann der Mensch mit seiner beschränkten Kraft nicht. Es müßte sonst der Blumenkünstler, der

---

geren Geschöpfen in der Natur nachzustehen scheint; indem z. B. der geschickteste Baumeister nicht im Stande ist, ein Schwalben-Nest mit so geringen Mitteln, als dieser Vogel dazu gebraucht, zusammen zu setzen. Was wir bei solchen geschickten Thieren blos Naturtrieb nennen, ist eben die, den Thieren wie den Menschen angeborne Fähigkeit: den Bedürfnissen des Lebens auf die ordnungsvollste Weise zu genügen. Diesen Grundsatz sehen wir bei solchen Völkern, die unseren höheren Begriffen nach auf der sogenannten Stufe der Wildheit oder Roheit stehen, bestättigt; indem wir z. B. Flechtwerke aus Baumrinde und andere bewunderungswürdige Erzeugnisse, die oft kein Europäer mit seinen Maschinen und Werkzeugen hervorzubringen vermag, von Wilden verfertigen sehen.

es dahin gebracht hat, Gewächse und Blumen, deren Bestandtheile er studirte, täuschend nachzuahmen, auch den wirklichen Saamen der Blumen machen können, um sie wachsen zu lassen.

Von allen Fähigkeiten nun, die dem Menschen — und vorzugsweise ihm vor allen andern lebenden Geschöpfen — zur weitern Ausbildung und Vervollkommnung mitgegeben wurden, verdient als erste genannt zu werden: die Fähigkeit zu sprechen, d. i. die der geregelten Lautwerdung seiner in ihm erwachten Vorstellungen und Begriffe. Wie alle übrigen menschlichen Fähigkeiten, wohnt auch sie ihm bei der Geburt nur unvollkommen inne, wenn sie gleich als in ihrem Urwesen geordnet erscheint. Sie bedarf daher auch, gleich den übrigen, der zweckgemäßen Uebung und des genauen Studiums ihrer Wesenheit, um nach der angeführten Regel zur Kunstfertigkeit gesteigert zu werden.

Dazu, und um eine Grundlage zu unserm Selbststudium und ihrer Veredelung zu erhalten, ist vor Allem erforderlich, daß wir sie auf die möglichst-einfache Weise in dem Gange unsrer Empfindungen erkennen, und uns ihres stufenweisen Fortgangs bewußt werden. Alsdann erst werden wir im Stande sein, die gesuchte Basis herzustellen, und die, als blos urwesentlich und uns unklar in unserm Innern bestehende, von unsrer Willenskraft unabhängige Ordnung, in eine freiwillige und klar bewußte umzugestalten. Ohne diese, uns bewußt hergestellte Ordnung ist die höhere, innere Vervollkommnung der Sprachfähigkeit nicht möglich. Es ist nicht genug, zu sagen: „die Sprache entsteht durch Laute und Worte, und man muß die Worte richtig zusammenfügen, um gut zu reden.“ — Ohne die genaueste Erkenntniß des Grundmaterials zum Redebau, d. i. ohne Erkenntniß der Gedanken und ihrer Entwickelung, wird stylistisches, grammatikalisches und tropisches Wissen keinen Redner zu bilden vermögen. Es giebt sehr kluge und gebildete Personen, die nicht nur keinen Begriff davon haben, was Empfindungs-Ordnung ist, sondern, die sich auch nicht einmal erklären können, welcher Unterschied in der Entstehung des daraus hervorgehenden Gedankens, dieses Grundbedürfnisses einer jeden Rededarstellung, Statt findet. Solche Personen können es mitunter dahin bringen, daß sie einen guten Brief oder einen schönen Aufsatz aus der Feder fließen lassen; nie aber werden sie, ohne jenes Studium und jene genauere Erkenntniß der Grundbedürfnisse, der Gewalt des Ausdrucks dergestalt Herr werden, daß sie augenblicklich und ohne Mühe eine schöne, gerundete, mündliche Darstellung zu geben vermöchten, sollten sie auch nur etwas so eben Gehörtes, Gesehenes einem Andern geläufig mittheilen wollen. —

Die Grundordnung der zusammenhängenden Rede beruht auf der richtigen Verkettung der erwachten Gedanken. Die schnelle und richtige Verkettung des Gedankens beruht auf der richtigsten Erkenntniß und einfachsten Verbindung der Empfindungen.

Der Mensch hat Sinne, durch die der Seele die verschiedenartigsten Empfindungen zugeführt werden. — Aber im Momente der unmittelbaren Aufnahme dieser Empfindungen in die Seele ist die menschliche Willenskraft, die sonst so viel vermag, den Sinnen untergeordnet; und dies ist die erste und vorzüglichste Ursache, warum die allgemeinste Fähigkeit des Menschen „zu sprechen," erst noch eines Studiums und einer Erkenntniß bedarf, um wirkliche Redekunst zu werden. — Wir können z. B., in Betracht der äußern Sinne, sobald wir eine Blume wirklich sehen oder deren Duft wirklich riechen, in demselben Momente nicht mehr sagen: „ich will sie nicht gesehen, nicht gerochen haben;" die Empfindung der Farbenanschauung und des Geruches sind der Seele Einmal zugeführt, und keine menschliche Willenskraft ist im Stande, sie, als aufgenommene Empfindungen, der Seele im Momente der Aufnahme zu entziehen*).

Eben so wenig kann Jemand, der mit gesundem Ohre eine Musik hört, in demselben Momente sagen: ich will sie nicht gehört haben. Er kann zwar, indem sie in seiner Nähe Statt findet, davon mit Gewalt abstrahiren, und irgend einen andern Sinn, so lange die Musik dauert, dergestalt beschäftigen, daß der Sinn des Gehörs dem andern beschäftigten Sinn untergeordnet, und also momentan verwischt bleibt, — aber, bei gesunden, wachenden Sinnen bewirken wollen: daß alle äußeren Sinne zugleich, auch nur eine Tertie lang, unbeschäftigt seien, ist dem Menschen eben so unmöglich, als nach der Geburt zu wollen, daß er ungeboren sei. — Wäre eine solche Unterordnung (aller Sinne zugleich) unter die Willenskraft möglich, so verschwände der Ruhm manches großen Redners in Nichts; — ein jeder Mensch könnte sodann, ohne alles Studium und ohne allen richtigeren Begriff seiner Seelenfähigkeiten, stundenlange Reden ohne Anstrengung und ohne die mindeste Störung der Gedankenfolge halten. Hinge es blos von unserer Willenskraft ab, den gesunden Sinnen zu gebieten: „Ihr sollt, indem ihr wirkt, nicht wirken," so wäre es allen Menschen ein Leichtes, in jeder Lage ein Redner zu sein. Nichts in der Welt vermöchte uns sodann zu hindern, mit den in der Seele schon vorhandenen Empfindungen und Gedanken, ohne alle innere Vollkommenheit nach Belieben zu schalten, und, so zu sagen — wenn wir uns eines ungewöhnlichen Ausdruckes bedienen dürfen — die Empfindungen aus der Seele, gleich wie aus einem Sacke herauszuschütteln.

---

*) Ein solches plötzliches Erlöschen der, eben erst zugeführten, Empfindung, im Momente der Aufnahme, kann nur bei völlig verrücktem Empfindungs- und Verstandesvermögen Statt haben, und dies ist es eben, was viele Wahnsinnige unheilbar macht.

Indem aber eine solche Macht des Willens in der menschlichen Seele nicht existirt, geschieht es, daß wir ununterbrochen und in jedem nur denkbar kurzen Zeitraume bei gesundem Seelenvermögen neue, unwillkührliche Empfindungen in uns aufnehmen, die uns durch irgend einen Sinn zugeführt werden.

Diese Zuführung geschieht, während der Entstehung unsrer Empfindungen, im ungeordneten Verhältnisse zu den schon in der Seele vorhand'nen. Da aber, wie gleich anfangs bemerkt, alles in der Welt in seinem Urbestande geordnet erscheint, so müssen auch die, durch das Vermögen der Seele aufgenommenen Empfindungen, nach ihrer Aufnahme einer gewissen Ordnung in der Seele unterliegen. Und dies ist, bei unverrückter Vernunft, immer der Fall. Blieben die von der Seele aufgenommenen Empfindungen nach deren Aufnahme so vermischt und ungeordnet in ihr, als sie dieselben empfing, so wären Erinnerung und Gedächtniß bedeutungslose, nichtssagende Begriffe.

Da, wie gesagt, nicht eine Secunde verstreichen kann, ohne daß wir bei der Thätigkeit unsrer Sinne einen neuen Gegenstand der Empfindung in uns aufnehmen, so müßten alle die tausende von verschiedenen Empfindungen, die nur während einiger Stunden in unsre Seele eingehen, in ungeordnetem Zustande ein solches Chaos und ein solches Bild der Verwirrung in unserem geistigen Innern erzeugen, daß wir ganz gewiß kaum im Stande wären, uns am Abend dessen zu erinnern, was am Morgen in unsere Seele einging; wir würden uns Tage lang anstrengen müssen, um den auffallendsten Gegenstand des Gedächtnisses, und wäre er auch kaum eine Stunde vorher von uns aufgefaßt worden, aus dem Labyrinthe unzähliger, verworrener Empfindungen heraus zu wickeln; und eine dergleichen Anstrengung würde unsre gesunde Vernunft, bei der Beschränktheit unserer Nerventhätigkeit, sehr bald übermannen. Also schon die geringste Gedächtnißkraft, die nur irgend den Namen Gedächtniß verdient, beweist uns, daß in der Seele des Menschen von Natur aus der Urbestand einer

1. Ordnung.] „Ordnung der Empfindungen"

Statt finden muß. Irgend einen Grad von Gedächtnißkraft aber hat auch der roheste und ungebildetste Mensch. Ganz ohne alle Spur von Gedächtnißvermögen kann nur der sein, dem das Verstandesvermögen gänzlich fehlt; ein solcher aber ist an und für sich nur als Halbmensch zu betrachten, und kann daher keinen Gegenbeleg zu unserem Grundsatze abgeben.

Noch viele andere Ergebnisse unseres Denkvermögens zeugen für die in der Seele bestehende Ordnung, und wir werden später darauf zurückkommen, wie sie sogar die Selbstentwickelung der Empfindungen herbeiführt.

Von allen Redebedingnissen das erste ist nun: daß wir uns dieser Ordnung bewußt werden, daß wir sie erkennen, und dahin gelangen, den möglichst-willensfreien Gebrauch (zur Rededarstellung) von ihr zu machen. Wir müssen den Grundbestand jener intellectuellen Urstoffe erkennen, durch die wir den Zusammenhang, oder vielmehr die erste Quelle bilden, aus welcher der Gang unsrer Rede sich entwickelt. — Ohne die genaueste Kenntniß jener Grundordnung in uns werden wir meist dem Zuge augenblicklicher Eindrücke nachgeben, den geistig erfaßten Hauptfaden zerreißen, und ihn durch jenen störenden Knoten, den wir mit dem Namen „Stockung" bezeichnen, vergebens wieder aufzunehmen suchen. —

Wir sind ferner nicht im Stande zu sprechen, ohne zu vergleichen. Jede Bezeichnung, jedes Urtheil, jede Darstellung durch Worte schließt den Vergleich mit Aehnlichem oder Entgegengesetztem in sich ein, auch wenn dieser Vergleich nicht wirklich ausgedrückt wird. So kann ich z.

B. keinen Hagelschaden Jemandem als schrecklich bezeichnen, ohne daß dieser, um ihn schrecklich zu finden, sich nicht unwillkührlich den unversehrten Gegenstand vor dem Unglücke vorstellt. Daraus geht hervor, daß, wenn wir die Beschreibung des Angenehmen oder Unangenehmen interessant machen wollen, wir mit der Grundempfindung allein nicht soviel vermögen, als wenn wir sie durch vergleichende, harmonische Nebenempfindungen heben und steigern. Um dies zu können, und um dem Hauptbegriffe passende und treffende Nebenbegriffe anzuschließen, bedürfen wir vor Allem der genauesten Kenntniß, sowohl der in unsrer Seele schon vorhandnen Begriffe und innern Bilder, als auch der natürlichen Ordnung derselben. D. h. wir bedürfen, um das Rechte zum Rechten zu fügen, der Erkenntniß der Art, wie sich in uns die Nebenbegriffe im Verhältnisse zur Hauptidee zu entwickeln pflegen, — oder mit kürzeren Worten der

2. Erkenntniß.] Erkenntniß unsrer Empfindungsweise †).

Die Erkenntniß der Ordnung der Empfindungen in der Seele ist ein Grunderforderniß zur Erhebung des richtigen Gedankens, und von diesem zur richtigen Rede.

Da nun, wie früher erläutert, das erste Aufnehmen

---

†) Falsche und ungeordnete Vergleiche sind meist eine Folge des unbewußten innern Zustandes, und entspringen immer daraus, daß der Darsteller nicht gewohnt ist, mit Bewußtsein, d. h. mit Erkenntniß seiner innern Ordnung zu sprechen, und daß er sich den ersten besten Zuflüssen der Phantasie überläßt, und das Empfundene ohne alle feste Uebersicht seines Gegenstandes in Worte kleidet, in der Meinung, daß die Sprache da sei, um den Gedanken zu bilden, nicht aber, um von ihm gebildet zu werden.

der in uns eingehenden Empfindungen nur ungeordnet geschieht, und die Ordnung derselben auf geistigem Wege erst nach der Aufnahme vor sich geht, so kann die Erkenntniß unsrer Empfindungsweise nur empirisch Statt haben. Die Erfahrung über die Art und Weise, wie wir unsere Gedanken einzukleiden gewohnt sind, d. i. die Gewohnheitsart unsrer Darstellungsentwickelung wird uns am besten darauf zurückführen, in welchem Verhältnisse unsre jedesmalige Einkleidung zu den Empfindungen stand, und uns dadurch sehr leicht zur Lehrmeisterin werden. Allgemeinregeln haben wir zwar, doch nur solche, die mehr oder weniger durch die Individualität des Sprechenden beschränkt werden, indem der Nervenorganismus mehr oder minder seinen momentanen Einfluß zu äußern pflegt.

Zur nähern Erläuterung diene es blos, daß alle verschiedenen Arten des durch die Darstellung an's Licht tretenden Empfindungsganges sich so ziemlich auf zwei Hauptklassen reduciren lassen, und zwar

1) auf diejenige, bei der die Hauptempfindung gleich vorantritt, und, indem sie die Nebenempfindungen allmälig herbeiführt, die Grundlage bei der Entwickelung bildet.

2) Diejenige, bei der durch scharfen, klaren Ueberblick und die lebhafte Phantasie des Darstellers, die Hauptempfindung durch vorangehende Nebenempfindungen momentan zurückgedrängt wird, und sich erst später als Schlußbild des dargestellten Gemäldes dem Ganzen vollendend anschließt.

Wir werden später darauf zurückkommen, warum die letztere Art weit zweckmäßiger und vollkommner ist als die erstere, und warum sie sich weit besser zur gerundeten Darstellung eignet, als jene. Die erstere Art ist zwar die am häufigsten gebrauchte, weil sie dem Sprechenden leichter und natürlicher erscheint, aber die bei weitem unvollkommnere.

Wir wollen nun kurz auseinander zu setzen versuchen, inwieferne wir eine Ordnung der Empfindungen in uns besitzen müssen, und inwieferne die bekundete Gewohnheitsweise diese Ordnung genauer erkennen läßt: —

A) Die menschliche Seele besteht aus zwei wesentlich geistigen Urkräften: des Empfindens und des Denkens. Keine dieser beiden Kräfte kann ohne die andre bestehen. Sie besitzen jedoch nicht nothwendigerweise gleiche Reinheit und Vollkommenheit, und das Denken ist an und für sich vollkommner als das Empfinden; folglich bedarf das Empfinden einer Steigerung, um sich zur Kraft des Denkens aufzuschwingen. Nun setzt alle Steigerung auf dem Wege der Vervollkommnung eine bestimmte Grundordnung des zu Steigernden voraus; denn eine Nichtordnung ist schon in sich eine Nichtvollkommenheit. Folglich bedarf das Empfinden der Ordnung, um zur Vollkommenheit des Denkens zu gelangen.

B) Wie und in welcher Weise sich die einzelne Empfindung zur einzelnen ordne, ist unerklärbar; weil

1) wir das Wesen der Zusammenfindung einzelner Empfindungen nur durch den, jeder einzelnen Empfindung nothwendig und unmittelbar folgenden Gedanken zu erklären vermöchten,
2) dieser Gedanke selbst aber, wie A. bewiesen, erst nach geschehener Ordnung und durch dieselbe klar wird.

C) Daß eine Ordnung der Empfindungen in uns Statt finden müsse, ist nach A. erwiesen. Ordnung heißt das richtige und proportionirte Verhältniß mehrerer Gegenstände in der Verbindung zu einem zusammenhängenden Ganzen. Diese Verbindung kann sein:

1) die des Aehnlichen zum Aehnlichen,
die des Unähnlichen zum Unähnlichen } in einander,

2) die des Aehnlichen mit dem Unähnlichen } unter und neben einander †).

D) Alles Aehnliche an und für sich besitzt, als ähnlich, und alles Unähnliche an und für sich, als unähnlich, ein gewisses Merkmal, oder Erkennungszeichen. Es muß daher die Art der Ordnung oder Verbindung überhaupt ein Erkennungszeichen der Ordnung überhaupt besitzen.

E) Gegenstände der äußeren Sinne haben äußere, Gegenstände der inneren Sinne haben innere Erkennungszeichen. Da nun innere Gegenstände durch den inneren Sinn erkannt werden, so vermögen wir die Weise und Ordnung derselben nur durch die innere, gleichmäßig kundwerdende und wiederkehrende Weise der Verbindung ihrer Bestandtheile zu erkennen. (Die Sichtbarwerdung einer ungleichmäßigen oder ungleichmäßig wiederkehrenden Verbindung innerer Bestandtheile wäre ein sicheres Zeichen der Ungleichmäßigkeit ihrer Ordnung, d. i. ein Zeichen ihrer Unordnung.) Nun ist

F) Gewohnheitsweise die uns kundwerdende, gleichmäßig wiederkehrende Weise in der Behandlung äusserer oder innerer Gegenstände; folglich ist

G) die Gewohnheitsweise in der Darstellung (durch die Rede) ein Erkennungszeichen der Ordnungsweise in den Empfindungen.

Wir wollen hiermit freilich nicht gesagt haben, daß die Gewohnheitsweise das Hauptmittel sei, unsre Empfin-

†) Bei jedem geordneten Ganzen können einzelne Bestandtheile desselben in sich mangelhaft seyn, ohne darum die Ordnung des Ganzen aufzuheben. So kann z. B. eine Bibliothek geordnet sein, während einzelne Werke derselben in sich mangelhaft sind.

dungsweise zu ergründen. Sie ist vielmehr nur eines der minder schwierigen Mittel, erhält aber insoferne bedeutenden Werth, als sie sich auch für Andere, als den Redenden kund gibt. Dadurch wird es wenigstens möglich, daß wir durch Andere auf die Art der geistigen Entwickelung aufmerksam gemacht werden, so lange wir noch nicht jene innere Stärke und Ruhe besitzen, um durch uns selbst ein Studium unsres Innern zu bewerkstelligen.

Sind wir dahin gelangt, daß wir die Art der Empfindungsordnung zur vorgesetzten Darstellung in uns zu erkennen vermögen, so wird es uns leichter werden, einen Blick der Prüfung auf die Steigerungsart zu werfen. Hier kommen wir vor Allem darauf, daß wir, außer der Erkennung, auch noch der Wiedererkennung einzelner Empfindungen fähig sein müssen, deren Vorhandensein in der Seele uns zwar schon bekannt ist, die aber durch neuere Empfindungen verdrängt, oder zurückgestellt wurden. Dies Wiedererkennen schon aufgenommener, und früher der innern Ordnung angeschlossener Gegenstände begründet die

3. Erinnerung.] Erinnerung der Empfindungen.

Nun sind aber bei der Rede gerade solche Empfindungen, die durch ein längeres Anschließen an die innere Ordnung eine größere Klarheit erlangt haben, die wichtigsten Bestandtheile derselben. Fände daher das Wiedererkennen oder die Erinnerung solcher Empfindungen nur zufällig, oder dadurch Statt, daß sie unabhängig von allen andern Geisteskräften nur von selbst wieder vor unser inneres Auge träten, so wäre es eine pure Unmöglichkeit, in bestimmter Klarheit zusammenhängender Empfindungen zu reden, indem wir nicht wüßten, wie wir durch die, jede Secunde wachsenden, neueren Empfindungen zu den frühern hindurchgelangen, oder welchen Zufall wir vorher herbeiführen sollten, um sie wieder zu finden. Es mußte uns daher vom Schöpfer ein vermittelnder Weg verliehen werden, auf dem wir zur Erinnerung gehabter Empfindungen gelangen können. Dieser vermittelnde Weg von einem gegenwärtigen Momente der Empfindung zu einem vergangenen, ist das Gedächtniß. — An und für sich ist dies Gedächtniß, wie alle übrigen angebornen Fähigkeiten, roh, und bedarf, wie sie, der Vervollkommnung durch Uebung. Je vollkommner es aber ist, um so wohlthätiger wird es auf den Gang der Rede, durch rasches Erwecken schon bekannter Empfindungen, einwirken. Denn, so wie wir auf einem noch uncultivirten und wenig benützten Wege nur langsam, dagegen auf einem cultivirten, geebneten, und durch seine Benützung mit Gleisen versehenen, sehr rasch vorwärts gelangen, so werden wir auch auf dem Wege des Gedächtnisses, wenn er durch häufige Prüfung und Uebung vervollkommnet ist, weit rascher zur Erreichung passender Nebenempfindungen gelangen. Das Gedächtniß an und für sich ist nur eine Stufe zur Leiter des Bewußtseins, aber eine bedeutende. Es trägt, wenn es geübt ist, wesentlich zur Auseinandersetzung der Empfindungen bei, und hebt dergestalt das zum Gedanken gewordene Bild, durch die Verbindung einzelner, farbenreicher Partialvorstellungen mit dem Grundgedanken. Ohne den Ideengang gerade zu verbessern, oder irgend das Wesen der Rede zu bilden, ist es doch eine große Stütze derselben, und als eine Art von Vermittler zwischen den aufgenommenen Empfindungen, dem Bewußtsein derselben und dem Gedanken zu betrachten. Es trägt zur Steigerung der Empfindungen während der Rede einiges bei, indem es, so zu sagen, den Uebergang von einer Empfindung zur andern unterstützt.

Durchs bloße Herbeiziehen der einzelnen Empfindungen in der Erinnerung wird jedoch noch nicht die Feststellung derselben in uns bewirkt. Diese Feststellung aller einzelnen Empfindungen ist aber um so nöthiger, als wir eine jede derselben mit dem zu bildenden innern Ganzen in Verein zu setzen haben. Es muß jede einzelne Nebenempfindung im Bezug' auf den Grundgegenstand zur Gedankenerhebung verfähigt werden, d. h. wir müssen während der Rede von einer jeden einzelnen Empfindung ununterbrochen wissen, daß, und wozu sie da ist. Aus unserm Erinnerungsvermögen muß also hervorgehen ein

4. Bleibendes Bewußtsein.

Bleibendes Bewußtsein der Empfindungen.

Zwar werden wir durch ein fortwährendes, unwillkührliches Aufnehmen dunkler Empfindungen beschäftigt, und die Ordnungsfolge der einzelnen zu einzelnen ist, wie erwiesen, unerklärbar. Da aber die Seele keine einzelne Empfindung richtig behandeln kann, wenn sie sich nicht derselben als abgeschlossen versichert, so muß sie, wenn gleich die Ordnungsfolge der einzelnen ihr unbekannt bleibt, dennoch im Momente der Rede ein bleibendes Bewußtsein derjenigen Empfindungen besitzen, die zur Darstellung durchaus nöthig sind. Hierzu aber kann das Erinnerungsvermögen allein durchaus nicht hinreichend sein. Es muß also noch eine, die Thätigkeit des Erinnerungsvermögens unterstützende Kraft geben, die den im Gedächtnisse herbeigeführten Gegenstand unter allen neu hinzutretenden Empfindungen festzuhalten vermag.

Wir wollen es versuchen, diese unterstützende Kraft ausfindig zu machen.

Wie das Körperliche seinen Schwerpunct hat, so hat das Geistige seinen Haltepunct. Der Schwerpunct des Körperlichen ist subjectiv, der Haltepunct des Geistigen dagegen objectiv, d. h. das Körperliche trägt die bindende Kraft in sich, das Geistige aber erlangt dieselbe durch eine außerhalb seiner selbst liegende Verbindung. Alle, durch Verbindung von außen geschehene Vereinigung kann durch äußere Kraft wieder getrennt werden. Folglich bedarf das Geistige einer zweiten Kraft, durch die es im Stande ist, einer Trennung der erlangten Verbindung mit seinem Haltepuncte das Gegengewicht zu halten. Denn da wir die neu aufzunehmenden Empfindungen ungeordnet empfangen, und dabei nicht die Gewalt besitzen, in irgend einem Momente unsrem Innern zu gebieten: „jetzt sollst Du nicht empfinden," so müssen wir uns wenigstens in den Stand setzen können, alle neu erwachenden Empfindungen, so lange wir ältere in Worte kleiden, hinter diese zur Rede gesteigerten zurückzudrängen, wenn wir nicht der Gefahr ausgesetzt sein wollen, durch unwillkührliche neue Empfindungen unterbrochen, und jeden Augenblick in der Rede gestört zu werden. So lange wir uns nicht der Uebermacht neuer Empfindungen zu erwehren vermögen, können wir oft kaum zum klaren Bewußtsein älterer gelangen, vielweniger uns derselben bewußt bleiben. Die Erinnerung bewirkt durchs Gedächtniß nichts Andres, als daß sie uns die früher aufgefaßten Gegenstände wieder vorführt; ob diese Gegenstände dann auch bleiben, damit gibt sie sich weiter nicht ab. Dies ist reine Sache des Bewußtseins. Das Bewußtsein allein ist nun freilich im Stande, sie festzuhalten, so lange wir blos denken, und diese vorgeführten Gegenstände nicht in Worte kleiden. Geschieht dies aber, so bürden wir dem Bewußtsein die doppelte Arbeit auf, fortwährend zwei ganz verschiedengestellte, völlig getrennte Empfindungen zu gleicher Zeit in sich zu tragen, nämlich: diejenige, welche wir, indem wir reden, schon in Worte gekleidet haben, und zugleich mit ihr diejenige, welche ihr unmittelbar gefolgt ist, und erst in Worte gekleidet werden soll. Fehlt nun dem Redenden jene stützende Kraft, die wir eben erforschen, so kann das Bewußtsein allein nur durch Zwang dahin gebracht werden, die doppelte Arbeit zu übernehmen. Es kann sie auch durch Zwang übernehmen; aber diese schwierige Arbeit wird alsdann, wenn sie sich in die Länge zieht, nur schlecht geleistet, d. h. die Rede wird unzusammenhängend und minder gelungen werden. Denn, so unglaublich schnell der Mensch auch seine innern Bilder zum Gedanken zu erheben, und diesen in Worte zu kleiden vermag, so können wir doch nicht verhindern, daß sich, während der Rede, irgend eines von den vielen neuen Bildern, die sich fortwährend in uns gestalten, gerade zwischen zwei Gedanken, die in der Rede auf einander folgen sollen, dränge, und dem Bewußtsein des zunächst folgenden Gedankens einen momentanen Schleier vorziehe. Wie oft ein solches Dazwischendrängen fremder Empfindungen bei der Rede vorfalle, bedarf wohl nicht erst der Erwähnung; jener plötzlich vorgezogne Schleier einer fremden Empfindung ist es gerade, was ein Jeder im gewöhnlichen Leben so oft bei sich erprobt. — Diesen Schleier nun, so oft er sich auch während der Rede einfinde, zu durchbrechen, d. h. durch alle hinzukommenden, fremdartigen Empfindungen fest und klar hindurch zu schauen, bedarf der Mensch, wenn die Rede gelingen soll, durchaus neben dem Bewußtsein einer kräftigen Stütze, die diesem die doppelte Arbeit erleichtert, und vollenden hilft. — So lange wir, wie gesagt, unsere Empfindungen nicht in Worten aussprechen, bedarf es einer solchen Hilfe nicht, weil dann dem Bewußtsein nur seine eigentliche Sphäre angewiesen bleibt. Daher kommt es denn auch, daß so manche, oft höchst gebildete Menschen sagen: „ich fühle alle Ausdrücke, Gedanken und Redesätze in mir, allein ich bin nicht im Stande, sie so auszusprechen, wie ich sie empfinde." —

Solche haben also das klarste Bewußtsein ihrer Empfindungen in sich; allein sie vermögen nicht, sie in gleicher Kraft auszusprechen, entweder weil ihnen jene Stütze des Bewußtseins wirklich abgeht, oder auch, weil sie stets zu nachlässig waren, die Stärke dieser Stütze zu prüfen und zu vermehren, und weil sie des Selbstvertrauens in ihren eignen Seelenzustand ermangelten. — Und diese Letzteren bilden, was zu bedauern ist, ohne Zweifel die größere Zahl; denn die Natur versorgt uns bei der Geburt so mütterlich mit allem zur menschlichen Thatkraft Nöthigen, daß wenigstens eine Anlage zu jener, das Bewußtsein stützenden, Kraft einem Jeden inne wohnt, und der gänzliche Mangel derselben unmöglich erscheinen muß.

Welche Stütze aber kann für das Bewußtsein zweckdienlicher sein, als eine solche, die es, trotz allem Fremdartigen, das auf uns einstürmt, aufrecht erhält, und uns gegen alles plötzlich Störende unerschütterlich macht? Eine solche gibt es wirklich. — Um ihren Namen von selbst herbeizuführen, dürfen wir nur bemerken: daß, indem wir sprechend uns gewisse Empfindungen vergegenwärtigen, unsre Rede nur dann zusammenhängend werden kann, wenn auch das Bewußtsein der vergegenwärtigten Empfindungen in ununterbrochner Klarheit unserem Geiste gegenwärtig bleibt, oder mit kürzeren Worten: wenn wir Geistesgegenwart besitzen. —

Die Geistesgegenwart (und zwar nicht diejenige, die der Franzose **présence d'esprit**, sondern **„imperturbabilité“** nennt) ist es, die uns, als mitwirkende Kraft des Bewußtseins, ungestört durch alle plötzlichen Gegeneindrücke hindurchzuführen vermag, indem sie uns Besonnenheit verleiht, und während der Beseitigung jener Eindrücke die Klarheit unsres Bewußtseins aufrecht erhält. Eine angeborne Anlage zu dieser Kraft hat, wie schon oben bemerkt, unstreitig ein jeder Mensch, und ein Jeder bewährt dieselbe gewiß Einmal, bei irgend einer Gelegenheit, in höherem oder geringerem Grade. Bei der freien Rede aber ist sie ganz besonders in höherem Grade nöthig, und, nach Betrachtung des eben Gesagten, wesentlich unentbehrlich.

Da wir nicht darzustellen vermögen, ohne zu folgern, so werden wir stets eine größere Zahl von Empfindungen zugleich behandeln. — Soll nun das Gemälde der Rede gelungen heißen, so müssen diese Empfindungen durch harmonirende Mischung und Aneinanderreihung so innig verbunden sein, daß ihre Verbindung jedesmal als nothwendig aus ihnen hervorgegangen erscheint. Dies hat einige Aehnlichkeit mit dem Producte des Malers. Der Maler jedoch hat das vor dem Redner voraus, daß er sein begonnenes Gemälde Tage und Wochen lang unterbrechen kann, ohne daß diese Unterbrechung weiter schadet, oder am vollendeten Gemälde sichtbar ist. Der Sprechende dagegen soll in Gegenwart seiner Hörer ein Gemälde entwerfen, beginnen, steigern und vollenden, ohne die mindeste längere Unterbrechung. Wenn daher der Maler es eben nicht nöthig hat, alle Farben zugleich bei der Hand zu haben, indem er das Fehlende, so lange er will, ohne Schaden suchen kann, so muß der Sprechende im Gegentheil des Vorhandenseins aller nöthigen Farben schon im Beginnen gewiß sein, sonst kann sein Gemälde unmöglich gelingen. Noch klarer wird dies durch folgende Bemerkung: das Product des Malers unterliegt dem Beschauen des körperlichen Auges, das Gemälde des Redners dem Beschauen des geistigen. Das körperliche Auge kann an dem Producte des Malers haften, und darauf verweilen; das geistige, innere Auge dagegen kann bei dem Erzeugnisse des Redners nur ihm folgen, um es aufzunehmen. Während daher der Maler sein Bild allein und im Stillen vollendet, um es erst, wenn es schon vollendet ist, dem Auge vorzulegen, so ist dagegen das innere Auge des Zuhörers bei der Rede von deren Anfang bis zu ihrer Vollendung gegenwärtig. Der Zuhörer wird folglich jede Unterbrechung oder falsche Farbenmischung im Gemälde eben so gut bemerken, als der Redner selbst*).

Wir müssen also bei der Rede es dahin zu bringen suchen, daß wir jeder störenden Unterbrechung im Voraus ei-

---

*) Wir finden hier für nöthig, zu wiederholen, daß wir mehr über die unmittelbare Rede abhandeln.

nen ſichern Damm entgegen zu ſetzen vermögen, und eine Mitgrundlage zu dieſem Damme iſt die Geiſtesgegenwart.

Nachdem wir es dahin gebracht, uns mit gehöriger Beſonnenheit und Selbſtbeherrſchung einem vorgeſetzten Redegegenſtande zu nähern, und mit voller Zuverſicht die ihn bedingenden Theilpuncte zu erkennen, ſo werden wir im Stande ſein, zum raſchen Entwerfen eines kurzen *Plans* zu ſchreiten. — Dieſer iſt durchaus nothwendig zur

5. Ueberſicht.] Allgemeinüberſicht der Empfindungen.

Nicht nur, daß wir uns einer jeden einzelnen Empfindung zur Behandlung gewiſſermaßen im Voraus bemächtigen müſſen, ſo iſt es auch noch nothwendig, daß wir *alle*, die zu den beſtimmten Gegenſtänden erforderlich ſind, unter *Einen* Blick des Geiſtes zu bringen ſuchen, damit ſie uns fortwährend zu Gebote ſtehen, wir dieſelben frei überſchauen können, und das Aufeinanderfolgen derſelben ſich durch einen und denſelben bedingenden Zweck feſtſtellen läßt. Dies Feſtſtellen der einzelnen Empfindungen zu einander durch den *Zweck* der Rede iſt beſonders bei denjenigen zu beobachten, die als *unmittelbar* aus der *Hauptempfindung* entſtehend betrachtet werden müſſen. Sollten ſich alsdann auch während der Rede noch andre zu benutzenden Empfindungen einſtellen, die vorher in die Allgemeinüberſicht *nicht* begriffen waren, ſondern vielleicht erſt durch Reflexion in unſerer Seele ſich erzeugten, ſo werden ſie mindeſtens auf die im Voraus *beſtimmten* und unter Einen Geiſtesblick verſammelten nicht ſtörend einzuwirken vermögen, und wir um ſo leichter ſie in den Kreis der bereits abgeſchloſſenen Empfindungen hinein verflechten können.

Wir müſſen jedesmal wiſſen, wie weit wir zu gehen haben, und deshalb die Lichtſtrahlen unſres Innern nicht *über* den innern Geſichtskreis *hinaus* treten laſſen.

Die genaueste Uebersicht unsrer vorhandenen Empfindungen ist ferner um so unerläßlicher, als wir nur durch sie die gehörige Richtung derselben einzuleiten vermögen. Aus dieser Richtung der Empfindungen entsteht die

6. Eintheilung.] Eintheilung ihrer Bestandarten.

Erleichterung für diese ist es gleichfalls, wenn wir unsere Entwickelungsweise zur Darstellung erkannt und verbessert haben. Sie hängt unmittelbar von der erlangten Uebersicht und dem Entwurfe des Planes ab, obschon sie zum Theil im Plane mit inbegriffen ist. Indem der Hauptplan mehr mit der Uebersicht des Ganzen zusammenhängt, so ist die Eintheilung des Ganzen als für sich bestehend zu betrachten; denn diese betrifft mehr die Abscheidung der Arten, oder einzelner Gesammttheile, während die Uebersicht mehr die Zutheilung zum Ganzen betrifft. (Ein Plan ist also die Grundlage zur Verbindung von Uebersicht und Eintheilung, und besteht aus den beiden Haupteigenschaften: Zutheilung und Abscheidung.) Aus der, durch klare Eintheilung erfolgten Abscheidung der Empfindungen entsteht, wie wir später auseinander setzen werden, die klare Abscheidung des Gedankens. Die Eintheilung der Redebestandarten ist daher von wesentlicher Nothwendigkeit. Sie begründet sich hauptsächlich:

1) in der Anordnung der richtigen Proportion und nach dem geistigen Werthe berechneten, folgegerechten Harmonie der Nebenempfindungen zur Hauptempfindung, oder

2) in der Anordnung der richtigen und nach dem geistigen Werthe berechneten Steigerung der vorausgehenden Theilbegriffe zum Hauptbegriffe;

oder, mit andern Worten, sie besteht:

1) in folgegerechter Abstufung des Stärkeren zum Schwächeren;
2) in folgegerechter Aufstufung des Schwächeren zum Stärkeren,

welches Letztere edlerer Art ist, und sich zur Darstellung am meisten eignet.

In der Eintheilung muß einestheils schon der Zweck der Darstellung ersichtlich werden, d. h. es muß eine jede eingetheilte Empfindung schon ihrem Standpuncte nach mit dem Zwecke der Rede vereinbar sein.

Ferner darf die Abscheidung oder Zutheilung der einzelnen Nebenempfindungen nur ihrem geistigen Werthe nach Statt finden, weil nur in diesem Falle die Redebestandtheile als zweckmäßig eingetheilt erscheinen.

Jede zweckmäßige Eintheilung macht uns eine Aufstufung des Schwächeren zum Stärkeren möglich, und setzt uns in den Stand, den aus unseren Empfindungen erwachenden Ideenkreis in sich abzurunden.

Nun aber können die aus einem Hauptbegriffe entspringenden oder durch ihn erweckten Nebenbegriffe nicht nur in sehr großer Anzahl vorhanden sein, wovon wir sodann oft wieder einen großen Theil vielleicht gänzlich ausscheiden müssen, sondern es kann sich auch im Gegentheile wieder fügen, daß wir eine vorzugsweise schöne Nebenempfindung zu dem Grade eines Hauptgedankens zu steigern, und dieselbe — indem wir den eigentlichen Hauptgedanken der ganzen Darstellung auf eine kurze Zeit bei Seite setzen — als abgeschlossen zu behandeln vermögen. Dies nennen wir sodann: „eine Episode in die Darstellung verflechten.“ —

So schwierig es nun auch ist, dergleichen Episoden gelungen auszuführen, ohne der eigentlichen Hauptdarstellung Abbruch zu thun, so sind sie doch oft zur Hebung des Ganzen nicht unpassend, und tragen, wenn sich der Redner in der Hauptdarstellung durch sie nicht irre machen läßt, sehr viel zur Uebung desselben bei. — Ferner ergeben sich zu jeder ausgedehntern Darstellung mancherlei Empfindungen, die, ohne gerade Episoden herbeizuführen, sich zur besondern Hervorhebung des Grundbildes eignen, und die daher eine nicht minder genaue Berücksichtigung, als die Episode verdienen. Sodann ist es auch noch möglich, daß bei der Eintheilung der Nebenbilder zum Grundbilde unter den Nebenempfindungen solche hervortreten, die einander ganz ähnlich sind, und welche daher, um Reminiscensen zu vermeiden, im Voraus verglichen, ausgeschieden, vereinfacht, und alsdann zusammen vereint an die gebührende Stelle versetzt werden müssen. Alles dies nun macht uns darauf aufmerksam, daß die Eintheilung allein uns noch nicht genügen kann, denn wir müssen nicht nur wissen, wie die einzelnen Nebenempfindungen sich zur Hauptempfindung verhalten, sondern wir müssen auch noch, vor beginnender Rede, genau darüber im Klaren sein, wohin sie ihrem Werthe nach gehören. Der vorgesetzte Gang der Darstellung im Allgemeinen bedingt zwar zugleich den Gang der aus ihr erwachsenden Nebenbegriffe; allein daraus geht noch nicht hervor, daß die nothwendige Auffassung der letztern sich unmittelbar in der Auffassung des Hauptgegenstandes begründe. Wir werden vielmehr später auseinandersetzen, wie ein jedes einzelne Theilbild seine ihm eigenthümliche Auffassung bedinge, obschon alle Theilglieder mit dem Hauptgliede zusammen auf einen und denselben Zweck hinzuwirken haben. Jede einzelne Nebenempfindung, die wir als nothwendig in die Darstellung verflechten wollen, muß in sich selbst so viel natürlichen Werth besitzen, daß sie als den Grundgegenstand erhöhend zur Anwendung gebracht werden kann. Wir müssen daher nicht nur den Nutzen einer jeden Empfindung zur Darstellung überhaupt, sondern auch ihr natürliches Gewicht zum Grundbegriff insbesondere erkannt haben. Dies führt uns zu einer zweckmäßigen

7. Bestimmung.] Bestimmung der eingetheilten Empfindungen.

Bei der Eintheilung, die, wie gesagt, zum Theil mit in den Plan begriffen ist, suchen wir sie aus, bei der Bestimmung weisen wir sie an, d. h. bei der letztern bestimmen wir ihnen einzeln den gebührenden Rang, während die Eintheilung die Rangordnung der Arten betrifft, (wozu wir in der „Praxis" ein ausführliches Beispiel angeben werden). Die zur Bestimmung der eingetheilten Empfindungen erforderliche Werth-Erkenntniß zeigt uns zugleich an, inwiefern sich aus ihnen eine moralische Kraft zu entwickeln habe, und dies bedingt abermals eine Steigerung derselben. Es kann eigentlich keine wahre, in sich geltende Empfindung ohne moralische Kraft geben, selbst wenn diese nur Widerstrahl einer möglicherweise zu folgernden Empfindung wäre. Jede wahre Empfindung, die im Stande ist, zur Erhebung des sie zeugenden Grundbildes beizutragen, bedingt hierzu in sich irgend einen Lichtpunct der Moral; ist sie unfähig zur Erhebung ihres Gegenstandes, so ist sie schon in sich als nichtgültig zu betrachten, besonders wenn sie durch freiwillige, innere Erweckung entstand. Es geht aber daraus, daß eine jede nothwendige Empfindung irgend einen moralischen Lichtpunct in sich tragen kann, hervor: daß eine jede, in unsere Seele eingegangene der Veredelung fähig sein muß. Diese veredelnde Steigerung ist um so nöthiger, als eine jede Nebenempfindung wieder abgeleitete Theilbilder in sich enthalten kann, und diese abgeleiteten Bilder nur allzuhäufig einen abschließenden Ausdruck des Gemüths, des Gefühls, der Rührung, Andacht, Theilnahme u. s. w. bedingen, weshalb die sie gebärende Nebenempfindung erst noch einen besondern Grad der Empfindungsvollkommenheit zu erlangen hat, um jenen darzustellenden Ausdruck in ein harmonisches Werthverhältniß zum Hauptgegenstande setzen zu können.

Indem wir durch die Bestimmung jedem einzelnen Bilde einen bestimmten Rang anweisen, so muß dieser Rang bei der Darstellung dazu benutzt werden können, die Bestimmung des Grundbildes, oder den Zweck der ganzen Darstellung mit fortwährend aufsteigender Proportion in das möglichst-hellste Licht zu setzen. Jedes einzelne Theilbild muß daher in der Seele des Redners in solcher Vollkommenheit da stehen, daß er sich nicht erst während der Rede mit der Veredelung desselben beschäftigen darf. Während er jede einzelne Nebenempfindung in seiner Seele so aufzustellen hat, daß sie die Absicht seiner Rede gewichtig zu unterstützen vermag, muß es dem Zuhörer erscheinen, als wolle er nur im Grundgegenstande eine Absicht bekunden; dies wird er aber nur dann zu bewerkstelligen vermögen, wenn seine Nebenempfindungen schon vor Beginn der Rede dermaßen in ihm vervollkommnet sind, daß er sie ohne alle sichtbare Anstrengung und fast unmerklich zur Erhebung des Hauptgegenstandes benutzen kann. Es liegt überhaupt in der Natur des Menschen, daß er sich gerne auf recht zwanglose Weise, so wie von selbst, zur Ueberzeugung hinführen läßt. Die geringste Unsicherheit im Gemälde des Redners bewirkt sehr leicht ein Schwanken in den Empfindungen seiner Zuhörer. — Er muß also, indem er sich seiner zu gebrauchenden Nebenbilder bewußt wird, die im Verhältnisse zum Hauptgegenstande nicht veredelungsfähigen zu beseitigen, und die zur Veredelung passenden in das gehörige Licht zu stellen wissen. Die Veredelung der zur vorgesetzten Darstellung schon bestimmten Empfindungen ist um so nöthiger, als die Seele sich ununterbrochen mit Neuem beschäftigt, und an und für sich, als wirkende Urkraft, durchaus in keine bestimmte einfache Richtung vom Menschen zu versetzen ist. Diese Richtung kann nur jedesmal einer gewissen Reihe ihr entnommener Empfindungen angewiesen werden, und während der Redner seine vorgesetzte Bahn verfolgt, übt sie ungestört ihr Grundvermögen im Aufnehmen neuer Empfindungen aus. Das innere Auge eines jeden Menschen ist nur Eines, aber die Strahlen dieses Auges sind unberechenbar; In einem jeden dieser Strahlen liegen die aufeinander gefolgten Empfindungen als aufgereihte, geistige Lebenspuncte, und wir sind nur mit Mühe im Stande, auch nur einige von einander abstehenden Strahlen dieses Auges mit einander zu verbinden. Dazu gehört tiefes Selbststudium und eine tiefe innere Abgeschlossenheit und Sammlung. Indem wir uns also mit einer Reihe solcher Empfindungen zu beschäftigen gedenken, die wir als für eine einzige Darstellung passend in uns abschließen müssen, so können wir uns höchstens mit je Einem jener Strahlen befassen, und haben sodann auch hinlänglich zu thun, um die in jeglichem Strahle uns als nothwendig erscheinenden Puncte zu Lichtpuncten zu erheben, und sie vor plötzlicher Verdüsterung durch fremdartige, neu eingehende Empfindungen zu bewahren. Der Redner muß sich nie mit allzuviel auf Einmal beschäftigen wollen. Er hat den Zweck seiner Darstellung durch nothwendig=bedingte Folgerung in seinen Ideen wo möglich auf harmonische Beweisführung zu stützen; er muß fühlen, daß seine Empfindungen in harmonischem Einklange zu dem Zwecke seiner Rede stehen, er muß selbst überzeugt sein, bevor er Andere überzeugen will, und mit einem Worte, er muß das, was er Anderen darstellen will, so zu sagen sich zuvor schon selbst dargestellt haben. Dazu aber darf in seinem Bewußtsein keine Nebenempfindung sich als herabziehend zum Hauptgegenstande verhalten, und dies alles führt uns von der Bestimmung auf die

8. Läuterung.] **Läuterung der Empfindungen.**

Die Läuterung der Empfindungen bringt eigentlich den erstandenen Keim derselben zur Blüthe, und diese ist zu ihrer Reife unumgänglich nothwendig. Es gibt wohl nur wenige Empfindungen besserer Natur, bei denen sich nicht irgend ein Zug des menschlichen Herzens kund geben läßt. Die Erinnerungen der lichteren und trüberen Seiten unseres Lebens sind ferner so enge mit einander verknüpft, und stehen sich so nahe, daß wir selten unsere eigenen Gefühle des Angenehmen oder Unangenehmen aussprechen können, ohne in der Seele unserer Zuhörer gewisse Saiten mit zu berühren, deren reinerer oder trüberer Klang sodann gewöhnlich von der Vollkommenheit unsres Redevermögens abhängig gemacht wird. Je geläuterter nun in solchen Fällen unsre eignen Empfindungen sich kund geben, um so mehr werden wir in einer oder der anderen Weise auf das Gemüth unserer Hörer einwirken; (daher wir auch im gewöhnlichen Leben zu sagen pflegen: wir lesen den Eindruck unsrer Rede auf dem Antlitz unserer Zuhörer). — Seyen unsre Empfindungen noch so schön eingetheilt, noch so passend bestimmt, und unsre Hörer noch so wißbegierig, so werden wir den beabsichtigten Zweck der Rede doch niemals völlig erreichen, sobald unsre ausgesprochenen Empfindungen der Läuterung ermangeln. Man führe Jemand, der noch so durstig ist, an eine schöne Quelle, deren Wasser zu der besten Art gehört, in welcher aber allerlei Wasserthiere und dergleichen sich befinden, so wird er zwar seinen Durst daraus löschen können, aber der Trunk wird nicht so wohlthätig auf ihn einwirken, als wenn das Wasser geläutert wäre.

Die Läuterung der Empfindungen ist sehr verschiedener Art, und hängt häufig von der Wesenheit der einzelnen Empfindung selbst ab. Eine einzige ungeläuterte Empfindung vermag oft die Wirkung der ganzen Rede zu zerstören. Durch die Läuterung gelangen wir erst zur jedesmaligen Abrundung der eigentlichen Empfindungsreihe, und wenn wir uns nur ihrer bei der Rede fortwährend bewußt bleiben, so werden die neu einströmenden dunklern Bilder sehr leicht von selbst hinter sie zurücktreten, und dies ist schon ein wesentlicher Beitrag zur innern Ruhe.

Gewiß ist es, daß, wenn der Redner nur erst das Gefühl der Läuterung seiner Empfindungen bewußt in sich trägt, der Aufschwung der aus ihnen hervorgehenden Ideen viel kräftiger und dauernder sein wird. Er wird sich erleichtert und erhoben fühlen, durch das Bewußtsein einer ihm zu Gebote stehenden geistigen Lichtschaar, mit welcher er bei nur einiger Selbstkraft frei und ungehindert durch alles Störende hindurch zu dringen vermag; er wird sich stark fühlen, bei dem Bewußtsein: frei von allem Einflusse der momentanen Zu- oder Abneigung seiner Zuhörer, sich selbst genug zu sein; er wird begeistert sein, bei dem Bewußtsein: einen durch seine Selbstkraft geläuterten Bilderkreis in sich zu tragen, durch den er das schon halb erstorbene Herz zu entzünden vermag, wenn es ihm gelingt, die in ihm selbst erwachten Lichtstrahlen so in dessen Tiefen zu ergießen, wie er sie empfindet. —

Die Läuterung der Empfindungen ist ferner darum unentbehrlich, weil sie auf dem wesentlichen Verhältnisse der einzelnen Empfindungen unter einander beruht, wir aber durch die Läuterung des Einzelnen zur Klarheit des Ganzen gelangen; und dies ist der höchste Grad bei der Steigerung der Empfindung zur Erweckung des Gedankens. Die höchste Stufe der vervollkommneten Empfindungsordnung, oder die Reife derselben, heißt also:

9. Klarheit.] Klarheit der Empfindungen.

So vielfacher Art die Empfindungen an und für sich sind, so verschieden gestaltet sich, zur Klarheit derselben, die jedesmalige Läuterung. Ungeläuterte Empfindungen sind bei der Rede immer überflüssig. Bei Empfindungen moralischer Natur ist die Läuterung stets Veredelung; sie tritt jedoch in jedem einzelnen Falle in ein bestimmtes, verklärendes Verhältniß zum Ganzen, und muß also schon deshalb der Klarheit der Empfindung vorausgehen. Da nun der klare Gedanke nur aus der Klarheit der Empfindung zu entstehen vermag, diese Klarheit aber durchaus auf der Läuterung der innern Triebfedern beruht, so muß uns diese letztere von doppelter Wichtigkeit erscheinen, und wir wollen noch aus einem besondern Gesichtspunkte darzuthun versuchen, warum eine Läuterung der Empfindungen der Klarheit derselben vorausgehen muß.

Alle äußere Klarheit durch äußeren Sinn setzt eine ruhige Hingebung oder eine Ruhe bei der Anwendung des betreffenden Sinnes voraus; so z. B. wenn ich einen Gegenstand klar mit dem Auge sehen will, so muß dies Auge ruhig auf ihm haften, denn je unruhiger es umherschweift, um so mehr verwirft es den klaren Gesichtspunct. Eben so setzt die innere Klarheit, durch inneren Sinn, eine innere Ruhe voraus. Eine innere Ruhe aber kann bei innerer Verwicklung nicht Statt finden. Sollte daher eine Verwicklung vorhanden sein, so muß diese, — damit die Ruhe zur Klarheit gewonnen werde — durch passende Vertheilung entwickelt und aufgelöst werden. Diese Entwirrung geistiger Bestandtheile ist mehr oder weniger deren Läuterung. Eine innere Verwickelung findet Statt: wenn irgend eine, schon vorhandene, überwiegend-angenehme oder unangenehme Empfindung, die nicht Hauptempfindung der Rede ist, die Seele des Redenden dergestalt einnimmt, daß er dadurch die Hauptempfindung der Rede zu weit aus dem Gesichte verliert, daher die übrigen Nebenempfindungen nicht mehr zu beherrschen vermag, und diese sodann in ein ungeordnetes Werth-Verhältniß zum Ganzen treten. — (Wir werden dies weiterhin durch ein Beispiel erläutern. —)

Warum aber kann zur Rede die innere Ruhe bei innerer Verwicklung nicht Statt finden? Aus zweifachem, gleich-wichtigem Grunde.

A) Aus geistigem Grunde.

Wir sprachen weiter oben von der Möglichkeit: jene

Eindrücke, die, während wir reden, durch eine Menge unwillkührlicher, neuer Empfindungen auf uns gemacht werden, momentan hinter die, in Rede zu kleidenden Empfindungen zurück zu drängen. Hierzu ist natürlich erforderlich, daß diejenigen Empfindungen, die, als schon vorhanden, in Worten ausgedrückt werden sollen, bereits in die gehörige Harmonie zum Ganzen gestellt sind, damit wir im Stande sind, jene neuen Eindrücke jedesmal hinter das Ganze zurück zu drängen; denn das Zurückdrängen hinter einen Theil desselben, würde diesen Theil vom Uebrigen abschneiden, — mithin eine Stockung bewirken. — Sobald also diese innere Harmonie bereits besteht, können wir den Wirkungeu neuer Empfindungen entgegenstreben. Wie aber, wenn diese Harmonie schon in sich, d. h. durch ältere schon vorhandene Empfindungen gestört wird? Und dies ist gar nichts Seltenes. Der Mensch ist von Natur so sehr geneigt, Empfindungen, die ihn unmittelbar selbst und die sein eigenes Wohl und Wehe betreffen, in seiner Rede die Oberhand zu lassen, daß oft die Harmonie des schönsten inneren Rundgemäldes durch eine einzige, zu stark hervorstechende Farbe desselben unterbrochen wird. — Diese Farbe ist der eigentliche, natürliche Egoismus, — der bisweilen in solchen Fällen zu entschuldigen sein dürfte, wo ein wirklicher Schmerz der Seele die Empfindungen in zwei ungleichartige Hälften theilt, wovon die größere Hälfte den schmerzlichen Theil bildet. — In einem Zustande, in dem irgend ein sehr heftiges Gefühl unsrer Seele sich in besonders hohem Grade bemeistert, sind wir nur zu sehr geneigt, von allen übrigen Empfindungen zu abstrahiren, und uns diesem heftigen Gefühle, als unwillkührlich angenommener, — oder wir möchten vielmehr sagen: als usurpirender Hauptempfindung zu überlassen. Indem dies aber geschieht, wird ein solches heftiges Gefühl von Freude oder Schmerz alle minder heftigen Empfindungen gleichsam in sich verschlingen, — wodurch denn natürlicher Weise ein völlig verwikkeltes und ungeregeltes Verhältniß dieser Empfindungen schon zu jener sich aufdrängenden Hauptempfindung entstehen muß, — um wie viel mehr also nicht zur wahren, verdrängten. Besitzen wir nun in einem solchen Zustande nicht die Gewalt der Läuterung unsrer Empfindungen, so sind wir nicht nur nicht im Stande, irgend eine größere, zusammenhängende Rede zu halten, sondern wir können dann oft gar nicht sprechen; — daher pflegen wir in solchem Falle zu sagen: „er ist seiner Empfindungen nicht Herr," oder „der heftige Schmerz (die heftige Freude) macht ihn verstummen." — — — Dies kömmt daher, daß wir durch jene heftige Hauptempfindung entweder der Klarheit mehrerer geistigen Bestand-Theile unsres Innern — oder auch momentan der Klarheit unsres ganzen geistigen Zustandes ermangeln; woraus wir es auch erklären können, warum die plötzlich-eintretende Hauptempfindung eines sehr starken Schmerzes oder einer sehr heftigen Freude einem Menschen das klare Bewußtsein rauben, und ihn verrückt machen kann. Wir wählen hier mit Willen den Ausdruck „verrückt," statt „wahnsinnig," da wir bei einem solchen Menschen, durch den starken Druck der eingetretenen Empfindung, die Klarheit des Bewußtseins förmlich an eine andere Stelle rücken oder verrücken sehen. —

Eine völlige Klarheit der Empfindungen ist ganz besonders unerläßlich zur zusammenhängenden Rede. Diese Klarheit aber kann bei innerer Verwicklung nicht vorhanden sein. Denn: indem wir bei jener, durch das Verschlingen aller Nebenempfindungen gestörten Harmonie, uns einem mächtigen Hauptgefühle vorzugsweise hingeben, so wird dies Gefühl alles Andre in uns verdunkeln. Derselben Hingebung wegen werden wir ferner vorzugsweise dies Gefühl auszusprechen suchen. Sollen wir nun, während dieses heftigen Gefühls, irgend eine andre, ihm gewaltsam untergeordnete, Empfindung klar und zusammenhängend kund geben, so wird es uns dabei dennoch fortwährend zu jenem übermächtigen Hauptgefühle hinreißen; wir werden mit unruhiger Sehnsucht an ihm hängen, — und dies muß uns natürlich die Ruhe benehmen, uns andern Empfindungen hinzugeben. — Folglich kann eine innere Ruhe zur klaren Rede bei innerer Verwickelung nicht Statt haben. —

B) Aus moralischem Grunde.

Dieser ergibt sich aus der ganz kurzen Betrachtung: daß eine moralische Unvollkommenheit oder Verwickelung in unserem Innern schon an und für sich, als unreines Bewußtsein, die Ruhe des Gewissens stört, mithin die Harmonie der Seelenkräfte schon in sich selbst aufhebt, und uns die Ruhe zur innern Klarheit benimmt. — Dies führt uns zu dem zwar sonderbaren, aber merkwürdigen, und durch häufige Erfahrung bewiesenen Schlusse: „daß moralisch-unvollkommne Menschen die Fähigkeit der zusammenhängenden, klaren Rede stets in weit geringerem Grade besitzen, als moralisch-bessere; daß Erstere ferner zur Erregung eines moralisch-kräftigen Eindrucks durch die Rede weit weniger geeignet sind, als Letztere*).

Erst von der Klarheit der Empfindungen aus gelangen wir zur Stufe des klaren und richtigen Denkens, d. h. die Klarheit der Empfindung macht uns fähig zum klaren Gedanken. Diesen, wenn wir uns so ausdrücken dürfen, als das Material zu den Gebäuden, die die Sprache aufführt, werden wir, seiner Zusammensetzung, Anwendung und dem

---

*) So vermochte es ein Robespierre zwar, durch einige unzusammenhängend hervorgestotterte Reden einen schon zum Blutdurste entflammten Pöbel zu noch größerem Blutdurste hinzutreiben; nie aber, und wenn er acht Tage lang hintereinander geredet hätte, würde er im Stande gewesen sein, auch nur Einen jener Blutknechte auf den Weg der Tugend zurückzuführen. — Zu solchem Zwecke war er zu weit von einer Klarheit seiner Empfindungen entfernt, und eine Läuterung derselben ihm völlig fremd. —

möglichst vollkommnen Werthgebrauche nach, in den nächsten Abtheilungen behandeln. —

Gleichwie nun die Arithmetik neun Grundzahlen hat, von denen acht wieder durch die erste entstehen, indem diese darin enthalten ist, und gleichwie aus diesen neun Grundzahlen alle möglichen übrigen Zahlenverhältnisse und Summen zusammengesetzt werden können, also, könnte man sagen, hat auch die Sprache, zur Erhebung des Redebaues, neun Grundstufen oder Grundzahlen, von denen acht, wie bei jener, durch die erste entstehen, und aus welchen, wie wir in den folgenden Abtheilungen erkennen werden, alle Rede-Summen zusammengesetzt werden müssen.

Diese Grundzahlen der Rede sind, nach unsern bisherigen Erweisen:

1 = Ordnungseinheit		
2 = Erkenntniß		
3 = Erinnerung		
4 = Bleibendes Bewußtsein		
5 = Uebersicht	}	der Empfindungen.
6 = Eintheilung		
7 = Bestimmung		
8 = Läuterung		
9 = Klarheit		

Aus der richtigen Proportion dieser Grundzahlen entsteht die richtige Gedanken-Summe, — oder die richtige Rede. —

Um dieses Grundverhältniß vollständig zu machen, könnten wir noch eine kurze Erläuterung der „Null" unsres neuen Zahlensystems beifügen, die ohngefähr das nämliche Verhältniß zu ihm hat, wie die Null der Arithmetik zu ihren Grundzahlen.

Die Null des Redesystems ist die, zwar bereits aufgenommene, aber noch unangewiesene, d. h. in noch kein bestimmtes Verhältniß zu einer Hauptempfindung getretene, Nebenempfindung. — Sprechen wir sie in diesem unbestimmten Verhältnisse und allein aus, so bleibt sie Null. Setzen wir sie, ohne richtigen Grund, vor eine ganz fremde Hauptempfindung, so behält sie den Werth als Null. — Erscheint sie dagegen, durch das Verhältniß irgend einer geordneten Grundempfindung geweckt, als nothwendige Nebenempfindung mit derselben geordnet, so steigert sie, wie schon früher bemerkt, den Werth derselben, gleichwie die Null der Arithmetik, die zur Grundzahl richtig geordnet, diese in bestimmtem Verhältnisse steigert. —

Aus dieser Ursache schon wird es uns begreiflich, warum z. B. Jemand, der aus dem Traume redet, gewöhnlich nur unzusammenhängende Worte durcheinander wirft (was wir in der dritten Abtheilung vollständig erläutern werden), und erklärlich wird es uns nun, warum wir bei Anhörung eines aus dem Traume Sprechenden, uns jedesmal erst eine gewisse Hauptempfindung hinzudenken müssen, um einen Sinn in das Gehörte zu bringen. — Der Schlafende ist nie Herr seiner Empfindungs-Ordnung, und spricht daher meistens nur in Nullen, mit sehr schwacher Andeutung der Grundzahlen. So auch der Vernunftberaubte, — mit dem Unterschiede, daß dieser auch wachend nur in Nullen, oder ungeordneten Empfindungen spricht; und dies ist die Differenz zwischen dem Vernunftlosen und dem Träumer. —

Aber auch andere, oft sehr gebildete Menschen haben bisweilen die Gewohnheit, einem plötzlichen äußeren Eindrucke sich hinzugeben, und die dadurch erzeugte Empfindung mitten in Gesprächen oder Reden, wohin sie gar nicht gehört, sogleich auszusprechen. Dies entsteht rein aus geschwächter Willenskraft; denn wenn auch das Aufnehmen neuer Empfindungen sich nicht durch unsre Willenskraft hemmen läßt, so ist doch das Aussprechen derselben gänzlich unserem Willen überlassen. — Von solchen Menschen hat die teutsche Sprache zwei sehr treffende, bezeichnende Sprichwörter: „Er spricht, wie's ihm in Kopf kommt*)," und: „Er läßt den Wein nicht vergähren."

Gerade so ist es auch. Dergleichen Personen behalten nichts Neues im Kopfe, um es bis zur passenden Zeit aufzubewahren, und trinken den ungeläuterten, unsaubern Wein, ehe er noch gegohren hat. — Wir befänden uns z. B. in einem Garten, und während wir promenirten, stellte uns ein anwesender Fremder einen feierlichen Zug des Papstes nach der Peterskirche dar, welchen Zug er zu Rom mit ansah. — Mitten in seiner Rede erblickte er im Garten einen auffliegenden Papagei, und es drängte sich ihm unwillkührlich die Empfindung auf: „das ist ein schöner Vogel!" — Ist er nun eine jener Personen, die nur schwache Willenskraft und Besonnenheit in sich tragen, und spricht diese Empfindung in ungeordnetem Zustande aus, so wird es sich, die störende Unterbrechung seiner Rede ganz abgerechnet, sehr possirlich ausnehmen, wenn er den Papagei mit dem Papste zusammen bringt; um so mehr, wenn durch Zufall jene ausgesprochne neue Empfindung vielleicht eine Zusammenstellung folgendergestalt bewirkte:

„Ich stand, versunken in den ergreifenden Anblick aller „dieser Pracht; das Volk umher jubelte, sank zum Theil „auf die Kniee, und küßte das Ordenshabit der vorüber„ziehenden Priester. Endlich kam der Papst selbst. Der Ju„bel wurde allgemein, und wie aus Einem Munde schrie „Alles: — — „Das ist ein schöner Vogel!" — —

---

*) Dies Sprichwort, das besagen will, daß der Redende ohne Ordnung und Zusammenhang spricht, ist genau zu unterscheiden von dem ähnlichen: „Er spricht wie ihm der Schnabel gewachsen;" denn dies Letztere bezeichnet den furchtlos und freimüthig Redenden. —

Dergleichen Beispiele sind im gewöhnlichen Leben nicht selten. Ein Glück sodann, wenn die Hauptdarstellung an sich zu interessant ist, um uns die Possirlichkeit bemerken zu lassen. Allein die Unterbrechung der Rede findet immer dabei Statt. — Bei einer naturhistorischen Erzählung wäre dieser Papagei vielleicht an seinem Platze gewesen. Hier aber war er eine werthlose Null. —

Praxis.

Um — sagten wir — die uns eigne Empfindungsweise zu erforschen, müsse man seine Gewohnheitsweise zu ergründen suchen. Eine solche Gewohnheitsweise im Entwickeln seiner Ideen hat unläugbar ein jeder Mensch. In der Art des Ganges und der fortschreitenden Auffassung der Darstellung ist sie eigentlich sehr verschieden, aber ihren Grundbestand kann sie durchaus nur in zwei Arten haben. Diese bestehen darin, daß der Mensch bei der Darstellung eines Gegenstandes

a) entweder gleich mit der in ihm erwachten Hauptempfindung beginnt, und aus dieser sodann seine Nebenempfindung folgert, oder, daß er

b) zuerst die, durch das Hauptbild in ihm erstandenen, oder die dem Hauptbilde ähnlichen Nebenempfindungen entwickelt, und sodann erst von diesen aus auf den darzustellenden Hauptbegriff übergeht.

Da nun die letztere Art zur höheren Darstellung die eigentlich anwendbare oder passende ist, so müssen diejenigen, welche nach vorgenommener Selbstprüfung finden, daß in ihren Darstellungen die angegebene erste Art der Gewohnheitsweise vorherrsche, dieselbe in die zweite umzuwandeln suchen; dies ist — da wir uns ohnmöglich in das Innere aller Millionen sprechender Menschen versetzen können, um die Art der Empfindungen eines jeden Einzelnen zu classificiren, — der zweckmäßigste, und, wenn er befolgt wird, gewiß der wirksamste Rath, den man zu geben vermag. Man befürchte nicht, dadurch, daß man das erste Entkeimen der Entwickelung jedesmal dieser einfachen Gewohnheitsweise unterwirft, in eine Einförmigkeit der Darstellungen zu verfallen; diese Einförmigkeit soll im Gegentheil — nicht in den Darstellungen selbst — aber wo möglich in der Grundanlage einer jeden Darstellung ersichtlich werden.

Man kennt den Begriff monoton*). Wir pflegen mit diesem gewöhnlich eine wiederkehrende Einförmigkeit im Ausdrucke der Darstellung zu bezeichnen, und finden eine solche, des Wechsels entbehrende, Einförmigkeit im Ausdrucke den Regeln des Schönen unangemessen. Hierin haben wir auch insoferne recht, als schon die äußeren Sinne uns fortwährend neue Gestaltungen zuführen, und wir dies daher von den inneren um so mehr verlangen dürfen. Dringen wir aber, besonders bei Begriffen, die eine abgeschlossene Klarheit erheischen, etwas tiefer in die Bedeutung des Einförmigen, so werden wir finden, daß es eine Art von geistiger Einförmigkeit gibt, die manchen wesentlichen Handlungen zum Grunde liegen muß, und die mit zu den Hauptprincipien der geistigen Schöpfung gezählt werden darf. Es

*) Hier waren wir anfangs zweifelhaft, ob wir uns nicht lieber auf den Begriff der Analogie, als den der Monotonie einlassen sollten. Das Analoge aber unterliegt immer einem Vergleiche, während das Monotone ohne allen Vergleich in sich selbst bestehen kann. Da wir nun nicht von der Gleichförmigkeit der Darstellungen unter einander, sondern vielmehr von der Einförmigkeit in der Grundanlage einer jeden Darstellung in sich reden wollen, so stellte sich uns natürlich der Begriff monoton als anwendungsfähiger dar.

versteht sich von selbst, daß wir hierdurch nicht eine Einförmigkeit in der Darstellung selbst als recht finden, oder gar vertheidigen wollen; wir werden vielmehr darauf zurückkommen, daß Monotonie in der Darstellung gerade das Widerlichste derselben ist. Aber, indem wir uns genöthigt finden, dem Begriffe „monoton" einen Werth beizulegen, führen wir ihn auf die Bedeutung der Einförmigkeit in der geistigen Anlage und Grundordnung zurück, die durchaus einer jeden gelungenen Rede nach bestimmtem Principe vorausgehen müssen. — Hierdurch nähern wir uns scheinbar dem Begriffe „consequent," welcher aber hier weder Anwendung finden, noch überhaupt in Berührung kommen darf; denn, indem wir unter der Monotonie der Grundanlage eigentlich das bei einer jeden Darstellung immer wieder zu beobachtende Steigerungsverhältniß des minder Werthvollen zum Werthvolleren verstehen, so erklärt es sich von selbst, warum z. B. ein Redner in zweien oder mehreren Darstellungen zwar jedesmal eine Einförmigkeit in der Grundanlage, aber dennoch eine Inconsequenz in der Ausführung beobachten kann. So kann eine und dieselbe Person in verschiedenen Darstellungen ihre Gefühle beim Anblicke einer verheerenden Ueberschwemmung kund geben. Während sie nun bei einer jeden ihrer Darstellungen die nothwendige Einförmigkeit in der Grundanlage beobachtet, d. h. während sie bei einer jeden mit den minder werthvollen Empfindungen einleitet, und mit den gewichtigsten schließt, so kann sie das Einemal die Ueberschwemmung als „verdiente Strafe von Oben" darstellen, während sie das andre Mal dieselbe, mit ihrer ersten Ansicht inconsequent, rein als „eine von Oben ausgegangene Gelegenheit, unsern Mitmenschen in der Noth Hilfe zu leisten" bezeichnet. —

Unsre zu beobachtende Monotonie ist also nichts Anderes als: die zu beobachtende gleichförmige Einkleidung der geistigen Grundansicht bei der Entwicklung unserer Empfindungen durch die Rede. Und hier drängt es sich denn von selbst auf, warum diese Einkleidung sich bei jedem Menschen, je nach seiner individuellen Ausbildung, auf gewisse Gewohnheiten stützt, die nichts Anderes sind, als eine unwillkührliche Art und Weise in der Anordnung seiner Grundideen, oder deutlicher: eine ihm angewöhnte Eintheilung in der ersten Anordnung seiner Darstellungen, durch die er gleichsam sich dem zu betretenden Redegebiete allmälig zu befreunden sucht, gleichwie der Badende, der sich vorher abkühlt, ehe er sich den Fluthen anvertraut. — Kurz, die Gewohnheitsweise in der Entwickelung bei einem jeden Menschen begründet dasjenige, was wir das ihm Eigenthümliche nennen. So finden wir fast an jedem Redner etwas, was wir mit eigenthümlich bezeichnen können, und wirklich hat ein Jeder seine besondere Art und Weise, wie er die geistige Eintheilung zu seinen Vorträgen anzuordnen pflegt. Anfangs geschieht dies bei Allen, ohne es eigentlich zu wollen; ihre Empfindungsweise führt sie mechanisch die ersten Schritte. So lange jedoch unsre geistige Eintheilung der Redegrundlage, ohne daß wir uns derselben klar bewußt sind, Statt findet, und besonders, so lange wir noch nicht jene bessere Art der innern Anordnung uns bewußt hergestellt haben, wird der Erfolg unsrer Rede größtentheils zweifelhaft sein, und vielen störenden Einflüssen zu unterliegen vermögen. Wenn wir ferner der willenlosen, unbewußten Eintheilung nicht Herr sind, so werden wir es noch weniger der ganzen Rede sein. Also nur dann erst, wenn wir auf uns selbst und auf das Verhältniß des Fortgangs zur Grundlage unserer Darstellungen aufmerksam gemacht, zu einem zweckmäßigen Studium unsrer Empfindungsweise schreiten, wenn wir dadurch endlich zum Bewußtsein gelangen: welche Art der Empfindungsentwickelung in uns die vorherrschende ist, und wenn wir uns von dieser Erkenntniß aus zur zweckmäßigern Anwendung herangebildet; nur dann erst gelangen wir dahin, einen bestimmten, zu behandelnden Gegenstand, der Gewohnheit und Einförmigkeit in unserem Entwurfe richtig anzupassen. Und alsdann werden wir sehr bald inne werden, zu welch' außerordentlichem Vortheile die uns bewußt hergestellte Entwickelungsweise gereicht. Denn, nachdem wir durch die erlangte Erkenntniß der Art und Weise, wie wir am zweckmäßigsten und zugleich am leichtesten den Entwurf unsrer Rede ins Leben treten lassen, diese Art und Weise zuletzt ohne alle Mühe zur Anwendung bringen, und so endlich eine ganz sichere, uns in allen Theilen genau bekannte Brücke kennen lernen, über die wir ins eigentliche Redegebiet gelangen, so werden wir es mit der größten Leichtigkeit dahin bringen: während des Ueberganges über diese Brücke, d. h. während der uns zur andern Natur gewordenen Entwickelung der Grundeinleitungen schon auf den spätern Verlauf der Rede zu denken, und dergestalt das folgende Redegebäude in uns zu ordnen, während wir noch die Einleitung sprechen.*)

Sobald daher die naturgemäße Einförmigkeit in der geistigen Eintheilung zum Vortrage mit Erkenntniß und Bewußtsein Statt findet, wird sie bei fortgesetzter Uebung zum Pfade werden, von dem aus wir während der Rede uns die folgenden Wege eröffnen. Wir bemerken aber hier nochmals, daß wir durchaus nicht die Monotonie gleicher Worte, gleicher Phrasen u. s. w., sondern nur die wiederkehrende Gleichmäßigkeit in der geistigen Anlage zur Rede gemeint wissen wollen. Selbst der geistige Monotonismus darf sich nicht dauernd in der Redeweise, oder durch die ganze Darstellung erhalten, denn von Reden der Art pflegen wir zu urtheilen: „sie sind über Einen Leisten geschlagen." Wir sprechen einzig und allein von der Gewohnheitsweise eines jeden Menschen im Entwerfen zur ersten Basis der Darstellung. Eine solche Ge-

*) Ausführlicheres hierüber in der 5. Abtheilung.

wohnheitsweise finden wir ohne Ausnahme bei allen Rednern, und am auffallendsten bei den vorzüglicheren. Ja, denselben Monotonismus des ersten geistigen Entwurfes finden wir sogar in der Malerei, und er ist es zumeist, aus dem wir beim Erblicken eines gelungenen Gemäldes den Meister selbst zu erkennen pflegen. Auch die Natur trägt das Gepräge dieser Gewohnheitsart in allen ersten Keimen ihrer Schöpfung, und macht es hierdurch möglich, ihre Erzeugnisse zu classificiren. Es würde uns zu weit führen, wenn wir diese Erfahrung auch auf das Gebiet der würdigsten Schriftsteller ausdehnen wollten, die sich gleichfalls durch die Art der geistigen Entwicklung in ihren Werken strenge von einander zu unterscheiden pflegen.

Die Art der Gewohnheit also: unsere Darstellungen geistig anzulegen, ist es, die wir vor Allem zu erforschen haben, um uns nach Maasgabe der bereits vorhandenen Ausbildung zu vervollkommnen.

Man darf zu diesem Behufe nur Einigemal' mit festem Wollen auf sich selbst Acht haben, während man irgend etwas Aufgefaßtes lebhaft erzählt, hierauf nachforschen, inwieferne man sich gedrungen fühlte, diesen oder jenen Vorgang so oder so zu beginnen und einzukleiden, sodann verschiedene seiner eignen Darstellungen genau mit einander, und besonders die gelungeneren mit den minder gelungenen vergleichen, um den Gang ihrer verschiedenen Abweichungen kennen zu lernen, und man wird sehr bald dahin gelangen, seine Entwicklungsart im Vortrage zu erkennen; worauf man sodann zu der mehr oder minder nöthigen Vervollkommnung seiner innern Ordnung zu schreiten vermag.

Man stelle sich z. B. zwei Personen vor, die beide ihre Empfindungen bei dem Anblicke einer großen Feuersbrunst, und später diejenigen beim Erblicken eines schönen Blumenbeetes zu beschreiben versuchen. Die erste dieser Personen finge nun gleich damit an, daß sie uns die erblickte Gluth selbst, den Schreck, den sie dabei empfand u. s. w. bezeichnete; hierauf ginge sie zu dem Schaden über, den die Abgebrannten bei dieser und vielleicht schon bei einer frühern Feuersbrunst erlitten, käme hierauf auf Schicksal und Leiden überhaupt, endlich auf gegenseitigen Trost, menschliche Hilfe u. s. w. zu reden, und endete dergestalt mit einer Reihe von Nebenempfindungen, während die Hauptempfindung vorangegangen war, und der Zuhörer gleich Anfangs zur Ansicht des tragischen Hauptbildes gelangte. Die zweite jener Personen aber begönne damit, daß sie irgend ein zur Sprache gekommenes, oder selbst zur Sprache gebrachtes tragisches Thema von der interessanten Seite auffaßte; hierauf verbreitete sie sich mit Willen über Unglücksfälle, unverschuldeten Schaden, menschliche Schicksale überhaupt und dergleichen, und schlösse endlich ihre Darstellung, nachdem sie durch verschiedenartige Nebenbilder die Aufmerksamkeit des Zuhörers gespannt, mit der interessanten Erzählung jenes kürzlich geschehenen Brandes, wodurch sie sodann die erregte Aufmerksamkeit mit der Abrundung ihrer Darstellung durch ein sprechendes Endbild vollkommen zu befriedigen vermag. — Ferner versuchte später die erste Person über das gesehene Blumenbeet zu sprechen, und begönne damit, daß sie sogleich ihre Ansichten über dieses Blumenbeet entwickelte; hierauf ginge sie auf die Lieblichkeit der Blumen überhaupt über, vergliche den durch jenes Beet erzeugten Eindruck mit andern, minder starken Eindrücken ähnlicher Art, und schlösse so endlich mit irgend einem darauf Bezug habenden Nebenbilde. Die Zweite dagegen ergriffe, oder erzeugte selbst die Gelegenheit, auf Blumen und Pflanzen überhaupt zu kommen, ginge von ihnen aus auf die Kunstgärtnerei, auf die Schönheiten der Natur u. s. w. über, und schlösse endlich wieder mit ihrer Hauptempfindung, indem sie die Beschreibung des zuletzt erblickten Blumenbeetes dem Ganzen als Endbild interessant hinzufügte. Gesetzt nun, daß noch andere interessante Begebenheiten von einer jeden dieser Personen auf dieselbe eigenthümliche Weise und unter ähnlichen

Merkmalen der Entwickelung dargestellt würden; so ließe sich hieraus mit Recht schließen: daß die Gewohnheitsweise der geistigen Einleitung bei der ersten jener Personen in der Folgerung schwächerer Nebenempfindungen aus der Hauptempfindung, — bei der zweiten dagegen in der Folgerung der stärkeren Hauptempfindung aus den ihr ähnlichen Nebenempfindungen bestünde; und wäre erst dies Einmal erwiesen, so ließe sich auf dieser Basis bald ergründen, aus welcher Empfindungsordnung jene Entwickelung hervorgegangen sein müsse. —

Wir glauben nicht unrecht gethan zu haben, indem wir durch diese kurze Erörtertung einen Pfad anzugeben versuchten, von dem aus man wenigstens die zwei Hauptwege seiner Empfindungsweise zu erforschen vermag. Nun ist es freilich nicht zu läugnen, daß die einem jeden Menschen eigenthümliche Phantasie, so wie unsere Individualität und Nervenorganisation mitunter einen sehr bedeutenden Einfluß auf unser Denk- und Darstellungsvermögen äußern. Aber dieser Einfluß, wenn er störend auf uns einwirkt, ist nach erlangter Selbsterkenntniß in seinen Quellen zu ergründen, und mehr oder minder abzuleiten. — Wir wollen den Versuch machen, einen kleinen Begriff über das Ergründen solchen Einflusses, nach vorhergegangener Erkennung eines jener beiden Hauptwege, zu geben.

Die eigentlichen Tiefen und Fähigkeiien der Seele und ihrer Empfindungsordnung sind natürlich bei allen Menschen verschieden, und so wenig bei nur zwei Individuen jemals ganz gleich, als es zwei ganz gleiche menschliche Gesichter gibt, oder als zwei Personen zu gleicher Zeit das ganz Gleiche zu träumen vermögen. Wir müssen uns daher an irgend eine bestimmte Person halten; und da die Verschiedenheit in den tieferen Empfindungsweisen hauptsächlich von dem größern oder mindern Grade der geistigen oder körperlichen Erregbarkeit im Menschen abhängt, so wollen wir eine Person annehmen, die z. B. viele Phantasie, wenig

Kälte und Ruhe zur Ueberlegung, dabei aber eine starke Nervenreizbarkeit besäße, und eben nicht sehr geschickt im Darstellen wäre. Gesetzt nun, diese Person wäre nach vorgenommener Prüfung zu der Einsicht gelangt: daß ihre Entwickelungsweise zur zweiten, also zur bessern Classe gehöre, d. h. daß sie ihre Empfindungen leichter darstelle, wenn sie die Darstellung durch Nebenempfindungen einkleide, und die Hauptempfindung aus ihnen folgere; dennoch aber ermangeln ihre Reden der Deutlichkeit, des Zusammenhanges u. s. w. Sie beschließt daher ihre Mängel zu erforschen, zur Erkenntniß ihres Innern zu gelangen, und wo möglich ihre Entwickelungsweise zu vervollkommnen. Alsdann könnte das ohngefähre Resultat ihrer Forschungen vielleicht folgendes werden:

„Daß ihre stärkere Gewohnheitsweise diejenige sei: ihre Darstellungen mit zweckmäßigen Nebenempfindungen zu beginnen, und aus ihnen die Hauptempfindung zu folgern, rühre daher, weil ihre kräftige Phantasie ihr das Ueberblicken passender Vorempfindungen gestatte. — Indem diese Phantasie aber ihr unwillkührlich eine Menge von Bildern zuzuführen pflege, deren Gemische, je seltsamer es sei, um so mehr mit ihrer Nervenreizbarkeit harmonire, weil ihr reizbarer Nervenzustand sich einer gemischteren Beschäftigung und Zertheilung leichter anschließe, so hinge ihre, ohnehin schon reizbare Phantasie gewissermaßen von ihrem Nervenzustande ab, indem eine geistige Verbindung des letztern mit der ersteren ihr wohlthue. Dies schon allein machte sie zur Gewohnheitsweise der ersten Klasse, nämlich zur vorausgehenden Darstellung der Hauptempfindung mit nachfolgenden oder ganz wegbleibenden Nebenbildern, gleichsam unfähig, und leitete sie unwillkührlich zur zweiten, bessern Klasse. Bei dieser nun sei der Seele vor Allem eine Klarheit der Uebersicht nöthig; diese Klarheit bedingt innere Ruhe; wegen ihres Nervenzustandes aber und wegen Mangels an Kälte der Ueberlegung vermag sie ihrer Phantasie keine Schranken anzulegen, oder dieselbe der erforderlichen Ruhe nicht unterzuordnen; — und so müsse denn ihre Empfindungsweise nothwendig zwei störende Haupteigenschaften besitzen, — nämlich:

1) allzubunte Mischung;
2) zu starke Raschheit, oder Heftigkeit.

Diese beiden Eigenschaften, im Bezug auf den Umstand, daß ihre Gewohnheitsweise sich zur zweiten Hauptklasse hinneige, die gerade sehr viele Ueberlegung, Klarheit und ruhige Kälte, bei aller Phantasie, erheische, müssen ganz natürlich dieser Gewohnheitsweise hinderlich in den Weg treten und so wäre denn eine der Hauptursachen gefunden, warum selbst die, durch Anwendung der richtigeren Gewohnheitsweise gelungeneren Darstellungen des klaren Zusammenhanges ermangeln." — Ohne daher noch ihre Empfindungsweise genau erkannt zu haben, wüßte diese Person im Voraus zwei Mängel derselben:

1) Mangel an Klarheit,
2) Mangel an ruhiger Ueberlegung.

Ihre Empfindungs-Weise wird also bestehen in:

1) Hervortretung sehr gemischter Nebenempfindungen,
2) starkem Zurückdrängen der Hauptempfindung; Beides verbunden mit:
3) Dunkelheit und Mangel an Ruhe. —

Daraus geschlossen auf die Empfindungs-Ordnung, so könnte diese sein:

„Aneinanderreihung ähnlicher und unähnlicher Empfindungen, stark gedrängt, — verbunden zu einem, theils geläuterten, theils durch Partialmängel*) geschwächten Ganzen."

---

*) Welche Partialmängel jedoch, wie Seite 12. unter C. angegeben, der Empfindungs-Ordnung an sich keinen Eintrag thun.

Diese Person wäre demnach so ziemlich zur Erkenntniß der Art ihrer Empfindungs-Ordnung gelangt, und wüßte vielleicht, indem sie vor Allem ihre Phantasie in Zügel nähme, ihre Raschheit zur Ueberlegung umwandelte, und ihre Nervenreizbarkeit zu unterdrücken suchte, einen Weg zur Vervollkommnung ihrer inneren Ordnung zu betreten, damit Nichts sie ferner hindere, sich zur ächten Rede aufzuschwingen.*) —

Warum, und daß wir der Feststellung einer Geistesgegenwart in nns bedürfen, haben wir bereits auseinander gesetzt. Behufs dieser Feststellung haben wir viel und vielleicht Alles voraus, wenn wir erst die Empfindungsordnung in uns erkannt, und dieselbe veredelt haben. Gerade zur Grundlage der Geistesgegenwart ist diese Erkenntniß eben so nothwendig, als überhaupt die Ordnung des geistigen oder weltlichen Besitzthums, uns in vielen gewöhnlichen Lebensfällen die Geistesgegenwart zu erleichtern, oder sie zu vermehren pflegt. So stelle man sich z. B. zwei Grund-

---

*) Es ist hier vielleicht am Platze, Eltern, Lehrer und Erzieher darauf aufmerksam zu machen, wie leicht sie, nach den angegebenen Hauptgrundsätzen auf die frühzeitige Bildung ihrer Zöglinge zum klaren Empfinden und zusammenhängenden Sprechen, und vielleicht dadurch auf die Läuterung mancher andren Fähigkeiten, zu ihrem Wohle einwirken können. Man gewöhne z. B. Kinder vor Allem frühzeitig dazu: ihre eignen kindlichen, oder schon reiferen Empfindungen über interessante oder auch unbedeutende Gegenstände, die ihnen Freude machten, kund zu geben, und nicht etwa, schon im sechsten oder siebenten Lebensjahre in eingezwängten, ihnen unverständlichen Phrasen zu reden, durch die ihre, noch kaum aus dem Schlummer gezogene Empfindungskraft zurückgedrängt und gehemmt wird. Man lasse sie besonders über Gegenstände, die sie angenehm oder unangenehm zu überraschen scheinen, frei und ganz nach ihrem Willen reden und erzählen, um frühzeitig die Hinneigung ihrer zarten Empfindungen nach einer der beiden Hauptclassen zu erforschen.

besitzer vor, von denen der Eine die genaueste Kenntniß der Ordnung seiner Papiere, Effecten u. s. w. besitzt, während der Andre dagegen von keiner Sache weiß, wo sie sich in seinem Hause befindet. Der Erste wird bei allen Gelegenheiten wissen, wo er dies und jenes, das Wichtige oder Unwichtige zu suchen hat; der Zweite aber wird bei plötzlichen Erfordernissen nie sogleich wissen, wo er das Nothwendige finden soll. Bräche nun in ihren Wohngebäuden Feuer aus, so kann man sich leicht denken, welcher von Beiden mehr Geistesgegenwart zur Erhaltung seiner Effecten besäße, — derjenige, welcher die Ordnung im Hause kennt, oder derjenige, welcher nichts an seinem Platze zu finden weiß. — Der Letztere würde vielmehr, wenn er wirklich noch Geistesgegenwart besäße, sie bei dem Bewußtsein seiner verwirrten Unkenntniß gerade im entscheidenden Momente verlieren. — So nun auch ist es erklärlich, warum Personen, die sich nie bemüht haben, die Art der Ordnung in sich zu erkennen, zu sagen pflegen: „ich mußte meine Rede plötzlich unterbrechen, denn das Erblicken (oder Empfinden) dieses oder jenes Gegenstandes benahm mir plötzlich die Fassung." —

Geistesgegenwart durch Erkenntniß seiner selbst ist der Führer zum Sieg, im Reden und Handeln. — Wer aber den Mangel der Geistesgegenwart bei sich eine Natur- oder angeborne Schwäche nennt, der hat es wahrscheinlich nie versucht, Geistesgegenwart besitzen zu wollen. Es ist eine ungemein gütige Einrichtung der Natur, daß nichts Vollkommnes uns angeboren wird, denn gerade dadurch erhält sich das wechselseitige Streben, und macht uns den süßen Lohn der Selbstüberwindung möglich. —

Nach allgemeineren Grundsätzen könnte man eine Darstellung begründen in: Plan, Eintheilung, Bestimmung und Zweck. Der Plan behandelt das Ganze, als Ganzes und in seinen verschiedenen Abtheilungen, nach seinem

Grund- oder Allgemeinbegriffe: Rede; — die Eintheilung stellt das durch den Plan in seinen Grundbeziehungen Geschiedene, nach seinen Partialbeziehungen zum Hauptbegriffe harmonisch wieder her, und beschäftigt sich damit, es in folgegerechter Entwicklung während der Rede mit dem Hauptbegriffe in progressive Verbindung zu bringen; die Bestimmung weist sämmtliche Theilgegenstände dem Werthe nach an; und durch den Zweck bedingt sich die innere Auffassung des Gegenstandes überhaupt, so wie der harmonische Verband der Theilbilder unter sich sowohl, als auch im Bezug ihrer Steigerung zum Hauptbegriffe.

Bei der Eintheilung, sagten wir, werden die Empfindungen ausgesucht, um ihnen einzeln den gebührenden Rang anzuweisen, — bei der Bestimmung aber werden sie angewiesen, um die verschiedenen Arten in Rangordnung zu setzen.

Hierzu ein Beispiel:

Es wäre Jemand viel gereist, und ihm würde in Gesellschaft die Aufgabe, über einige gesehene Naturschönheiten zu sprechen; so könnte der Hauptbegriff seiner Darstellung heißen: „Landschaft." Die Neben-Empfindungen zu dieser Hauptempfindung sind, wie bekannt, unzählig. Gesetzt aber, der Reisende sei in gewissen, interessanten Ländern gewesen, und er entwürfe rasch in seiner Seele einen Plan zur Uebersicht, so wäre diese allenfalls folgende:

1) Gegenden in Rußland.
2) Gegenden in Deutschland.
3) Schweizergegend.
4) Italien.

Zu 1) Moscau, Petersburg, Finnland.
Zu 2) die Rheingegend, die Bergstraße, Kärnthen, Tirol, Steyermark.
Zu 3) Schaffhausen. Einige berühmte Gebirgsgegenden.
Zu 4) Toscana. Sicilien. —

Damit zu verbinden:

a) Gebirge.
b) Früchte.
c) Wasserfälle.
d) Inseln.
e) Gärten.
f) Seegegend.

Wäre nun die Gewohnheitsweise des Reisenden schon geordnet, und zur zweiten Klasse erhoben, so wäre die Eintheilung der Empfindungen ungefähr diese:

1) Erstarrte Natur. Winter. Mit den Schönheiten heller Mondnächte — gefrorner Gewässer — natürlicher und künstlicher Eisberge u. s. w.
2) Auflebende Natur. Frühling. Mit den Schönheiten der Blüthen, Blumen — Weiden — Wasserfälle — Schneebäche — halbgrüner Schneegebirge u. s. w.
3) Erwachte Natur. Sommer. Mit den Schönheiten fruchtbarer Felder, Wiesen, Inseln, Gärten, Fruchtbäume u. s. w.
4) Volle, lebende Natur. Herbst. Mit den Schönheiten der vollsten Reife; — Trauben, Baumfrüchte, Erndten, Weinlesen u. s. w.

Die Bestimmung dieser eingetheilten Empfindungen könnte dann sein:

1) Winterlandschaft.
   a) Bei Moscau.
   b) Bei Petersburg.

Zu a) die winterliche Ansicht des fernen, prächtigen Moscau, mit seinen Kuppeln und Thürmen u. s. w., und als passende Episode zu dieser Winterlandschaft: vielleicht eine festliche, große Schlittenfahrt des Moscauer Adels, die dem Beschauer vorüberzieht; die belebte Ansicht der Rutschfahrten auf künstlichen Eisbergen und dergleichen. —

Zu b) Winterliche Ansicht einer Seegegend; dazu vielleicht eine Petersburger Volksbelustigung auf dem Eise u. s. w.

2) Frühlingslandschaft.

a) bei Florenz,

b) auf Sicilien,

c) bei Schaffhausen,

d) irgend eine der merkwürdigsten Schweizer-Gebirgsgegenden,

e) auf Finnland.

Zu a) die prächtigen, fernen Gärten, Landhäuser bei Florenz, — die ferne Ansicht der Stadt selbst u. s. w.

Zu b) Seegegend — Ufergegend — Gebirge u. s. w.

Zu c) der Rheinfall; ferne Ansicht der Gebirge u. s. w.

Zu d) Nähere Gebirgsansichten — Gletscher — Weiden — Sennhütten u. s. w.

Zu e) Der Immatra — finnische Dörfer u. s. w. — —

3) Sommerlandschaft.

a) in Kärnthen,

b) in Steyermark,

c) in Tirol,

d) bei Petersburg.

Zu a) Ansicht der Klagenfurther Gegend von der Höhe bei Völkermarkt.

Zu b) Ansichten bei Gräz.

Zu c) Gebirgslandschaften unweit Inspruck u. s. w.

Zu d) Ansicht der Inseln bei Petersburg — von Pawlosk u. s. w. Als passende Episode zu d) vielleicht der Peterhof-Park in einer der hellen russischen Nächte. —

4) Herbstlandschaft.

a) am Rheine,

b) die Bergstraße.
Zu a) Weinlese.
Zu b) Fruchtlese, Erndten u. s. w. — —

Natürlich könnte er dieses noch mit vielen andern wechselnden Theilbildern vermehren; jedoch müßte immer dieselbe Ordnung dabei beobachtet werden.

Wir sprachen davon, daß oft eine einzige ungeläuterte Empfindung den Eindruck der ganzen Rede zu stören vermöge. Dies kann besonders aldann der Fall sein, wenn diese Empfindung eine unangenehme Einwirkung auf das Gemüth des Zuhörers hervorbrächte, wie folgendes Beispiel zeigt: —

Gesetzt, es befände sich Jemand in einer Gesellschaft, der mit Lebensgefahr einen Gletscher erstiegen hätte, und machte alle Anwesenden so neugierig auf die Erzählung seines Abentheuers, daß man ihn zur genauern Darstellung aufforderte. Er begönne hierauf mit passender Einleitung, spannte die allgemeine Aufmerksamkeit allmälig höher, und zöge wirklich seine Zuhörer in seine eigenen Gefühle der Angst, der Sehnsucht u. s. w. mit hinein, so daß er einen guten Grund dazu legte, ihre Neugier in Gefühle umzuwandeln, und sie nach Wunsch zu befriedigen. Plötzlich aber würfe er ganz kalt und kurz die Bemerkung hin: „während wir so kletterten, und zwischen Himmel und Erde hingen, stürzte einer unsrer Führer vor meinen Augen hinab, und brach den Hals.“ — Diese Bemerkung würde, wenn seine Zuhörer nur im mindesten gebildet wären, in allen Herzen eine Regung des Mitleids und wohl auch des Entsetzens herbeiführen. Man würde folglich von dem Erzähler selbst, vor dessen Augen jenes Gräßliche geschah, mit Recht die Beschreibung eines noch weit stärkeren Mitleids oder Schreckgefühls, als das seiner Zuhörer erwarten. Wären nun aber statt dessen die zurückgerufenen Empfindungen des Erzählenden so wenig veredelt oder geläutert, daß er — geschäh' es auch bloß darum, weil jenes Abentheuer schon vor langer Zeit sich zutrug, — jetzt ganz kalt und ruhig über jenes Unglück hinwegginge, um wieder bei sich selbst anzufangen, so würde sich plötzlich zwischen alle vortheilhaft erweckten Regungen seiner Zuhörer die üble Bemerkung eindrängen: „dieser Mensch scheint gefühllos für fremdes Unglück." Daß mit dieser Bemerkung in allen fühlenden Herzen der bereits bezweckte, angenehme Eindruck verschwinden müßte, ist begreiflich — und der Redner dürfte sich nicht verwundern, wenn der Hauptzweck der ganzen Erzählung mit einem Male zerstört wäre, — um so mehr, da er bei ungeläuterten Empfindungen eben nicht sehr geläufig geredet haben dürfte.

Der Redende muß während der Darstellung nie die Ruhe verlieren, und zwar weder die innere noch die äußere, damit ihm die klare Uebersicht auch nicht einen Augenblick getrübt werde. Sollte ihn gerade irgend eine Empfindung, die ihn persönlich betrifft, auf eine freudige oder unangenehme Weise berühren, und dieselbe gehört nicht in die von ihm beabsichtigte Darstellung, so muß sie durchaus zurückgedrängt, und mindestens so lange die Darstellung währt, beseitigt werden. Nichts ist für den Zuhörer unangenehmer, als die gewaltsame Verflechtung einer fremdartigen Idee, die ihn auf eine störende Weise von den in ihm erregten Betrachtungen abzieht. Sollte aber eine solche Empfindung auch wirklich in die Darstellung gehören, und derselben angeeignet werden können, so darf sie dennoch nicht während der Rede dergestalt vorherrschen, daß dadurch die übrigen Theilbilder in den Hintergrund gestellt werden. Der Unterschied zwischen Geistesgegenwart und Selbstbeherrschung liegt bei der Rede darin, daß die erstere die ganze Darstellung hindurch zu dauern, die letztere aber sich mehr auf einzelne hervorragende Empfindungen zu beschränken hat. Eine einzige, den Redner selbst betreffende Empfindung, bei der er die Selbstbeherrschung vergißt, kann für die ganze Darstellung seine Geistesgegenwart zu nichte machen, und also den ungünstigsten Erfolg für ihn herbeiführen. Ueberhaupt ist es dem Redner sehr zu rathen, daß er durch fortdauernde, gleichmäßige Ruhe selbst noch in der Begeisterung seine Zuhörer davon überzeugt, daß er einzig und allein dem Grundzwecke seiner Darstellung sich hingibt, ohne sich, wie man zu sagen pflegt, auf eine unzweckmäßige Weise hinreißen zu lassen. Wer sich zu stark hinreißen läßt, wird leicht aus sich selbst herausgerissen, und das kann der Darstellung durchaus nur schaden. Nur durch innere Ruhe werden wir im Stande sein, unserm Ausdrucke jene Würde und Kraft zu verleihen, die wir als sehr wesentliche Stützen zur beabsichtigten Wirkung einer jeden Rede betrachten müssen. Sollte auch der Darsteller bemerken, daß er seine Zuhörer in besondre Aufregung versetzte, so muß ihn dies nicht nur nicht verleiten, von seiner eignen Ruhe abzuweichen, sondern er muß sogar im Innern um so ruhiger werden, je mehr Aufregung er in den Mienen oder Bewegungen seiner Zuhörer liest, — es sei denn, daß seine Rede unmittelbare Handlung bezweckte, wie dies zum Exempel bei Anreden vor der Schlacht der Fall sein kann. In diesem Falle hat dann freilich sein Enthusiasmus mit dem seiner Zuhörer gleichen Schritt zu halten; jedoch darf er auch hier nicht ausarten, sonst wird er leicht zur bloßen Komödie.

Das Zurückdrängen solcher heftigen Empfindungen, die uns selbst betreffen, kann nur durch unerschütterlichen Willen bewerkstelligt werden; — sind sie freudiger Art, so führe dieser Wille zur Mäßigung, und sind sie schmerzlicher Art, so führe er zur Ergebung. Geschieht dies nicht, so wird die ungemäßigte Empfindung sich allen andern Bildern vordrän=

gen, dieselben verdunkeln, dergestalt allmälige innere Verwicklung, Unklarheit und endlich unausbleiblich eine plötzliche Stockung herbeiführen, oder mindestens zur gänzlichen Verwirrung und zum Unzusammenhange in der Darstellung das ihrige beitragen.

Als kurzes Beispiel hierzu wollen wir annehmen: es sollte uns Jemand, der Schiffbruch gelitten, eine zusammenhängende, interessante Darstellung eines Schiffbruches, oder dieses Unglücksfalles, mit allen Nebenumständen geben. Gesetzt nun, er habe bei diesem Schiffbruche sein eignes Vermögen eingebüßt, und wüßte sich hierüber nicht zu trösten; so wird sich dies schmerzliche Gefühl natürlich allen andern Empfindungen vordrängen, und ihm die innere Ruhe zur Klarheit der Nebenempfindungen benehmen. So sehr er sich daher auch bestreben dürfte, uns etwas Zusammenhängendes zu liefern, so würde er durch jene sich vordrängende heftige Empfindung unstreitig häufig unterbrochen, gestört, und wenn er gleich seine Erzählung vollendete, diese nur unzusammenhängend werden, sobald er nicht über jenes Schmerzgefühl ruhiger geworden, dasselbe durch Trost geläutert, und er dergestalt über seinen Schmerz Herr geworden ist. — —

Darstellung von Leidenschaften muß nie zur Leidenschaftlichkeit des Redners selbst führen. Die Auffassung kann immer subjectiv sein, d. h. sie kann jedesmal von den eignen, inneren Bildern des Redners ausgehen, — die Ausführung dagegen theilt sich in ein doppeltes Object, durch die Absicht des Redners und die zu erregende Stimmung der Zuhörer. — Es kann aber weder die Absicht des Redners sein, sich selbst als leidenschaftlich in seiner Rede kund geben zu wollen, noch kann die Stimmung der Hörer dem Zwecke der Darstellung entsprechen, wenn sie aus ihrer eigenen Neigung in fremde Leidenschaftlichkeit, statt in die Empfindungen des

Redners hineingezogen werden. — — Leidenschaft ist die, zu einem erhöheten Grade angeregte, Neigung für oder wider einen Gegenstand; — Leidenschaftlichkeit aber ist die, vom Pfade der erlaubten Neigung ganz abweichende und ausartende, Erregung für oder wider denselben. —

Die Schönheit des Ideenganges schließt die Leidenschaft nicht aus — wohl aber die Leidenschaftlichkeit. Die Begeisterung kann Leidenschaft sein, muß aber frei von jeder Leidenschaftlichkeit gehalten werden.

Leidenschaft kann die zur klaren Idee erhobene Empfindung stärken und erleuchten (weshalb z. B. die Leidenschaft der Liebe zur Poesie erkräftigen kann) — Leidenschaftlichkeit aber verdunkelt immer, und schwächt die zu heftig erregte Empfindung. —

Aus der Klarheit der Empfindungen erst entsteht der klare Gedanke, d. h. unsere Empfindungen müssen, bevor sie reine Idee zu werden vermögen, stufenweise bis zur Klarheit gesteigert sein. Ohne diese vorausgegangene Steigerung ist kein Vernunftschluß möglich. — Man glaubte oder nahm bis jetzt an: daß das Erkenntnißvermögen bei einzelnen Begriffen um so lichter sein könne, jemehr eine vorausgegangene Verdunkelung das Folgende zur Hervorleuchtung fähig mache. Dieser Grundsatz ist falsch. Das Licht muß den Schatten bemerklich machen, nicht aber der Schatten das Licht. — Jede abgeschlossene Reihe von Begriffen bedingt eine abgeschlossene Klarheit derselben; die Dunkelheit auch nur eines einzigen schließt ihn als unstatthaft von den übrigen aus. Die Erkenntniß des Lichteren im Begriffe wird nicht durch den Gebrauch des Dunklen, sondern durch dessen Abscheidung und gänzliche Verbannung unterstützt, — es sei denn, daß man zuvor das Dunkle verkläre. — Darstellungen durch das Wort lassen wohl Aehnlichkeiten mit der Malerei zu, aber keine bedingende Folgerung oder Gleichung zwischen beiden. — Der Maler kann kein Lichtgemälde ohne sichtbaren Schatten geben; — der Redner kann reine, unabhängige Lichtgemälde geben, bei denen der Schatten blos hinzugedacht wird. — Also bedarf der Redner nicht durchaus einer Lichterhöhung durch wirklich ausgedrückte Schattenbilder.

II.

Gedanken-Reihung.

(Addition.)

Der erwachte Gedanke.

Der vernünftige Gedanke ist die erste Stufe zur Annäherung des Menschen an die Gottheit. Geboren aus der Klarheit der Empfindung, bedarf er nichts weiter, als der Vereinigung mit anderen, gleichgebornen, Gedanken, um die Höhe des menschlichen Standpunctes durch den wahren Ausdruck gehaltvoller, zusammenhängender Rede kund zu geben. —

Dafür, daß das erste Aufnehmen der Empfindungen durch die äußeren Sinne und die Grundverhältnisse der einzelnen Empfindungen zu einander außer unsrer Willenskraft liegen, entschädigt uns die gütige Natur überschwenglich, indem sie das Anordnen des erwachenden Gedankens unserem freien Willen überläßt. —

Durch das Hervortreten des Gedankens aus der Klarheit der Empfindungen bleibt derselbe mit den letzteren nicht verbunden, sondern tritt in ein halbgeschiedenes, regressives Verhältniß zu ihnen. Dadurch geschieht es und wird uns möglich, daß wir den erwachten, einzelnen Gedanken festhalten, und ihn, als unabhängige Einheit, von aller störenden Verbindung mit neu hinzukommenden Empfindungen frei lassen können. Da er aber nur halbgeschieden bleibt von den ihn zeugenden Empfindungen, und wegen der Ideen-Verbindung nur halbgeschieden von ihnen sein kann, so hängt seine größere oder mindere Klarheit immer von der Klarheitsstufe in der geläuterten Empfindungsordnung ab.

Je frischer also die Bilder der Empfindungskraft sind, aus deren mannichfacher Verzweigung die Einheit des Erkenntnisses oder die Gedanken-Einheit sich entwickelt, um so unklarer wird dieser entwickelte Gedanke sein, sobald wir uns nur an jene Bilder allein halten müssen. Im gewöhnlichen Leben (und zwar sonderbar genug) scheint es uns, als ob nur der frischeste Eindruck der klarste sei und den klarsten Gedanken erzeuge, — während doch gerade das umgekehrte Verhältniß Statt findet. Jener Schein entsteht dadurch, daß wir den Eindruck neuer, frischer Vorstellungen stets, ohne es eigentlich zu wissen oder zu wollen, mit den Eindrücken schon gehabter, ähnlicher Vorstellungen verschmelzen, und sodann glauben, daß die, von älteren Begriffen auf die neuen Vorstellungen übergetragene Klarheit, eine reine und unmittelbare Folge der letzten Eindrücke sei. Diese sehr angenehme, innere Täuschung hat, wenn man sich ganz an sie gewöhnt, und sie nicht erkennt, endlich zur unausbleiblichen Folge: daß unsere Denkkraft von selbst und unwillkührlich nur nach ähnlichen Eindrücken oder ähnlichen Vorstellungen sich zu richten gewöhnt wird, und aus dieser Gewohnheit zuletzt eine gänzliche Einseitigkeit der Begriffe und Urtheile entsteht. —

Nur wenn wir es wissen oder erkannt haben, daß wir älteres Aehnliche mit Neuerem verbinden, indem wir neuen Vorstellungen und Empfindungen sogleich den Ausdruck innerer Klarheit verleihen, — und wenn wir es hierdurch jedesmal unsrer Ueberlegung zu unterwerfen vermögen, ob wir gut und recht daran thun, irgend eine neue Empfindung in ältere Aehnlichkeiten einzuhüllen, — nur dann können wir uns vielleicht vor jener Einseitigkeit bewahren, und nur dann ist es uns, bei gehöriger übriger Vollkommenheit der Denkkraft, erlaubt, augenblicklichen Eindrücken nachzugeben, d. h. von jener Täuschung selbst-beliebigen Gebrauch zu machen. — Jedoch darf sie nie, — und nach ihrer Erkenntniß am allerwenigsten, — zu wirklichen Urtheilen, sondern höchstens zu einfachem Empfindungsausdrucke benutzt werden. — Ein wirkliches Urtheil über Neues erfordert vollendete, wirklich-innere Klarheit über dieses Neue selbst, und nicht einen älteren Ueberzug über neue Begriffe. —

So lange unsere Empfindungen noch nicht zur Klarheit, durch Läuterung, erhoben sind, kann unsere Denkkraft leicht unserer Empfindungs-Weise dergestalt unterthan werden, daß wir alles außer uns Erscheinende nur nach uns selbst beurtheilen, unsere eigenen Fehler auf Vollkommeneres übertragen, und, indem wir der nothwendigen Klarheit und vorhergehenden Läuterung ermangeln, eine ungerechte, falsche Meinung fassen, die wir später, bei eingetretener, innerer Klarheit, als unvereinbar mit derselben finden. — Nichts trügt leichter, als Empfindungs-Weise, wenn sie vor erlangter, innerer Klarheit zur Anwendung kömmt. Darum ist ein Urtheil, welches man gleich nach der ersten Empfindung über etwas ausspricht, dessen man selbst nicht fähig ist, oder dessen Darstellung unserer eignen Empfindungs-Weise zu widerstreben scheint, so oft falsch und widersprechend mit dem, was man später darüber fühlt. Jede Vorstellung, besonders wenn sie ihren Eingang in die Seele durch die äußeren Sinne findet, übergibt ihr Anfangs eine mehr oder minder verworrene Empfindung. Schon diese Empfindung also bedarf der Ordnung und Läuterung, um sich zum richtigen Begriffe zu erheben, — um wie viel mehr nun nicht das Urtheil, das schon wieder geordnete, klare Begriffe enthalten soll! —

Die Seele an und für sich ist die Klarheit der intellectuellen Grundkraft. Was sie daher neu in sich aufnimmt, muß zuerst selbst zur Klarheit gesteigert werden, bevor es sich würdig und bleibend dem Wesen der Seele anzufügen vermag; nur in diesem Falle sind wir im Stande, bleibende Wahrheit in innerer Gedankenklarheit zu verkünden. — Dafür spricht unwiderleglich und in leuchtender Deutlichkeit der Umstand: daß unsere Vorstellungen um so lichter werden, je länger sie in der Seele an ihrem gebührenden Platze ruhen, und daß das Lautwerden oder Aussprechen unserer Empfindungen weit weniger Schwierigkeiten des Gedächtnisses, des Zusammenhanges und der Ideen-Rundung unterliegt, sobald wir das Gefühl ihrer Klarheit in uns tragen.

Ein zweiter beweisender und in psychologischer Hinsicht äußerst merkwürdiger Umstand ist der: daß frühere Empfindungen, die wir beinahe schon ganz vergessen, und die durch geistige Ruhe, innere Reconfortation, oder zufällige Selbstveredlung in uns zur Läuterung stiegen, urplötzlich oft, und ohne Einmal durch Erinnerung herbeigeführt worden zu sein, in voller Klarheit und Kraft von selbst vor unser geistiges Auge treten, gleich als mahnten sie uns, daß es nunmehr Zeit sei zu ihrer Verkündigung *).

Leisten wir nun jener innern, von selbst eintretenden Mahnung des Aufgenommenen nicht Folge, so wird es meist in Verworrenheit gerathen oder dem Gedächtnisse entschwinden. — Dies klingt fast einem Wunder ähnlich. Es wird uns weniger wunderbar erscheinen, indem wir einen etwas tiefern Blick in's geistige Innre senken. —

*) Man kann diese Bemerkung leicht an sich erproben. So lerne z. B. Jemand, der nur einige Gedächtnißübung besitzt, irgend ein Gedicht oder dergl. auswendig, ohne es sogleich laut herzusagen. — Er lege es sodann bei Seite, und versuche, es wieder zu vergessen. Statt dessen wird, wenn seine geistige Organisation sonst keiner Hemmung unterliegt, nach einiger Zeit das Erlernte von selbst klar und lebhaft vor seine Seele treten, und er wird es, vielleicht zu seiner eignen Verwunderung, ohne Anstoß hersagen können. — Verfasser kennt viele Belege hiezu, und hat es sehr oft bei sich selbst erprobt. —

Die Seele besitzt das Vermögen: Vorstellungen in sich aufzunehmen, und sie wiederzugeben. —

Jedes Aufnehmen und Eingehen in Etwas, setzt bei dem Aufnehmenden eine Fähigkeit der Ausdehnung oder eine schon vorhandene Ausdehnung voraus, in deren inneren Raum das Aufzunehmende eingehen kann. Wenn wir nun auch eine rein=geistige Ausdehnung in der Form einer Ausdehnung uns nicht begreiflich zu versinnlichen vermögen, und wenn gleich die Seele das rein=Geistigste unserer Natur ist, so dürfen wir mindestens doch, indem wir als bestimmt sagen und erkennen: „die Seele nimmt auf," noch weit bestimmter sagen und erkennen: „die Seele kann aufnehmen." Hinge nun dies „aufnehmen können" rein von der Willkühr der Seele allein ab, so bedürften wir, um unsre eingegangenen Empfindungen auszusprechen, nicht erst einer besondern Läuterung derselben, und die Seele könnte sich den Sinnen und dem Körper überhaupt nach Willkühr bald anschließen, bald entziehen.

Nun aber haben wir früher schon erwiesen:

1) Die Seele nimmt, so lange nur noch ein Sinn in uns zur Thätigkeit geeignet ist, ihre Vorstellungen unwillkührlich in sich auf; —
2) diese unwillkührlich aufgenommenen Vorstellungen müssen, wenn unsere Denkkraft vernünftig bleiben soll, einer Ordnung in der Seele unterliegen; —
3) Ordnung entsteht in der Verbindung a) des Aehnlichen mit dem Aehnlichen, oder des Unähnlichen mit dem Unähnlichen ineinander; b) des Aehnlichen mit dem Unähnlichen, unter= oder nebeneinander. Es bezeichnen aber
4) die einzelnen Begriffe „ineinander," „untereinander" und „nebeneinander" jeder eine Verbindung in Linie;
5) sei daher eine Ordnung auch noch so bunt gestaltet, wäre noch so viel Aehnliches und Unähnliches geordnet

verbunden, und habe ferner die Ordnung im Ganzen eine Gestalt welche sie wolle, so müssen wir immer eine, aus Linien zusammengesetzte Gestalt in ihr erblicken; d. h. jede Ordnung begreift eine Verbindung durch (In- oder Aneinander-) Reihung. —

Folglich entsteht die jedesmalige Gedanken-Ordnung in unsrer Seele aus einer Reihung von Vorstellungen; folglich kann sie das, nach der Aufnahme zur Vorstellungs-Ordnung Gereihte, wenn das Wiedergeben gleichfalls in Ordnung geschehen soll, nur der Reihe nach wiedergeben.

Indem nun die Vorstellungen zur Reihe in uns sich ordnen, so wird die zuerst entstehende Empfindung um so tiefer in's Innere treten, je mehr Empfindungen ihr nachfolgen werden; ist daher eine Reihe von Vorstellungen in uns beendigt, so wird die zuerst eingegangene die älteste, die zuletzt eingegangene die jüngste sein. Folglich wird jede Empfindung um so älter sein, je früher sie in's Innere einging. Da nun auch, wie Alles im Dasein, die Empfindung in unsrer Seele um so reifer zur Klarheit werden muß, je älter sie wird, so folgert sich hieraus:

a) der erwachte Gedanke wird um so reifer zur Klarheit sein, je länger die Empfindung, aus der er entspringt, in unsrer Seele sich befand; —
b) die erwachenden Gedanken müssen in geordneter Reihe aus unsrer Seele hervorgehen, wenn sie der Reihen-Ordnung der Vorstellungen entsprechen, und unsere Empfindungen zusammenhängend in Worte kleiden sollen.

Diese Entwickelung der Gedankenreihe aus der Reihe der Empfindungen kann auf zweierlei Art Statt haben, — indem wir nämlich von einem jeden der beiden Enden der Reihe, d. h. entweder von der jüngsten Empfindung oder von der ältesten aus die Entwickelung beginnen können. —

Hierbei fällt folgendes vor Allem auf:

Im ersten Falle, wo wir die Entwickelung mit der jüngsten oder zuletzt gehabten Vorstellung beginnen, wird die zuletzt eingegangene Empfindung die zuerst ausgehende, die vorletzte die zweite u. s. w. sein, und also ein umgekehrtes Verhältniß eintreten. —

Im zweiten Falle dagegen, wo wir mit der ältesten oder der zuerst in die Reihe eingetretenen Vorstellung beginnen, wird die zuerst eingegangene Empfindung auch die zuerst ausgehende, die als zweite eingegangene auch wieder die zweite ausgehende u. s. w. werden. —

Diese letztere Entwickelungsart ist demnach die vorzüglichste. —

Denn: da eine jede Empfindung um so gereifter und geläuterter sein muß, je älter sie ist, so wird uns bei der Anwendung dieser letzten Art, abgesehen davon, daß schon eine Regelmäßigkeit der Entwickelung von Natur aus in ihr liegt, noch ein ganz besonderer, doppelter Werth ersichtlich. Indem wir bei Entwickelung der Gedankenreihe die zweite Entwickelungsart benützen, d. h. bei derjenigen Empfindung anfangen, die, als die zuerst eingegangene, die letztbefindliche, also die älteste wurde, und so fort — so erwächst uns hieraus der große Vortheil:

1) daß wir mit den, in uns schon mehr geläuterten, älteren Nebenempfindungen beginnen, und sie der Reihe nach um so leichter zur klaren Gedankenreihe erheben, während die jüngste oder Hauptempfindung von selbst hierdurch zur letztauszusprechenden wird; unsere Rede wird also, obschon wir dem Hörer die Hauptempfindung bis zuletzt vorenthalten, dennoch durch jenes Beginnen mit klaren, älteren Empfindungen, interessant genug anfangen, um seine Aufmerksamkeit zu spannen, und unseren Zweck zu erreichen.

Was aber beinahe noch wichtiger ist, als dieses:

2) daß, indem wir mit der geläutertsten Nebenempfindung und so von unten herauf in voller Ordnungslinie das Aufreihen beginnen, wir unterdessen Zeit gewinnen, die jüngste oder Hauptempfindung in uns zu veredeln, so daß sie, wenn endlich die Reihe sie trifft, als würdiger Schluß dem Ganzen zugefügt werden kann. —

Wie unendlich wichtig dies für das Gelingen einer jeden Rede, einer jeden vollendeten Darstellung ist, ja, daß diese Art der Gedanken-Entwickelung eigentlich die einzig wahre Grundlage zur improvisirten Rede zu bilden vermag, werden wir an seinem Platze erläutern*).

Wenden wir dagegen die erste Art der Entwickelung an, die, als anscheinend müheloser und leichter, im gewöhnlichen Leben die gebräuchlichste ist, so beginnen wir unsere Rede gleich mit den zuletzt aufgenommenen, also mit den jüngsten Empfindungen. Diese können von Natur aus, und besonders, wenn das Aufgenommene uns vorher völlig unbekannt war, nur äußerst selten schon geläutert sein. Wir sind daher stets in Gefahr, gleich im Anfange der Rede in's Stocken zu gerathen, und dann ist das Ganze schon so gut wie verloren; denn wir haben sodann von vorn herein den Hauptgedanken verdorben, und Niemand wird mehr geduldig auf unsere Nebenempfindungen warten wollen. —

Und hier kommen wir denn auf jene (in der ersten Abtheilung besprochenen) „zwei Hauptklassen der Empfindungsentwickelung" zurück. Man wird bemerkt haben, daß die eben erläuterten beiden Arten der Reihen-Entwickelung nichts anderes sind, als jene beiden Hauptklassen, und es einsehen, warum eigentlich die zweite derselben die zur rednerischen Darstellung geeignet're ist. —

---

*) Siehe 5. Abtheilung.

Ferner wird es nun leicht begreiflich, warum eine, in der Seele von selbst geläuterte, Empfindung plötzlich von selbst und klar vor unser Gedächtniß treten kann. Da alle unsere Empfindungen in uns gereiht sein müssen, so hat natürlich eine jede der eingereihten ihren bestimmten Platz in der Reihe. Wir mögen also die Entwickelung dieser Reihe beginnen wo wir wollen, so wird nach und nach die Reihe an eine jede kommen.

Gesetzt nun den Fall, daß wir eine Empfindung, die die Reihe bei der Entwickelung traf, aus irgend einer Ursache nicht zum Gedanken und zur Rede erheben wollten, und sie übersprangen, so wird sie sich, sobald sie klar genug ist, von selbst zum Gedanken umwandeln, und dann vor unserem innern Auge erscheinen. Ferner: da die Empfindungen zum Gedanken verklärt, und durch den Gedanken entwickelt werden, so kann es sich fügen, daß wir, auch ohne zu sprechen, durch stilles Denken eine Vorstellungsreihe in uns entwickeln, was wir sehr richtig mit dem Worte „nachdenken" bezeichnen*). Bei dieser stillen, inneren Entwickelung trifft natürlich gleichfalls eine jede Empfindung die Reihe; eine jede, bereits klare, kann also auch hierbei von selbst als Gedanke vor uns hintreten.

Oft tritt auch eine kleine Reihe von Vorstellungen auf Einmal vor uns hin. Dies nennen wir in dem Falle, wo das Vorunshintreten während der Rede-Entwickelung einer anderen, größeren Reihe geschah, mit welcher jene kleinere zusammenhing: „einen Einfall haben." Da wir jedoch nicht immer sogleich wissen können, ob alle einzelnen Vorstellungen jener, mit der größeren Reihe zufällig herbeigeführten kleineren, wirklich schon zur Klarheit geläutert sind, so kann es gute und schlechte Einfälle geben; es ist daher nicht immer gerathen, unsere Einfälle ohne einen

---

*) Indem wir nämlich in unsrem Innern den Bestandtheilen einer Vorstellungsreihe nachgehen. —

schärferen Prüfungsblick gleich in Worte zu kleiden und auszusprechen. *)

Den aus klarer geläuterter Empfindung hervortretenden klaren Gedanken nennen wir: erwacht. Jeder unklare Gedanke ist geweckt, ohne erwacht zu sein.

Ein erwachter Gedanke kann also nur einer solchen Empfindung sein Dasein verdanken, die schon, als der Seele bereits bekannt, einen längeren Zeitraum hindurch in ihr sich befand, und zur Klarheit gesteigert wurde. Empfindungen, die uns vorher nicht bekannt waren, und die als neu in unsere Seele eingehen, sind daher nicht alsogleich geschickt zum klaren Gedanken, und müssen erst zur Klarheit der Empfindung sich erheben, um richtiger Gedanke werden zu können. —

Um eine Darstellung durch Worte zusammenhängend und geordnet erzeugen zu können, müssen sämmtliche, durch sie auszudrückende Gedanken

a) wirklich erwacht sein;
b) zu einer dem Vorstellungsgange entsprechenden Reihe verbunden werden können.

Hier kommen wir nun auch zu einer andern, wichtigen Sphäre der Sprachausübung, und da wir nicht blos die Redekunst, sondern auch das Sprechen als Sprechen in seiner Grundbeziehung enthüllen wollen, so sei es erlaubt, uns von dem Begriffe der höheren Rede auf einen Augenblick zu einer Sphäre des Sprechens zu wenden, die man gesellschaftliche Conversation oder Unterhaltungssprache nennt. Es kann dies Manchem nicht ganz unerwünscht sein.

Wenige nur treten in einen Stand, der den vollkommnen ächten Redner durchaus und gebieterisch erfordert; die Ausbildung zur wahren Rednerstufe bleibt gewöhnlich unse-

*) Eine ähnliche Bewandtniß hat es mit dem, was wir „Witz" nennen. Es gibt gute und schlechte Witze. —

rem eigenen Willen und Verstande überlassen, und es kömmt auf die Einsicht eines Jeden an, ob er sich durch die höhere Veredelung einer so dankeswerthen Natur-Mitgabe derselben werth machen will. — Hunderte dagegen führt ihr gesellschaftlicher Standpunct fast täglich in gebildete Kreise, wo man von einem jeden der Anwesenden das Theilnehmen an der allgemeinen Unterhaltung erwartet; und hier ist es, wo so häufig der Mangel an Sprech- und Denkgeläufigkeit, an gerundeten Gesprächen, an der Fähigkeit in zusammenhängenden Rede-Uebergängen u. s. w. sichtbar wird, und wo eigentlich ein Jeder, wenn auch nicht vorzüglicher Redner, doch vorzüglicher Sprecher sein sollte, um das jeden Augenblick eintretende Stocken oder Umhertaumeln der Unterhaltung zu verhüten. Hier ist es ferner, wo so oft Gebildete beiderlei Geschlechts, ja mitunter gelehrte Personen die schönsten Ideen und, um uns eines vielleicht passenden Ausdrucks zu bedienen, die herrlichsten Rede- und Unterhaltungs-Knospen in sich tragen und fühlen, ohne diese zum Aufblühen zu bringen — ohne, wie sie häufig selbst gestehen, sich so recht nach Wunsch aussprechen zu können. Sie fühlen sich also des klaren Gedankens zwar bewußt, aber dessen nicht mächtig.

Dies erregt die doppelte Frage: a) Kann der Mensch der Steigerung einer Empfindung in sich bis zum klaren Gedanken fähig, und dennoch dieses klaren Gedankens zur Rede nicht mächtig sein? und b) wenn dies der Fall sein kann, wie ist es zu verhüthen? —

Wir haben bereits in der ersten Abtheilung darüber gesprochen, wie gut es sei, sich, bei innerer Ordnung, der Selbstbeherrschung und Geistesgegenwart zu befleißen.

Beide Eigenschaften sind unumgänglich nöthig zur wahren Rede. Obschon aber diese weit höher steht, als die einfache Conversationssprache, und obschon man daher denken sollte, daß zu dieser bei weitem weniger Kraft der Geistesgegenwart erforderlich werde, als zu jener, so findet doch gerade das Gegentheil Statt, und, so unglaublich dies auch klingen mag, derjenige, der ein vollendeter Conversationsredner sein will, hat in gewisser Beziehung noch einen höheren Grad der inneren Vervollkommnung zu erzielen, als der eigentliche, vollendete Redner, — wie Folgendes in Kürze erläutert: Die Conversationssprache zerfällt durch das Vertheilen und Abbrechen bei der Allgemeinunterhaltung in Brüche, zu denen alle Anwesenden wechselweise Zähler und Nenner bilden. Die Conversations-Rede im Ganzen ist folglich eine Addition in Brüchen.

In der eigentlichen, ununterbrochenen Rede wird durch Geistesgegenwart die Allgemeinübersicht befördert und erhalten, und der erwachte Gedanke kann in Worte gekleidet werden, ohne erlaubte, fremde Störung. — Die Conversation dagegen, die nicht wie die Rede ein einziges, zusammenhängendes Gemälde bildet, sondern meist aus Bemerkungen und Gegenbemerkungen, Fragen und Antworten, Sprechen, Entgegnen und Beistimmen u. s. w., kurz, aus Gesprächen verschiedener Personen sich formt, hat erlaubte Unterbrechungen, durch Gesprächstheilnehmer, und die Rede jedes Einzelnen zerfällt hier meist in mehrere Theile. Die Kraft des Festhaltens an solchen Gedanken, die in uns zwar zur Klarheit gediehen sind, welche wir aber in Gesellschaft, so lange ein Anderer spricht, noch zurückzuhalten genöthigt werden, ist daher die erste Bedingung zur Vervollkommnung im Conversationstone. — Hierdurch wird die Geistesgegenwart zur gesellschaftlichen Sprache in einem Grade erforderlich, dessen der darstellende wirkliche Redner nicht bedarf, und der in gewisser Beziehung die zu erlangende, vollkommene Fähigkeit der Unterhaltungssprache einer weit größeren Schwierigkeit unterzieht, als die Fähigkeit der höheren Rede. Dieser erforderliche Grad und diese Schwierigkeit bestehen darin: daß der Gesellschaftsredner, indem er mit mehreren Personen zusammen vereint ist, und mit den anderen Anwesenden zusammen ein Ganzes aufzustellen hat, nicht nur seinen eignen Gedanken in sich klar entwickeln, sondern auch den ihn unterbrechenden Ideen der Anderen folgen, sie auffassen, mit dem von ihm selbst Gesprochenen in Vergleich setzen, und dabei dennoch die in sich selbst entwickelten Begriffe im Geiste behalten muß, um sie, sobald er wieder an die Reihe zu sprechen kömmt, so vorzutragen, als sei er gar nicht durch Andere unterbrochen worden.*) —

Nun ist es aber selbst mit dem Bewußtbleiben der, durch Andere zurückgedrängten, eignen Gedanken hier noch nicht genug. Wir müssen, indem wir uns der eigenen bewußt bleiben, uns auch noch der, durch den Andren ausgesprochnen, fremden Gedanken bewußt werden, sobald ein Allgemeingespräch über einen und denselben Gegenstand Statt findet; denn im Gespräche und vorzüglich in einem solchen, das allgemein wird, hängen die Worte Anderer mit den meinigen zusammen, und fremde Gedanken treten mit den meinigen in unabwendbare Verbindung. Hierdurch müssen wir nothwendiger Weise folgende Puncte der Conversation beobachten:

1) Darf der in uns erwachte, durch das Sprechen eines Andren zurückgehalt'ne, Gedanke durchaus nichts von seiner Klarheit verlieren, wenn auch der ausgesprochene Gedanke des Andren nicht klar wäre, oder mit dem unsrigen nicht übereinstimmte. —
2) Müssen wir den Worten aller andren Sprechenden im Geiste folgen, und sie auffassen, ohne dadurch die Seite, die wir an dem besprochenen Gegenstande auffaßten, aus dem Auge zu verlieren.
3) Müssen wir, im Falle ein Andrer so klar und überzeugend spricht, daß wir unsre eigne, innere Ansicht in der seinigen wiederfinden, oder die Ueberzeugung seiner Worte in uns fühlen, unsere Beistimmung zu

*) Dies ist die Haupt-Ursache, warum es gute Redner gegeben hat, die minder gute Sprecher in Gesellschaft waren. —

dem Gesagten geben können, ohne uns des nämlichen Gedankens oder der nämlichen Worte des Anderen zu bedienen, — sobald wir dieselbe Ansicht mit anderen Begriffen in uns entwickelt hatten. —

4) Dürfen wir, wenn etwa die Bemerkung des einen oder des andern auf interessante Nebenvorstellungen führen sollte, uns während der Verhandlung dieser Nebenvorstellungen nicht von unsrer eignen, erwachten Ansicht der Hauptvorstellung zu weit, oder gar ganz entfernen lassen. Dies ist ein ganz besonders wichtiger Punct, dessen Nichtbeobachtung schuld ist, daß man augenblicklich den Faden seiner eignen Hauptideen verliert, in die, uns nicht angehörigen Gedanken der Anderen zu stark hineingezogen wird, und daher, wenn man selbst den abgerissenen Faden des Gesprächs wieder aufnehmen soll, meist gar nicht mehr weiß, wo man die eignen Gedanken gelassen hat. — Daraus folgt denn

5) daß wir uns nicht blos des aus unsrer eignen Empfindung erwachten klaren Gedankens, sondern auch stets dieser Empfindung selbst, als der Mutter desselben, bewußt bleiben müssen, damit alle die einzelnen Gesprächstheile, die wir selbst zum Allgemeingespräche lieferten, einen Zusammenhang erhalten, der, wenn wir die von uns beigetragenen Worte vom Gespräch abscheiden und zusammenstellen, aus dem von uns Gesprochenen ein für sich bestehendes Ganzes bildet. —

Diese fünf Puncte sind zur Fertigkeit in der Unterhaltungssprache unerläßlich. —

Werden sie nicht genau befolgt, so ist es unvermeidlich, mit den Ideen Anderer und mit sich selbst in Verwirrung zu gerathen. Man kann dann zwar das Bild des zu verhandelnden Gegenstandes im Allgemeinen veranschaulicht in sich tragen; — durch das Hineinziehen in zerstreuende, objective Ideen aber wird man seine geistige Subjectivität verlieren, und, während man seine einzelnen Gedanken und Empfindungen klar in sich fühlt, wird es, in dem Augenblicke, der uns zu sprechen auffordert, häufig an der Kraft uns auszudrücken gebrechen, weil wir nicht so schnell unseren klaren, eigenen Gedanken von der fremdartigen geistigen Umgebung, die ihn verwickelte, wieder abzusondern vermögen. —

Mithin muß die erste Frage mit „Ja" beantwortet werden; d. h.: „es ist möglich, eine bis zur Klarheit des Gedankens gesteigerte Empfindung in sich zu tragen, ohne dieses Gedankens zur Rede mächtig zu sein. — Nicht blos aber bei Gesprächen, sondern auch bei rednerischen Darstellungen oder der wirklichen Rede kann sich jener Fall ereignen, daß man einen Gedanken klar in sich fühlt, und plötzlich der Kraft ermangelt, ihn in Worten auszudrücken, so, daß der beste Redner mitten im schönsten Redeflusse stocken, den Faden verlieren, und seine ganze Rede zu nichte werden kann. — Dieser Umstand ist in folgender Ursache begründet, die natürlich auch auf größere Darstellungen der gesellschaftlichen Sphäre ihre Anwendung findet.

Es gibt ein altes Sprichwort: „Allzuviel ist ungesund." Dies muß, in geistiger Hinsicht, hier strenge berücksichtigt werden.

Die menschliche Seele kennt keine Empfindungs-Atome. Jede Empfindung ist auflösbar in andere Empfindungen, und unwillkührlich knüpfen sich Vorstellung an Vorstellung, so daß wir nie der bloßen Vorstellung einer Vorstellung fähig sind, sondern in jedem Theil' uns wieder Theile vorstellen müssen. Daher erzeugt jede Vorstellung eine Vorstellungs-Reihe, und wir haben jedesmal mehrere Vorstellungen zu unterdrücken, indem wir Eine zu unterdrücken glauben. Folglich können wir in den Fall gerathen, daß eine einzige, überflüssige Vorstellung, die zwischen die Reihe unsrer Ideen sich unwillkührlich drängt, oder durch eine vorhergegangene erzeugt wird, eine ganze Reihe andrer Vorstellungen herbeizieht, die das bereits Gesprochene vom Folgenden urplötzlich trennen, und den aufgefaßten Faden der Darstellung auf eine unvorhergesehene Weise verwickeln oder zerreißen. In einem solchen Falle tritt sodann ganz dasselbe Verhältniß ein, wie bei dem Rade einer Wassermühle, oder dem Flügel einer Windmühle. Das Rad der ersteren bedarf einer gewissen Quantität Wassers, um getrieben zu werden. Wächst jedoch der Strom, und fließt dem Rade allzuviel Wasser zu, so bleibt es stehn, und die stärkere Kraft des Wassers bringt das ganze Triebwerk zum Stocken. Bei der zweiten bedarf es einer gewissen Stärke des Windes. Wird dieser allzu stark, so muß der Müller einige Flügeldecken abwickeln, sonst reißt der Wind den Flügel herunter, anstatt ihn zu drehen. — Eben so bei der Rede. — Jede Darstellung durch die Rede bedarf einer gewissen Kraft der Vorstellung, um den angefangenen Gang des Redetriebwerkes gleichmäßig fortzusetzen.

Wird diese nothwendige Kraft aber unwillkührlich so gesteigert, daß plötzlich auf das innerlich entworfene, geordnete Bild des Rede-Gegenstandes eine allzugroße Menge überflüssiger Vorstellungen einströmt, so wird es uns ganz natürlich urplötzlich an geordneter Uebersicht aller dieser Vorstellungen gebrechen, und es werden mit Einemmale uns die gehörigen Ausdrücke fehlen, um augenblicklich jene neuen Vorstellungen, dem Vorhergegangenen anpassend, in Worten auszusprechen. Das ganze, in Gang gesetzte Rede-Triebwerk muß dann unvermeidlich stocken — wenn wir nicht vorher dafür gesorgt haben, dergleichen geistige Ueberschwemmungen abzuwenden; — die Rede wird unterbrochen oder vernichtet sein, wenn auch der Begriff des darzustellenden Gegenstandes noch so klar in unsrer Seele liegt. —

Die Möglichkeit: zu einem klaren Gedankenbilde plötzlich

der Kraft des Rede-Ausdrucks zu ermangeln, muß also auch diesem Erweise zufolge zugestanden werden. —

Die Beantwortung der zweiten Frage: „wie diesem vorzubeugen sei?" — ergibt sich aus dem Erweise der ersten. —

Beim einen Falle haben wir bereits fünf Punkte angegeben, durch deren genaue Befolgung eine Vorbeugung bewirkt werden kann. Beim zweiten Falle geschieht (um beim angeführten Beispiel zu bleiben) die Vorbeugung auf dieselbe Weise, wie man der Hemmung des Mühlrades durch allzustarke Wasserkraft begegnet. So wie hier, durch im Voraus angebrachte, Dämme oder Schleußen, der Strom gehemmt oder abgeleitet wird, so setze man durch feste, undurchdringliche Willenskraft, durch ernstes, aufmerksames im Auge Behalten des darzustellenden Grundbildes, als des Haupttriebwerkes, dem plötzlichen Eintreten allzubunter Vorstellungen einen Damm entgegen, — lasse durch keine überflüssige Vorstellung sich von der, Einmal in Gang und Ordnung gebrachten, Hauptidee abbringen, mäßige schon im Voraus den Strom der Rede, wenn man etwa so aus der Ferne ein überspanntes ungewöhnliches Anschwellen der Phantasie herannahen sieht, und gleich wie bei der Mühle das Wasser gehemmt wird, damit das Rad nicht gehemmt werde, so hemme man lieber eine Reihe schöner Einbildungen, und leite sie im Voraus ab, damit nicht durch den schönen Strom das nützliche Triebwerk gehemmt werde. Und wie ferner bei der Windmühle lieber ganze Flügeldecken abgenommen, und die Räder in ganz langsamen Gang gesetzt werden, ehe man sich im Sturmwinde der Gefahr aussetzt, nach einem nur kurzen, schönen und schnellen Gange das Ganze zertrümmert zu sehen, so opfere man lieber im Voraus solche Vorstellungen, die, ohne zu nützen, nur einen allzustarken Schwung, durch rednerische Phrasen, erzeugen, und setze das Sprachtriebwerk lieber in schlichten, einfach schönen Gang, wenn die innere Vollkommenheit noch nicht so weit gediehen sein sollte, daß das Gewerke den Sturm auszuhalten vermag.*) —

Die einfachste Darstellung dessen, von dem man sich durchdrungen fühlt, ist das zweckmäßigste, so lange man nicht seine Fähigkeit zu größeren Unternehmungen stark und vollkommen genug fühlt.

Die wahre Empfindung wird nur klar, wenn sie vereinfacht ist. So sei es mit dem Gedanken, so mit der Rede. — Und selbst, wenn man die Fertigkeit eines glänzenderen Redegebäudes erlangt hat, sei der Glanz ein einfachreiner Schimmer. Das Einfache ist immer schön; denn „allzuviel ist ungesund." —

*) Denen Personen, die noch nicht völlig Herr der Rede sind, oder die dazu nöthigen Kräfte erlangt und nach ihrer Empfindungsart in sich festgestellt haben, ist es durchaus nicht zu rathen, nach schönen Redephrasen haschen und eine Menge schöner Vorstellungen auf Einmal, so zu sagen, aus dem Aermel schütteln zu wollen. Eine Folge dieses unnützen Bestrebens ist bei ihnen gewöhnlich das plötzliche Stokken, mitten in den schönsten Phantasien. — Dies begegnet mitunter Solchen, die Vieles studirt haben, nur nicht sich selbst. Sie verwikkeln sich in schöne Worte, und wissen endlich selbst nicht mehr, wobei sie angefangen haben. Häufiger natürlich begegnet es Solchen, die über Dinge reden, welche sie nicht kennen. —

Der nacherweckte Gedanke.

Dem erwachten Gedanken folgt der nacherweckte, oder der sich anschließende. Von der Ordnungsreihe der Empfindungen hängt es ab, wie der folgende durch den vorhergegangenen erweckt wird. Das richtige Verhältniß des nachfolgenden Gedankens zum ausgesprochenen aber erfordert, daß wir den ausgesprochenen Gedanken nicht aus der Erinnerung verlieren, und begründet daher einen eignen Wirkungspunkt der Sprache: die Nothwendigkeit des Zurückdenkens, — welches vom „Nachdenken“ genau zu unterscheiden ist. Das Nachdenken geschieht immer, ohne dabei zu sprechen; das Zurückdenken dagegen kann auch während dem Sprechen Statt haben. Daß wir nun, indem wir sprechen, des Zurückdenkens fähig sind, ist nicht nur eine sehr große Erleichterung zum Rede-Zusammenhange, sondern es kann auch ohne richtiges Zurückdenken kein Zusammenhang bewirkt werden.

Jedes Zurückdenken ist begründet in der menschlichen Einbildungskraft. — Bevor wir dies näher erörtern, müssen wir darauf aufmerksam machen, daß wir mit denjenigen nicht übereinstimmen, welche Einbildungskraft und Phantasie für eins und dasselbe halten, und Eines durchs Andere übersetzen. — Es wird sich vielmehr aus dem Verfolge unsrer Darstellung ergeben: „daß Einbildungskraft die, allen Menschen als denkenden Wesen überhaupt eigene, Kraft der Theilvorstellung — Phantasie dagegen die, einem jeden Menschen insbesondere, nach Verhältniß seiner (durch Nervenzustand erzeugten) Individualität, eigene Weise der Theilvorstellung sei. — In diesem Sinne werden wir beide Begriffe zur Anwendung bringen. — Denken ist ein geistiges Handeln, Empfinden ein geistiges Leiden. — Alles Handeln oder Leiden begreift drei Zeiten, Vergangenheit, Gegenwart oder Zukunft, in sich. — „Sich einbilden" aber ist blos wechselwirkend, und hat dabei, im genauesten Sinne betrachtet, keinen andern Zeitbegriff als den der Gegenwart, des unmittelbaren Stattfindens, — und dies begründet auch den Unterschied zwischen Einbilden und Vorstellen. — Die Vorstellungskraft wirkt stets ohne Gegenwirkung, — die Einbildungskraft aber kann mit Voraus- und Zurückwirkung zur Anwendung kommen. Diese Gegenwirkung der Einbildungskraft geschieht bei der Verbindung des Gewesenen mit dem Gegenwärtigen, des Gegenwärtigen mit dem Zukünftigen und des Zukünftigen mit dem Vergangenen. Die Einbildungskraft also ist es, die während des Redens den gewesenen Gedanken mit dem zu werdenden und den erwachten oder gegenwärtigen mit dem vergangnen und mit dem zukünftigen verbindet. Dies theilt die Rede in folgende zwei Hauptanordnungen:

I.

Das Verbinden des gegenwärtigen Gedankens mit dem gewesenen, oder das Zurückdenken.

Stockung ist ein plötzliches Aufhören der Bewegung. — Da nun das Denken activ oder handelnd ist, und jede Handlung eine Bewegung in sich begreift, so kann der Gedanke und folglich auch das Sprechen eine Stockung erleiden †). Alles Stocken oder plötzliche Aufhören der Bewegung ist eine Störung derselben ††). Folglich ist Stockung im Sprechen eine Störung der Rede. Jede Störung der Rede aber unterbricht ihren Zusammenhang. Da nun eine vollkommene Rede zusammenhängend sein muß, so ist es nö-

---

†) Und hieraus der Gegen-Beweis: da die Sprache stokken kann, und Reden lautwerdendes Denken ist, so muß Denken eine Bewegung oder activ sein. —

††) Nur das Absolut-Insichbestehende kann bei seiner Aeußerung in der Bewegung keiner Störung unterliegen; Absolut-Insichbestehendes aber gibt es nur Eines: die bewegende Urkraft, oder Gott. Absolut-insich ist außer dieser Urkraft nichts; — sie ist, weil sie ist. — Der menschliche Gedanke ist nicht, weil er ist, sondern, indem er ist. Wäre der Gedanke, weil er ist, so wäre er eben so klar in sich, als außer sich; dann wäre der Gedanke selbst sein Mittel zum Zwecke, dann wäre ein vollkommnes (reales) Studium des Denkens möglich, — und alsdann könnte man z. B. einen Vernunftlosen oder Wahnsinnigen mit seinen eigenen Ideen curiren, denn, bei dem Absolutbestehen der Idee würde diese unmöglich selbst verwirrt oder gehemmt sein können, sondern seine Vernunftlosigkeit wäre bloße Verschleierung durch Außenbegriffe. — Da aber der Gedanke nur ist, indem er ist, d. h. da er nicht Bewegung in sich, sondern fortschreitende, mit dem Momente sich weiterbegebende Bewegung ist, so kann er eine gänzliche Hemmung und Stockung im Fortschreiten erleiden, sobald ihm das Bewußtsein seiner selbst entschwindet. Er ist immer außerhalb seiner selbst, — und die Heilung eines der Vernunft Entrückten durch dessen eigne Ideen ist beinahe unmöglich, da der nächste Moment immer wieder ein anderer Gedanke sein kann. —

thig zu ihrer Vollkommenheit, eine Stockung zu verhüten.

Das Verhüten einer Stockung geschieht dadurch, daß die Kraft der Bewegung in ihrer Productivität zusammenhängend erhalten wird. Um daher eine Stockung in der Rede zu verhüten, muß die Einbildungskraft, als bewegende Kraft des Denkvermögens, in fortwährendem Zusammenhange mit dem Gedachten und dem zu Denkenden verbleiben.

Die Verbindung des gegenwärtigen Gedankens mit dem vergangenen geschieht, wie folgt:

Indem die Seele eine Hauptempfindung mit den verschiedenen Merkmalen derselben, als eben so vielen Nebenempfindungen in sich trägt, wird sie sich dieser Hauptempfindung in deren Ableitungen oder Merkmalen, und dieser Merkmale in der Hauptempfindung bewußt sein. Um dies Bewußtsein bleibend zu erhalten, muß sie alle Theile, in die die Hauptempfindung zerfällt, fortwährend als getheiltes Ganze in sich erhalten; indem sie sich also mit einem Theile des Ganzen oder mit mehreren desselben beschäftigt, darf sie bei dieser Beschäftigung nie das Bild des Ganzen, als Ganzes, verlieren. Die Seele steht ferner in engster Beziehung zu den menschlichen Nervenorganen, und der Zustand der Nervenorganisation jedes Menschen erzeugt bei ihm einen Seelenzustand, oder seine geistige Individualität. Dies verursacht, daß jeder Mensch das zu Empfindende auf eine, ihm eigene, Weise empfindet, und diese jedesmalige Weise der Empfindung entsteht zum größeren oder geringeren Theil aus dem Zustande seiner Seele. — Aus diesem Grunde zerfällt jede Vorstellung bei jedem Menschen in zwei Hauptarten, und zwar: a) in die der Wirklichkeit oder nothwendigen Anschauung, — b) in die der Phantasie oder individuellen Anschauung†). — Bei der noth-

---

†) Das richtige Verhältniß dieser beiden Eigenschaften

wendigen Anschauung tritt der, die Vorstellung erzeugende, Gegenstand unmittelbar so vor die Seele, wie er ist, als in seinem eigentlichen Zustande und Urbegriffe. Die nothwendige Anschauung übergibt ihr also gewissermaßen den rohen Stoff-Begriff, ohne weitere Begriffs-Ableitung. In dem rohen Begriffe ferner sind die nothwendigen Merkmale oder Nebenbegriffe zur Ableitung zwar schon vorhanden, aber so innig damit verschmolzen, daß die nothwendige Anschauung nur die Vorstellung der Gattung zu erzeugen vermag. — Bei der individuellen Anschauung treten die Begriffs-Ableitungen aus dem Stoffe (real oder gedacht) heraus, und das Urbild tritt in seinen bezeichnenden Eigenschaften und Nebenbegriffen vor uns hin. Das Individual-Vermögen sondert alsdann die wirklich vorhandnen Merkmale von ihrem Gegenstande ab, bringt sie als Theilbegriffe wieder mit ihm in ordnende Verbindung, und legt ihm — was der nichtüberschreitenden Phantasie freisteht — auch wohl noch andere Nebenbegriffe, die er zwar nicht wirklich zeigt, die ihm aber als Art eigen sein könnten, als vervollkommnend bei. — Die individuelle Anschauung oder Phantasie geht hervor aus der Art, die nothwendige Anschauung aus der Gattung. Beide zusammen übergeben der Seele die Vorstellung so, daß sie der Läuterung zur klaren Versinnlichung des Ganzen fähig wird †). —

erzeugt die Schönheit der Vorstellung; eine zu ungleiche Stärke zwischen beiden schwächt oder überspannt sie.

†) Z. B. Bei der Vorstellung eines Berges übergibt die nothwendige Anschauung nichts weiter als den Begriff: Berg, erhöhte Erdstelle, allenfalls mit dem Begriffe seiner Höhe und sonstigen Ausdehnung; — die individuelle Anschauung aber übergibt ihr die Art seiner eigenthümlichen Gestaltung, sein Schönheitsverhältniß zu anderen Gebirgen, die auf seiner Oberfläche befindlichen Pflanzen u. s. w. —

Jedes empfundene Ganze geht in der Seele zum gedachten Ganzen über. — Soll nun ein gedachtes Ganze durch die Sprache dargestellt werden, so muß bei der Darstellung die nothwendige Anschauung oder die Wirklichkeit vorherrschend bleiben, weil sie erstens Anschauung des wahren Urbildes ist, und weil zweitens die, durch die individuelle Anschauung abzuleitenden Nebenbilder in der Beschaffenheit des Urbildes begründet sind, — mögen sie nun wirklich in ihm vorhanden oder ihm blos beigelegt sein; — vorherrschende Phantasie geräth leicht in's Unwahrscheinliche†); daher ist es erforderlich, dem Grundbilde der Wirk-

---

†) Ganz besonders hat man sich vor einem Vorherrschen der Phantasie zu wahren, wenn die Darstellung durch die Rede eine Thatsache betrifft. —

Hier theilt sich nämlich der Gegenstand in drei gleichwichtige Arten: in diejenige, bei der zur That mehr innere (Geistesstärke), diejenige, bei welcher dazu mehr äußere (Körper-Kraft) — und endlich in diejenige, bei welcher gleichgroße innere und äußere Kraft-Anwendung erforderlich sind. — Hier ist die Phantasie um so mehr zu zügeln, als der Mensch von Natur aus so sehr geneigt ist, seinen Darstellungen solcher Thatsachen, welche besonderer Kräfte erfordern, dadurch mehr interessante Wirkung zu geben, daß er die bei der That an's Licht tretende Wirkung über die Maßen steigert.

Die Wahrheit dieser letzteren Behauptung ist durch unzählige Beispiele erwiesen, und jene Warnung ist bei der unmittelbaren Darstellung, durch unvorbereitete Rede, um so mehr zu berücksichtigen, als wir Beweise haben, daß man sogar in schriftlichen Darstellungen sich der individuellen Anschauung oder Phantasie auf eine, das Verhältniß der Wirklichkeit oder nothwendigen Anschauung durchaus vernichtende, Weise hingeben kann. Beispiele der Art

lichkeit die Oberhand zu lassen, und es so zu halten, daß es gleichen Schritt mit der Wahrheit hält. —

---

liefert mitunter die Geschichte. — So verletzt in der Römischen Geschichte die Erzählung von den Horatiern und Curiatiern die Wahrheit eben nicht, obschon sie zweifelerregend bleibt; der Bericht jedoch, daß ein einzelner Römer, Horatius Cocles, an der Brücke die ganze feindliche Macht so lange aufgehalten, bis die Brücke hinter ihm abgeworfen war, und dann sogar noch, ohnerachtet des Alleinkampfes, mit voller Rüstung durch die Tiber geschwommen sei, ist dergestalt der nothwendigen Anschauung zuwider, daß man schon darum Ursache hätte, die ganze altrömische Geschichte für eine Fabel zu halten. — Nach Jahrhunderten klingt zwar so etwas ganz artig, indem man fortwährend dabei die Stärke der ganzen *Nation* zu Gesichte führt; — stelle man sich aber vor, daß in diesem Augenblicke Jemand vor uns hinträte, der bei einer ähnlichen That zugegen gewesen sein will, und sie mit aller Rednerkraft darstellte, so würde jeder Zuhörer bei sich denken: sehr hübsch, aber übertrieben, und gewiß nicht wahr. — Die *nothwendige* Anschauung bei solchen Kraftausübungen bleibt stets der Begriff der höchst möglichen, natürlichen Kraft, und alle Bemühung der individuellen Anschauung, sich die Kraft eines lebenden Wesens als einer hundert- oder gar tausendfachen widerstrebend zu denken, zerfällt vor dem Wahrheitsschilde der Natur. — Aehnliche Bewandniß hat es mit den, in Chroniken vorkommenden, Berichten, wo z. B. ein Reuter in der Schlacht dem andern dermaßen den Kopf gespalten haben soll, daß das Schwert bis auf den Sattelknopf herunter fuhr, und der Gespaltene in zwei Hälften links und rechts vom Pferde sank u. s. w. — Bei Berichten von selbstverübten Kraftthaten artet dergleichen Vorherrschung der Phantasie gewöhnlich in abschreckenden Egoismus oder gar in prahlerische

Sobald wir nun die Vorstellung des darzustellenden Gegenstandes dergestalt in uns festgestellt wissen, daß wir das Verhältniß der theilenden Kraft zu dem Bestande des Grundbildes erkannt haben, so liegt es vor Allem ob, uns der *einleitenden Nebenvorstellungen* zu versichern, an denen wir mit ganzer Kraft des Gedächtnisses festhalten müssen, ohne jedoch das *Ganze* aus dem Gesichte zu verlieren. — Die menschliche Seele ist immer geneigt, von nothwendigen Vorstellungen zu andern überzuschweifen, die den zu behandelnden zwar ähnlich sind, aber nicht in den Moment der nothwendigen Ansicht gehören.

Dies liegt in der uns angebornen Neigung zur *Zerstreuung*, die zum Theil daraus entsteht, daß wir uns der

---

Unwahrheit aus. — Jede individuelle Anschauung muß so dargestellt werden, daß sie fremder Prüfung und einer Wiederholungsprobe unterliegen kann. —

(Die bekannten *Münchhausenischen* Historien gewinnen ernste Bedeutung, wenn man erwägt, daß sie dergleichen übertriebene Phantasien aus dem Leben parodiren sollten. — Unterlägen solche Unwahrscheinlichkeiten selbst einem *edlen* Grunde (wie z. B. bei denen der römischen Schriftsteller dem Patriotismus), so bleiben sie doch immer unverzeihlich, da sie leicht zur Nachahmung verführen, und dergestalt eine Fortpflanzung bleibender Unwahrheiten erzeugen können. —

Bei Darstellungen, die abstracte oder leblose Gegenstände, Natur-Ansichten und dergleichen betreffen, kann man sich schon eher mitunter ein kleines Vortreten der Phantasie erlauben; doch darf dies selbst hier nur sehr sparsam in einzelnen Stellen geschehen, und man muß die Phantasie zu rechter Zeit wieder in Zügel zu nehmen wissen, sonst könnte es leicht geschehen, daß in Lappland Citronenbäume blühen.) —

Vorstellungen durch die äußeren Sinne nicht immer zu erwehren vermögen. Jede äußere oder innere Zerstreuung ist eine natürliche Feindinn der inneren Sammlung, und muß daher mit aller Kraft des Willens und der Geistesgegenwart beseitigt werden. Die innere Sammlung bezweckt in allen Fällen die bestimmte Richtung des Geistes nach einem Vorstellungs-Rundgemälde. In diesem Rundgemälde sind alle nothwendigen Begriffe des zu besprechenden Gegenstandes ineinander verflochten, und, während der geistige Ueberblick sie theilt, und in ihrer einzelnen Beschaffenheit erkennt, muß er sie zugleich zusammenhalten, damit keine fremdartige Vorstellung sie störend trenne. — Haupt- und Nebenbegriffe eines Darstellungsgemäldes bilden zusammen eine geistige Form, oder Kern und Schaale. Jede fremde, nicht dazu nothwendig erforderliche, Vorstellung liegt außerhalb der Schaale, und bildet, wenn sie nicht beseitigt wird, so zu sagen ein geistiges Uebergewächs an derselben. Indem wir uns nun der Zerstreuung überlassen, die aus solchen nicht-nothwendigen Vorstellungen besteht, befinden wir uns mit dem geistigen Blicke außerhalb des darzustellenden Gegenstandes. Wir sind also in solchem Falle nie beim wahren Kerne — und dies macht es erklärlich, warum der Zerstreute meist nur Schaalen ohne Kern zum Besten gibt. — Das Entwickeln der einleitenden Vorstellungen ist das Oeffnen der Schaale, um zum Kerne zu gelangen. —

Je vorsichtiger und zweckmäßiger dies Entwickeln geschieht, um so reiner wird die erscheinende Frucht sein. Jeder Mensch hat seine Eigenthümlichkeit im ersten Entwickeln der Begriffe; hieraus folgt gleichfalls, nach den vorhergegangenen Betrachtungen, daß der Entwickelungsstoff oder die Schaale in der individuellen Anschauung, die Frucht aber oder das Grundbild in der Wirklichkeit oder nothwendigen Anschauung liege. Das Bild einer vollkommenen Frucht muß Hülle und Kern zugleich darstellen. Folglich muß dem Zuhörer bei der Darstellung die Hülle beständig vor Augen bleiben, indem wir sie ablösen, und ihm die Frucht zur Anschauung bringen.

Hierdurch wird eine bleibende Verbindung zwischen Wirklichkeit und Phantasie nöthig, selbst, während die einleitenden Vorstellungen durch das Erscheinen der nothwendigen Anschauung zurücktreten; wir müssen also verstehen, die nach und nach zurücktretenden Nebenvorstellungen dadurch bleibend zu erhalten, daß wir die, durch sie an's Licht getretenen Begriffe mit den nachfolgenden Kernbegriffen in regressive Verbindung setzen. Diese Verbindung kann nur entstehen: durch allmähligen, aufstufenden Uebergang vom Werthe des vorhergehenden Gedankens zu dem des nachfolgenden. —

Hierdurch wird der Werth des gegenwärtigen Gedankens durch den vorhergegangenen bedingt, und das Nachgefolgte wird nur klar bleiben durch die bleibende Anschauung des Vorhergegangenen. —

Zum Behufe des allmähligen Ueberganges aber muß das Verlautbaren der Phantasie mit dem der Wirklichkeit in stets gleichmäßige Wechselwirkung treten, und zwischen den kundwerdenden Bildern beider darf kein merklicher Begriffs-Abstand obwalten. — Da nun beide an und für sich nicht wechselwirkend sind, so bedürfen sie einer wechselwirkenden Kraft zur Vermeidung eintretender Abstände. Diese wechselwirkende Kraft ist — wie Anfangs berichtet — die Einbildungskraft.

Die Einbildungskraft verbindet also Frucht und Hülle der Darstellung oder Wirklichkeit und Phantasie. —

Die Wechselwirkung der Einbildungskraft entsteht aus zwei, nothwendig bedingten Kräften: die der regressiven und die der progressiven Verbindung. —

Die regressive Kraft der Verbindung besteht in dem Vermögen: den Werth aller bereits folgerecht entwikkelten und aufgestellten Begriffe fortwährend dergestalt im Geiste zu bewahren, daß man sich des Werthes aller, bereits ausgesprochnen Gedanken klar genug erinnert, um jedesmal den Werth des erwachten, gegenwärtigen Gedankens nach dem zuletzt ausgesprochnen zu ermessen, und den gegenwärtigen Gedanken alsdann so richtig in Worte zu kleiden, daß er die Werthsumme aller vorher ausgesprochnen Gedanken in sich enthält. —

Diese Ausübung jenes regressiven Vermögens während der Rede ist es, was wir Zurückdenken nennen, — (woraus der Beweis: daß das Zurückdenken in der Einbildungskraft begründet ist). —

Zur genauen Verständlichung unsres Grundsatzes aber folge hier die kurze Erläuterung dessen, was wir unter Werth des Gedankens und seiner folgerechten Entwickelung verstehen, obgleich dies an und für sich schon verständlich ist. —

Jedes Werthverhältniß ist begründet in Vergleich, Gleichung oder Steigerung. Grundwerth ist das positive, in sich selbst beruhende Gültigkeitsverhältniß. —

Alles, was ist, hat ein, in sich selbst beruhendes Gültigkeitsverhältniß, oder einen Grundwerth; ohne Grundwerth ist nichts Bestehendes denkbar. Abstractes Sein hat abstracten Grundwerth.

Alles was in einem Verhältnisse steht, steht also in einem Werth-Verhältnisse.

Der klare Gedanke, als solcher, hat den Grundwerth der ihn zeugenden, klaren Empfindung. Tritt er nun in ein Verhältniß zu anderen Gedanken, so tritt er in ein Werth-Verhältniß, und zwar in dasselbe Werth-Verhältniß, in dem die, ihn zeugende Empfindung zu den andern Empfindungen steht, welche diejenigen Gedanken erzeugen, mit denen er in Verhältniß tritt. —

Das Werthverhältniß der einzelnen Empfindungen und ihrer Gedanken zu einander hängt von dem jedesmaligen Charakter der Darstellung oder von der zum Ganzen geordneten Vorstellungsreihe ab. Ist also der Charakter der Darstellung im Ganzen der des Angenehmen, so ist der zum minder angenehmen Eindrucke sich eignende Gedanke minder werthvoll, als der zum angenehmeren Eindrucke sich eignende; besteht der Character der Darstellung darin: zu warnen oder abzuschrecken, so ist der warnendere, der abschrekkendere Begriff von höherem Werthe, als der minder warnende, minder abschreckende u. s. f. — Ferner haben wir schon bemerkt, daß bei der Rede-Darstellung die Aufstufung von den Nebenempfindungen zur Hauptempfindung die bessere und wahre Art der höheren Rede sei. Indem wir daher bei der Darstellungs-Einleitung die Regel genau beobachten: mit den, zum Character des darzustellenden Gegenstandes mindest werthvoll sich verhaltenden Nebenbegriffen zu beginnen, und hierauf in aufsteigender Fortschreitung nach und nach zu den werthvoller sich verhaltenden überzugehn, so entsteht hierdurch das, was wir oben „folgerechte Entwickelung" der Begriffe nannten.

Da wir nun, schon um die Begriffe bei der Darstellung folgerecht anzuordnen, den Werth der einzelnen Nebenbegriffe im Voraus überblickt und bestimmt haben müssen, so wird es uns bei nur einiger Aufmerksamkeit nicht schwer fallen, diejenigen Vorstellungen, die wir ihrem Werthe nach allmählig entwickeln, immer so lange im Geiste zu bewahren, bis wir den auszusprechenden, gegenwärtigen Gedanken nach der Werthsumme der bereits vor ihm ausgesprochenen ermessen, und ihnen richtig beigeordnet haben. —

Das Zurückdenken, während wir sprechen, ist also mehr ein Festhalten des bereits Gedachten, und unterscheidet sich auch hierin vom Nachdenken, das ein Aufsuchen neuer oder schon gehabter Ideen ist. — Es ist daher — wir wiederholen es — eines mit dem andern durchaus nicht zu verwechseln; denn, würden wir während der

Rede, anstatt zurückzudenken, uns dem Nachdenken überlassen, so müßte die Rede natürlich aufhören. —

Aus den bisherigen Erörterungen geht nun hervor: daß

a) ein Zurückdenken, zur zusammenhängenden Rede, wirklich Statt finden muß;
b) das Zurückdenken in einem Festhalten alles Vorhergesagten bis zum jedesmaligen gegenwärtigen Gedanken, — oder darin besteht: in jedem auszusprechenden Begriffe die Werthsumme aller vorausgesprochenen zu vereinigen; wodurch
c) es nothwendig wird: uns fortwährend des Hauptgegenstandes der Rede in seinen abgeleiteten Nebenbegriffen — und umgekehrt — erinnerlich zu bleiben; da nun, wie erwiesen,
d) das Zurückdenken in der Einbildungskraft begründet ist, so ist es
e) diese Einbildungskraft, in der wir das darzustellende Ganze ununterbrochen bewahren müssen. —

Jeder Mensch hat, wie bereits bemerkt, eine ihm eigenthümliche Phantasie oder individuelle Anschauungsweise, — sein Seelenzustand sei, welcher er immer wolle. Beim Vernünftigen geht die individuelle Anschauung, nach Maßgabe seines Nervenzustandes, aus der nothwendigen, oder der Wirklichkeit hervor, beim Vernunftlosen dagegen ist es umgekehrt; dieser pflegt die nothwendige Anschauung aus seiner Phantasie abzuleiten. —

Einbildungskraft aber besitzt meist nur der vernünftige Mensch; beim Vernunftlosen ist sie ganz oder zum größten Theile unterdrückt. —

Die Einbildungskraft, als der fortwährenden Anwendung durch Wechselwirkung fähig, kann geschärft werden. Die Nothwendigkeit einer Schärfung oder Kraftvermehrung des Einbildungsvermögens wird ersichtlich aus der ihr angewiesenen Wirkungssphäre, indem sie mit zur Basis der Redefähigkeit gehört. —

Ein sehr leichtes und gewöhnliches Mittel, die Einbildungskraft zu schärfen, besteht darin: daß man jeder schweigenden Betrachtung eines anregenden gegenwärtigen Bildes irgend eine ähnliche, schon längere Zeit vorher gehabte Betrachtung zur Seite stellt, und fortwährend scharf vergleicht, indem man schweigend betrachtet. Es muß aber hierbei das Hervorziehen der früher gehabten Betrachtung durchaus im Momente der gegenwärtigen geschehn, und nicht erst, wenn die Vorstellung des gegenwärtigen Bildes bereits durch andere Empfindungen in der Seele tiefer gestellt ist. Bei dem Menschen ist zwar der Reiz der Neuheit immer der vorherrschendere und man pflegt nicht gerne mit Aelterem zu vergleichen, indem man des Neuen genießt. Eben darum wird es vielleicht Manchem eine kleine Ueberwindung kosten, auf die Gefahr hin, etwas weniger modern zu empfinden, seine Einbildungskraft zu schärfen. Da aber gerade die geschärfte Einbildungskraft alles Neue zu höherem Grade der Neuheit erhebt, indem sie es ist, die den Wechseleinfluß zwischen Phantasie und Wirklichkeit erzeugt, so wird man nach kurzer Uebung reichlichen Ersatz finden für das anfängliche, vermeintliche Opfer*). —

*) Viele werden eine solche Anweisung zur Verstärkung einer der herrlichsten Geistessphären vielleicht hören oder lesen, ohne weiter darauf zu achten, oder ferner daran zu denken; dieselben aber werden kurz darauf sich vielleicht gegen Andere beklagen, daß sie kein gutes Gedächtniß, keine scharfe Einbildungskraft u. s. w. besäßen, — nur um durch diese Klage entschuldigt zu sein, wenn man den Mangel jener Kräfte in ihren Darstellungen bemerken sollte. Ja, die meisten Menschen sagen sogar, wenn von den allgemeinsten und allernatürlichsten Menschenfähigkeiten die Rede ist: „diesem Menschen ist das angeboren; — der hat dies Talent mit auf die Welt gebracht, — und mir hat es die Natur versagt!“ u. s. w. — Wir aber sagen: es gibt keine größere Beleidigung gegen die Natur, als wenn wir, indem wir

Sehr schwer kann es nicht sein, dasjenige zu üben, was zur vervollkommneten Einbildungskraft nöthig ist. Man

---

die nothwendigen *gesunden* Organe besitzen, ihr vorwerfen, daß sie uns etwas, dem Menschen *von Natur aus* und *als Menschen Gehörendes* entzogen und dagegen einem Anderen bei der Geburt mitgegeben habe. — Alles, was geistig dem *Menschen* als Menschen *gehört*, wird ohne Ausnahme einem wie dem Andern mitgegeben, und es kommt nur auf uns selbst an, die uns von der Natur aus ertheilten Fähigkeiten zu *vervollkommnen*.

Nichts Menschlich-*Nothwendiges* hat Einer vor dem Anderen voraus, und nur in dem Falle, daß Jemand bei der Geburt mit besonders starken *Gebrechen* der Kraft-Organe behaftet gewesen ist, können Ausnahmen möglich sein. In einem solchen Falle aber wird der Mensch, aus anderen vorangegangenen Ursachen, als *geistige Mißgeburt* zur Welt kommen, und das begründet eine ganz andere Sphäre. Wer aber nicht sagen kann, daß er als geistige Mißgeburt die Welt betrat, der kann auch nicht der *Natur*, sondern nur *sich selbst* es vorwerfen, wenn es ihm an der Vollkommenheit der nothwendigsten Menschenfähigkeiten gebricht.

Wirkliche Talent-Gaben, die als solche anerkannt werden, als die Gaben der Dichtkunst, Malerei u. s. w., sind hierunter freilich nicht mit begriffen; in diesen kann der eine Meister, der andere Stümper sein. Derjenige aber, der sich über den Mangel des *Gedächtnisses*, der *Einbildungskraft* auf eine Weise beklagt, als ob die Natur einen Andern bei der Geburt habe *mehr* als ihn damit betheilen wollen, — verletzt, wenn er körperlich und geistig wohlorganisirt und sonst gebildet ist, das heiligste Achtungsgesetz gegen den Schöpfer, und dem sagen wir, als unwiderlegbaren Wahrheitsgrund: daß es ihm an *ernstem Willen* fehle, als die alleinige Ursache seiner Mängel. —

Dergleichen verkehrte Meinungen erinnern uns an eine der barockſten Ideen eines Physiognomen, der da sagt: „Hüte dich vor einem Menschen, der eine *schiefe Handschrift* hat, denn der hat gewöhnlich einen *schiefen Charakter*!" — Es wundert uns, daß er nicht gleich darauf sagte: wer an jeder Hand fünf Finger hat, der hat alle Tage fünf andere Sinne; oder: wer einen kleinen Mund hat, der ist von Gott zum Trompeter bestimmt. — —

Wahrlich, es wäre nicht weit her mit der Weisheit des Schöpfers, wenn es *derartige Bestimmungen* des Geistes gäbe, oder wenn der Mensch zu sagen vermöchte: da ich eine kurze Nase habe, so hab'

versuch' es nur Einmal einige Tage lang, alle neuen Gegenstände, die man in die Seele aufnimmt, nicht eher vorüberschwinden zu lassen, als bis man sie genau mit andern, ähnlichen Gegenständen, die man früher in sich aufnahm, verglichen und darnach beurtheilt hat, und man wird zu seiner Verwunderung bemerken, mit welcher geringen Selbstüberwindung sich die Einbildungskraft zu stärken vermag.

II.

Die Verbindung des gegenwärtigen Gedankens mit dem zu werdenden.

Wie das Zurückdenken, so geschieht auch diese Verbindung vermittelst und in der Einbildungskraft.

Ehe wir nun hier zur eigentlichen Erläuterung übergehen, wollen wir noch eine andere Weise, in der sie geschärft werden kann, anführen, indem diese Weise nicht nur die beste und zweckmäßigste ist, sondern auch sehr großen Einfluß hat auf die „Verbindung mit dem zu werdenden Gedanken,“ wenn sie ordentlich geübt und vervollkommnet wurde. —

Diese Weise der Einbildungsschärfung ist an und für sich etwas schwieriger; sie wird aber nach einiger Anwendung sehr angenehm und sogar unterhaltend. Sie hat mitunter Aehnlichkeit mit der **algebraischen** Berechnungsweise, in der man durch die Gleichung bekannter Theilverhältnisse ein unbekanntes Grundverhältniß zu erforschen sucht, und besteht darin: daß man öfters in der Einbildung die Hervorbringung eines neuen Gemäldes durch die zu-

ich auch ein kurzes Gedächtniß. — **Ernsten, festen Willen** angewandt, und **fortwährend gedacht, daß man will,** — dies ist eine Selbstlehr-Methode, die einem Jeden beweisen wird, daß er vollkommner Mensch sein **kann,** und daß er das erlangen kann, was ihm als Mensch nothwendig ist.

sammenstellende Gleichung verschiedner Bilder-Theile, die man älteren Bildern entnommen, versucht, — und dergestalt aus der Verbindung und Gleichung verschiedenartiger, schon bekannter, Theile früherer Vorstellungen ein neues, nothwendig durch ihre Zusammenstellung hervortretendes, Hauptbild herauszieht. — Diese, so oft als möglich anzustellende Uebung schärft nicht nur die Einbildungskraft, sondern sie stärkt und vervollkommnet auch das Gedächtniß, und gibt endlich dem Geiste eine Leichtigkeit des Ueberblickes, die selbst außerhalb des Rede-Erfordernisses sich erstrecken, und in vieler andern Hinsicht nützlich werden kann. —

Einige ganz einfache Beispiele mögen sie näher erläutern. Wir wollen hierzu solche nehmen, die, wenn auch etwas sonderbar, doch im gewöhnlichen Leben am leichtesten anzuwenden.

1) Der leichtesten Art. Jeder Gebildete macht hie und da Besuche bei Freunden oder Bekannten, die auf anständigem Fuße in ihrem Hause eingerichtet sind. Gesetzt nun, Jemand habe seit längerer Zeit bei diesem oder jenem, oder auch bei einem jeden seiner Freunde irgend ein Möbelstück bemerkt, welches durch seine Schönheit ihm besonders auffiel, und ihn zur Betrachtung anzog; durch diese nähere Betrachtung seien sie in sein Gedächtniß eingegangen, und er könnte, wenn auch Anfangs mit einiger Anstrengung, sich der Gestalt eines jeden einzelnen Stückes erinnern; — so mache er den Versuch: aus der zusammenstellenden Gleichung aller dieser verschiednen, und in verschiednen Häusern gesehenen, Möbelstücke Ein geordnetes, und strenge durch Einheiten bedingtes, Ganze herauszuziehen. Zu diesem Behufe muß sich vor Allem seine Einbildungskraft ein, nach der Schönheit des Möblements zu ermessendes Zimmer erzeugen. Dies Zimmer, wenn die Einbildungskraft es geschaffen, kann durch die Phantasie mit beliebigen, prächtigen Tapeten, Malereien u. s. w. ausgeziert werden. Wäh-

rend nun hierauf die Einbildungskraft das geschaffene Zimmer unverrückt und in seiner ganzen, ihm nach Belieben gegebnen, Form festzuhalten hat, muß sie alle darin aufzustellenden Möbelstücke der Reihe nach durch's Gedächtniß hervorrufen, und sodann die Anordnung beginnen. Die Phantasie sucht dabei der Einbildungskraft die günstigsten Stellen aus, und hilft ihr zur Proportion des Ganzen. Da hierbei eigentlich nur die individuelle Anschauung, d. i. die Phantasie, zugegen sein kann, indem das ganze Bild blos durch die Einbildungskraft geschaffen wird, so hat die letztere zugleich die nothwendige Anschauung zu vertreten, und das blos Gedachte sich als real vorzustellen. — Die Phantasie nimmt nun dem Gedächtnisse jedes einzelne herbeigebrachte Stück ab, und setzt es unter Aufsicht und Leitung der Einbildungskraft an seine Stelle. — So wie aber ein Möbelstück ankömmt, welches schon in der nämlichen Gestalt oder von demselben Werthe da ist, — und das muß die Einbildungskraft, die fortwährend das Ganze zu überschauen hat, wissen — so wird es beseitigt, und eines der andern dafür hingesetzt. Auf diese Weise wird eine Zusammenstellung ungleicher Einheiten erfolgen, deren Ordnung und Proportion unter einander das gesuchte Vorstellungsgemälde geben wird. — Diese Aufgabe gehört natürlich zu den leichtesten. Demunerachtet wird sie für den ganz Ungeübten Anfangs etwas schwierig zu lösen sein. — Ein gutes Gemälde der Einbildungskraft ist eben so schwierig zu erzeugen, als eines mit Pinsel und Farben. —

2) Der schwereren Art. Hat man in Exempeln der ersten Art, deren es unzählige gibt, sich einigermaßen geübt, so schreite man zur zweiten, bei der man in folgender Weise beginnen kann: — Ein jeder Gebildete macht hie und da eine größere oder kleinere Reise, wäre sie auch nur einige Meilen groß, während der er Gelegenheit findet, die Vorstellungen verschiedener Naturgegenstände in sich auf-

zunehmen. Man mache nun einige Zeit nach der Aufnahme jener Vorstellungen den Versuch, das Grundverhältniß der Schönheiten verschiedner Gegenden zu einander zu erforschen, ziehe von den Gegenständen einer jeden Gegend die interessantesten in der Einbildungskraft zusammen, vergleiche sie zuerst untereinander, vereinfache jeden Gegenstand, indem man den ähnlichen, in ihm sich auflösenden, ausscheidet, und ersehe sodann aus dem Vergleiche des Ganzen mit dem Ganzen das Grundverhältniß aller Gegenden zu einander. — Bei jüngeren Personen, oder solchen, die nur wenig fremde Gegenden sahen, können die Zusammenstellungen und Ausscheidungen so einfach als möglich, und dem Gesehenen angemessen geschehen, bei Erfahr'neren in größerem Maaßstabe. Gesetzt also, es habe Jemand die Schweiz und Italien bereist: so führe er durch's Gedächtniß zuerst alle die Gegenden der Schweiz, die ihm besonders gefielen, zurück, übersehe sie im Allgemeinen, vereinzelne sie sodann, und schreite hierauf, wenn jede einzelne Schönheit ihm wieder deutlich vor die Seele getreten, zum Vergleiche der Schweizergegenden untereinander. Zwei ähnliche oder sich gleichende Gegenden desselben Landes heben sich hierbei gegenseitig auf, und werden vereinfacht oder ineinander verschmolzen. Auf diese Weise entsteht endlich aus allen geordneten Einheiten eine einzige, große Schweizerlandschaft in der Einbildungskraft, und diese Landschaft wird ein abgeschlossenes, alle Schönheiten des Landes in Einen Geistesblick vereinigendes, Ganze bilden. Steht dieses Ganze in der Einbildungskraft fest, so mache man ganz dieselbe Anwendung von den Gegenden Italiens; hierbei aber werden wieder die sich gleichenden Gegenden beider Länder ineinander aufgelöst, so daß eine jede der beiden entstehenden, großen Landschaften nur aus Theilen besteht, die einer jeden allein eigenthümlich sind. Aus der vergleichenden Gegenüberstellung beider Haupt-Landschaften wird sodann das gesuchte Grundverhältniß ihrer Schönheit zu einander, oder das Schönheitsverhältniß beider Länder ersichtlich.

Diese geistige Uebungsart gehört unstreitig zu den interessantesten; denn da die Einbildungskraft hierbei weder der körperlichen Geschicklichkeit noch überhaupt der körperlichen Material-Erfordernisse bedarf, so sind ihr derlei Gemälde in ungeheurem Maaßstabe und großer Abwechslung möglich. —

Auch in dieser schwerer'n Art sind der Uebungsbeispiele unzählige, und es ist natürlich nicht nöthig, daß sie gerade in Landschaftverhältnissen bestehen.

3) Der schwersten Art. — Diese besteht in solchen Uebungen, die fast unmittelbar mit der improvisirten Rede in Zusammenhang treten, und daher eine vorbereitende, fleißige Uebung in den beiden leichteren Arten durchaus nothwendig machen. Zur Uebung der dritten Art gehört vorzüglich, daß man von den leblosen Gegenständen zum Menschen selbst übergehe, und sich in der Einbildungskraft aus lebenden Theilen ein lebendes Rundgemälde schaffe. — Die Anordnung eines solchen besteht kurz darin: daß man verschiedene seiner Freunde und Bekannten (oder auch selbst erfundne Personen) geistig vor sich hintreten lasse, sich in deren Mitte versetze, und sodann im Geiste ein Gespräch mit einem derselben beginne, woran man nach und nach alle Uebrigen Theil nehmen läßt. — Alles, was wir diese gedachten Personen in unsrer Einbildungskraft sagen lassen, muß diese natürlich zu behalten suchen; wenn es Zeit scheint, fallen wir im Geiste in's Gespräch ein, — und so führen wir im Geiste förmlich eine Art von dramatischer Darstellung durch, bei der wir alle, in der Einbildungskraft anwesenden, Personen durch unsere eig'nen Gedanken denken und reden lassen, und wobei wir also selbst als Hauptperson mitwirken und die geistige Triebfeder bilden. — So leicht mancher Mensch auch Gebäude der Einbildungskraft in sich errichtet, so schwer wird ein Jeder

diese Art der Uebung finden, wenn er nicht stufenweise zu ihr gelangt. Eine einzige solche Uebung, die wahrhaft gelingt, gereicht schon zum Beweis einer großen Stärke des Gedächtnisses und der Denkkraft. In dieser dritten Art ist gleichfalls ein unermeßliches Feld zu Uebungen eröffnet. —

Bei dergestalt geschärftem Geistesvermögen wird der Uebergang vom Zurückdenken zum werdenden Gedanken minder schwierig. Der zu werdende Gedanke bei der Rede ist immer: entweder ein neuer, mit den vorhergegangenen in Verbindung zu setzender, oder ein schon im Vorhergegangenen begründeter, und also durch nothwendige Folgerung an's Licht tretender Gedanke. In beiden Eigenschaften muß die ihn zeugende Empfindung ihn so herbeiführen, daß wir ihn schon ahnen können, bevor er noch sich uns vergegenwärtigt; nur in diesem Falle wird die Unterbrechung der Rede verhütet.

Durch die vorher zu übersehende Ordnung der Gedanken nach ihrem natürlichen Werthe, von der wir bereits gesprochen, gelangen wir ohnehin schon zu einem Hauptüberblicke der sich folgenden Gedanken, und dies erleichtert uns das Verbinden mit dem erwachenden. Bei der Rede ist natürlich jeder, dem folgenden Gedanken vorhergegangene, schon in Worten ausgesprochen. *)

Die Verkettung oder richtige Reihung des folgenden Gedankens mit dem vorhergegangenen muß nun zugleich in dem ersteren die erhöhte Werthsumme des Vorhergesagten begründen; denn die Erkenntniß des Zuhörers durch die ihm mitgetheilten Vorstellungen muß fortwährend durch das Erkennen eines vorhandenen Werthes aufrecht erhalten werden. Seine Erkenntniß in dieser Beziehung würde eine

*) Eine genaue grammatische Kenntniß der Sprache, in der man redet, gehört mit zu den Haupterfordernissen, indem das zweckmäßige Einkleiden des erwachenden Gedankens keiner Zögerung durch etwaigen Sprachzweifel unterliegen darf. —

Schwächung erleiden, wenn der unrichtige oder geringere Werth eines folgenden Gedankens denselben als dem Vorhergesagten nachstehend bezeichnete.

Der Hauptüberblick des Werthes aller zu behandelnden Vorstellungen muß uns daher zur bleibenden Allgemein-Uebersicht derselben verhelfen, damit wir uns des Werthes aller ausgesprochnen Gedanken bewußt bleiben können. —

Der Zweck der Rede an und für sich erheischt die Uebersicht des Werthes aller einzelnen Vorstellungen. Der Zweck, durch die Rede seine eignen Empfindungen Andern mitzutheilen †), oder sie für oder gegen Etwas zu

---

†) Die bisherige rhetorische Philosophie hat den Unterschied zwischen Dichter und Redner dahin festzustellen gesucht, daß sie dem erstren die Erregung sinnlicher Empfindungen, dem andern aber die Erregung sinnlicher Vorstellungen zutheilt. Da aber keine Vorstellung ohne Empfindung und keine Empfindung ohne Vorstellung entstehen kann, so ist diese Unterscheidung nicht gründlich; ja es wäre — eben weil Vorstellung und Empfindung stets zugleich entstehen müssen — sogar zu erweisen, daß mitunter der Redner mehr auf die Empfindung und der Dichter dagegen mehr auf die Vorstellung wirke. Indem der ächte Redner, d. h. der aus dem Stegreife Redende ununterbrochen Herr seiner Empfindungen sein muß, und durch das Kundgeben seiner Vorstellungen diese Empfindungen ausdrückt, so wird er mehr Gelegenheit zur Erregung von Empfindungen als von Vorstellungen haben. — Die bloße Mittheilung von Vorstellungen erlitte ohne Schaden Unterbrechungen, und könnte in abgebrochnen Theilen Statt finden; in dieser Hinsicht betrachtet, könnten sodann schriftlich abgefaßte Reden freilich als Reden zu betrachten sein. — Eine bloße Erregung von Vorstellungen aber, bei denen man das Empfinden nur Andern anheim stellt, ohne selbst

überzeugen, erheischt die Erkenntniß des Allgemeinwerthes unsrer Rede. — Beides (die Uebersicht des Theilwerthes und die Erkenntniß des Allgemeinwerthes) bestimmt im Voraus den zweckmäßigen Gang der Rede, und macht uns fähig, den nacherwachenden Gedanken vor seinem wirklichen Eintreten zu ahnen. — Zur richtigen Anwendung dieser erreichten Fähigkeit ist es erforderlich, daß die Ein-

---

nothwendig mitzuempfinden, ist nur eine gegebne Schaale, zu der — Andere den Kern geben; bei einer solchen Erregung haben die Hörenden ein größeres Verdienst, als der Redende. —

Der ächte Redner muß nie Vorstellungen allein, sondern immer die klare Empfindung seiner Vorstellungen auszusprechen suchen. Nur in diesem Falle kann er seine eigne Begeisterung für, oder seine Abneigung gegen eine Sache Anderen mittheilen. Wenn daher eine Rede den Zuhörer kalt läßt, so mag es meist in Verfehlung dieses Zweckes liegen. — Um die Empfindung des Vorgestellten so auszusprechen, daß der Hörende mitempfindet, müssen des Redners Vorstellungen ihm wahrhaft inne wohnen, d. h. er muß entweder für etwas wahrhaft gestimmt, oder gegen etwas wahrhaft eingenommen sein, und die Ueberzeugung von der Klarheit seiner Empfindung in sich tragen. —

Soll seine eigne Ueberzeugung den Hörenden mitüberzeugen, so muß er seine Empfindungen dermaßen geläutert haben, daß eine Wahrheit des Auszusprechenden überwiegend an's Licht tritt. — Die Ueberzeugung muß, schon moralischem Begriffe zu Folge, erste und Haupttriebfeder jedes Redners sein. Alles Sprechen zerfällt in die zwei Hauptzwecke: zu lernen oder zu belehren. Beides kann nur mit Wirkung geschehen, wenn Ueberzeugung daraus hervorgeht.

bildungskraft gleichsam Schritt vor Schritt mit der Rede vorwärts gehe, — damit wir einen zu erwachenden Gedanken nicht etwa allzufrühe vor seinem wirklichen Erscheinen ahnen. Dies darf nur sehr kurz vorher geschehen, sonst könnte das allzufrühe Beschäftigen mit einem Gedanken, der erst viel später seinen richtigen Platz findet, störend einwirken. — Ferner muß die Einbildungskraft während der Rede dermaßen in sich abgeschlossen sein, daß sie sich einzig und allein mit den auszusprechenden, bestimmten Vorstellungen beschäftigt, — unberührt durch Alles, was den äußeren Sinnen um sie herum auffallen könnte. — Abgesehen davon, daß im entgegengesetzten Falle auch die geübteste Einbildungskraft leicht einer gänzlichen Störung erläge, so wollen wir nur annehmen, daß irgend etwas, was wir während der Rede durch die äußeren Sinne bemerken, mit einer unsrer, später auszusprechenden, Vorstellungen Aehnlichkeit hätte; dann würden wir den, aus unsrer Empfindung zu erwachenden Gedanken nicht bloß zu frühe vorher ahnen, sondern er würde sogar durch die unmittelbare Sinnanschauung wirklich vor uns hintreten, und dies natürlicherweise uns gewaltsam von dem Stufengange der Rede abziehen. *) —

Durch feste und klare Uebersicht und durch die genaue Werthbestimmung der zu behandelnden Vorstellungen wird ferner bewirkt, daß erstens: wenn während der Rede unserem Gedächtnisse plötzlich eine Vorstellung entschwinden sollte, wir dadurch nicht in Verlegenheit und Stockung zu ge-

*) Aus diesem Grunde und dem Bewußtsein fehlender Selbstkraft ist es herzuleiten, wenn Personen, wie dies oft der Fall ist, nur dann besser sprechen, indem sie die Hände vor die Augen legen; dies sollen sogar verschiedne, als Redner aufgetretene Personen in der Gewohnheit gehabt haben. — Daß aber eine solche sichtbare Gefangenhaltung des Gesichtssinnes weder angenehm für den anwesenden Zuhörer sein, noch überhaupt das wahre Redetalent verrathen kann, ist begreiflich; es ist vielmehr das Bekenntniß geistiger Schwäche. —

rathen brauchen, sondern ohne Zögern zur nächstfolgenden übergehen können, wobei zweitens: dem Zuhörer am Hauptbilde keine Werthverminderung ersichtlich wird, weil der Werth aller, einander folgenden Vorstellungen sich steigernd zum Vorhergegangenen verhält. —

Das Hinstreben nach dem folgenden Gedanken in der Rede darf nicht so hastig oder gesucht geschehen, daß es vom Zuhörer bemerkt wird. Ein zu hastiges oder gesuchtes Hinstreben aber hebt sich von selbst auf in der angewiesenen Folgerungsbestimmung durch richtiges Werthverhältniß der Ideen. Der Redner (und selbst der schriftlich Redende), welcher den Stufengang nicht nach bestimmtem Werthe anzuordnen versteht, wird mit manchem Gedanken zu frühe und mit andern wieder zu spät in die Reihe treten; daher gibt es Reden, von denen man sagen muß: sie sind im Ganzen geistreich, aber nichts steht oder stand an seinem gebührenden Platze. Keine wahre Schönheit ohne wahre Güte, — keine wahre Güte ohne wahren Ordnungswerth oder Werthordnung. — Aus der Kenntniß der Werthordnung entsteht die Sicherheit des zu erwachenden Gedankens, und aus der Sicherheit des zu Erreichenden: „Ruhe.“ Ruhe während der Rede trägt viel zur beabsichtigten Wirkung und zum Eindruck derselben bei. — Selbst Reden, die durch Begeisterung den Redenden hinreißen, dürfen ihm die innere Ruhe nicht entziehen, wenn er seiner Gedanken Herr bleiben soll; und dies kann nur durch das Bewußtsein der Sicherheit geschehen. — Die größten Redner waren groß durch Ruhe im Ausdrucke, selbst wo dieser Ausdruck die heftigsten Empfindungen mit Begeisterung kund gab. Der Ausdruck liege wohl im Klange und in der Verbindung der Worte, gezogen aus dem inneren Ausdrucke der Empfindungen, — nicht aber in der äußeren oder inneren begleitenden Bewegung. Man muß dem Redner innere Bewegung höchstens in den Mienen, eigentlich aber nur am Gange und Werthe seiner Ideen anmerken. Alle erwachenden Gedanken müssen daher mit dem Zuvorgesagten in eine solche Verbindung treten, daß der Zuhörer ihre Nothwendigkeit begreift, und so zu sagen den Werth des Kommenden errathen kann, indem er das Ausgesprochene mit seinen eigenen Gefühlen übereinstimmend findet. — Dies heißt Eindruck durch Ausdruck bewirken. — Bei Vorstellungen, die die Person des Redenden selbst betreffen, muß er behutsam zu Werke gehn, und sie so einkleiden, daß sie einigen Allgemeinwerth für die Hörenden erhalten. Einer für Einen fühlt nicht so stark, als Einer für Mehrere; — es liegt dies im Wesen der menschlichen Natur. — Vorstellungen, die Meinungen oder Personalbeurtheilungen betreffen, dürfen nicht zu stark verletzend sein; die zu erregenden Gefühle werden hierdurch zu leicht getheilt, und dies schadet der Aufmerksamkeit Einzelner für den zu erwachenden Gedanken; — aus demselben Grunde darf die Vorstellung einer tadelnden Beurtheilung nicht zu lange ausgedehnt werden, selbst wenn — was natürlich bei allen Reden, die auf moralischen Werth Anspruch machen, vorauszusetzen ist — der ausgesprochne Tadel verdient sein sollte. Um eine tadelnswürdige Sache oder Handlung tadelnd vorzustellen, gebe man den Fehler kurz an, und hebe ihn sodann lieber hervor durch die Vorstellungen entgegengesetzter, guter Handlungen. —

Der Verbindung mit dem zu erwachenden Gedanken tritt es hindernd entgegen, wenn wir zu oft wiederholen, denn das öftere Wiederbeschäftigen mit schon Ausgesprochnem zieht uns leicht ab vom Bewußtsein des Auszusprechenden. Wo also Wiederholungen durchaus nöthig sein sollten, wiederhole man wo möglich nur Einmal, und gehe sodann in die verlassne Reihe wieder ein. Es gibt jedoch Fälle, wo die Wiederholung einzelner Ausdrücke das Bild verstärkt. Dies kann besonders bei Abscheu erregenden Vorstellungen geschehn; hierbei aber muß der Redner nicht vergessen, zu bemerken, daß er wiederholt. — Z. B.: „Er beging den Vatermord! — Gibt es eine Phantasie, die Tieferes kennt im Abgrunde des Entsetzens, als diesen Namen? Vatermord! — Was wiegt sie noch auf, diese gräßliche — gräßliche That; was hat die Hölle menschlicher Bosheit mehr zu bieten noch, als Vatermord? — Vatermord! Nein, ich kann es nicht oft genug wiederholen! Rauchendes Blut des Zeugers durch die Hand des Gezeugten! — u. s. w. —

Es bedarf einer vollkommnen geübten Einbildungskraft, um bei derlei Wiederholungsstellen in improvisirter Rede nicht den Faden des Zusammenhanges zu verlieren. Wer aber nur seine Empfindungen klar und in bestimmter Ordnung in sich trägt, der begibt sich, wenn er durch das zu häufige Wiederschöpfen des Geschöpften wirklich einen Graben austiefen sollte, leicht durch eine Wendung drüber hinweg, zu einer der nächsten, klaren Vorstellungen*). Ueberhaupt ist es zur Verbindung des nothwendig folgenden Gedankens erforderlich, daß wir von dem, worüber wir reden und was wir reden, durchdrungen sind. Schon bei Darstellungen des gewöhnlichen Lebens pflegen wir besser zu spre-

*) Hier bestätigt sich sehr treffend ein alter Soldaten-Spruch: „Wer die Reihe kennt, kann leicht d'rin bleiben.“ — Ueberhaupt könnte man den nicht ganz unpassenden Vergleich machen zwischen einer wohlgeordneten Rede und einem wohlgeordneten Militair-Regiment. Bei diesem steht das Ganze unter Einer Bekleidung, unter Einem Oberkommando und wie aus Einem Gusse. Dennoch ist es aus lauter Einheiten zusammengesetzt und bietet in den Mienen lauter verschiedenartige Gesichtsausdrücke. Alle Einzelnen aber wirken zu einem und demselben Zwecke, machen als Ganzes den Eindruck eines Ganzen, geben sich einzeln, als bestimmt zu einem Ganzen gehörig, kund, und jede fremdartige Bekleidung oder unrichtige Stellung des Einzelnen schadet der Ordnung des Ganzen. Entsteht im heftigen Kampfe eine Lücke, — gleich rückt der in der Reihe folgende nach, und macht sie unmerklich, und so wird das Ganze einzig und allein durch die Ordnung des Einzelnen zum Einzelnen, der richtigen Einheit in Bewegung und Wirkung und der Reihen zueinander erhalten. Dieser ganze Satz läßt sich Wort für Wort bei der Redelehre in Anwendung bringen.

chen, wenn wir das zu besprechende wirklich rein empfinden, um wie viel mehr also nicht bei der höheren Darstellungsrede. — Leere Worte über uns gleichgültige Dinge sind leicht vorgebracht, aber sie nützen weder uns, noch Anderen, selbst wenn der, uns gleichgültige Rede-Gegenstand den Andern wichtig wäre. Denn, wenn er uns gleichgültig ist, so werden wir im Ganzen gleichgültig darüber reden*); der Andere aber, dem er wichtig ist, wird hieraus nicht nur keinen Nutzen schöpfen, sondern wir werden ihn auch dadurch häufig gegen uns abgeneigt machen†).

†) Ueber uns gleichgültige Dinge ist es am besten, zu schweigen; es sei denn, daß wir uns über sie näher belehren wollten, in welchem Falle man aber sich jeder Selbstmeinung vor erlangter Ueberzeugung enthalten soll. Noch weit weniger aber sollen wir über Gegenstände ganz gegen unsere innere Ueberzeugung reden. — Ohne innere Ueberzeugung kann keine innere Klarheit vorhanden sein. Bei der improvisirten Rede folgte also unstreitig in einem solchen Falle die Strafe dadurch auf dem Fuße, daß wir jeden Augenblick stockten, und endlich nicht weiter könnten. — Bei schriftlichen Reden ist es dem Heuchler eher möglich, heuchelnder Redner zu sein. — Cicero schon meinte, daß ein Redner auch ein „vir bonus“ sein sollte. Er setzte also vielleicht voraus, daß ein wahrer Redner ein unredlicher Mann sein könnte. Dies wäre aber falsch. Ein schlechter Mensch kann, wie wir schon Einmal bemerkten, an und für sich nie ein ächter Redner (wir meinen das Reden und nicht das Redenschreiben) sein; indem es ihm an Reinheit der Empfindungen gebricht, um sich zur natürlichen Rede-Vollkommenheit aufzuschwingen. —

*) Wir müßten denn anders über ihn sprechen, als er uns erscheint, und das hieße lügen.

Während der Rede wird also, wie wir ersahen, der geistige Blick in zwei Hälften getheilt, deren eine sich mit dem Vergangenen, die andere mit dem zu Kommenden beschäftigt. Zwischen beiden liegt die verbindende Gegenwart, die aber nicht eigentlich Gegenwart sein kann, indem der erwachte Gedanke im Momente seiner Entstehung schon zu den vergangenen gehören, und ausgesprochen sein muß. Alle kommenden Gedanken müssen ferner schon dasein, d. h. schon in den Begriffen des Darzustellenden liegen; sie sind wie aufgestellte, aber im Verhältnisse zu den bereits vorgenommenen Gedankenposten uns noch unbekannte, Summen zu betrachten, die wir durchs Aufreihen an die ausgesprochene oder schon vorhandene Summe knüpfen. (Daraus und aus allem bisher Erörterten geht hervor, daß die Reihung der Gedanken eine förmliche Addition der Rede ist.) —

Beim Addiren pflegen wir die aufgestellten Rechnungssummen von unten herauf oder oben herab dermaßen zusammenzuziehen, daß wir die entstehenden Werthverhältnisse der einzelnen Summen zu einander im Geiste behalten und zur Hauptsumme aussprechen. Eben so geschieht es mit der Zusammenziehung der Redegedanken. In der Hauptsumme aller zusammengezogner Ideen muß die Richtigkeit der einzelnen, und so auch umgekehrt, liegen. —

Der sehr geringe Unterschied zwischen Zahlen- und Rede-Addition besteht darin, daß oft bei der ersten die zu ad-

---

In allen übrigen schönen Künsten mag sich mitunter das Beispiel erweisen, daß Kunst-Vollkommenheit sich mit Charakter-Unvollkommenheit paarte. Das Kunst-Heiligthum der höheren Sprachvollendung aber schließt dieses Problem aus. Die menschliche Seele müßte nicht in der Reinheit der Empfindungen sich der Gottheit nähern, wenn ihre Wesenheit dies zulassen könnte.

direnden einzelnen Posten nach Belieben unter einander gesetzt werden können — bei der letzteren aber, zur größeren und schnelleren Richtigkeit, diese Posten nach bestimmten Verhältnissen des Empfanges zu ordnen sind. — Dagegen hat die Rede-Addition das voraus, daß sie gleich ganze Theilsummen oder Posten zusammenzieht, während die Addition der Zahlen die Theilsummen wieder in ihren Stellen-Werth zertheilt, und zuerst die Einer, dann die Zehner u. s. w., besonders addirt.

Wir haben ferner auseinander gesetzt, daß in den jedesmal folgenden Gedanken eines Begriffes die Werthsumme des vorhergegangenen gesteigert enthalten sein müsse. Dies ist ganz so wie bei der Zahlenaddition. — Hätten wir z. B. die Zahlen: 5, 3, 4, 2 zu addiren, so würden wir nicht sagen: 5 und 3 = 8, sodann: 3 und 4 = 7, hierauf 4 und 2 = 6 u. s. w.; — sondern, indem wir die entstehende ganze Werthsumme des Vorherigen mit der folgenden Theilsumme verbinden, so müssen wir rechnen: 5 und 3 = 8, 8 und 4 = 12 u. s. w. — Daß freilich bei der Rede der gesteigerte Werth nicht in den Worten, sondern nur im jedesmaligen Begriffe liegen kann, darf wohl nicht erläutert werden. So z. B. ist in den Worten: „ja sogar drei der stolzesten Rosse sanken, vergebens gegen die Wellen ankämpfend, ermattet in die Tiefe" — der Wortklang hübsch, — und in den Worten: „ein Kind ertrank," ist der Klang ganz gewöhnlich. Wer aber, den Begriffswerth mißverstehend, verbinden wollte: „ein Kind ertrank; — ja sogar drei der stolzesten Rosse sanken in die Tiefe," der würde wahrscheinlich Lachen, statt Theilnahme erregen. Zum Schlusse dieser Abtheilung ein leichtes Rede-Additionsexempel.

Es sei Jemandem eine schöne Meierei durch die Schuld und Nachlässigkeit des Verwalters abgebrannt. Der Besitzer, der schon mehrfachen Schaden erlitten, habe hierbei durch seine Seele ohngefähr folgende Gedankensummen empfangen. (Die Zahlen zu Anfang der Sätze deuten ihre Stellung vor der hergestellten Werthordnung, die am Ende der Sätze aber ihren Standpunkt zur Addition an.)

1) Mein letztes Besitzthum ist dahin. (34.)
2) Durch die Nachlässigkeit eines Intendanten, dem ich manche Wohlthat erzeugte, brannte es auf. (15.)
3) Das Unglück hat mich schon so oft im Leben niedergebeugt, daß ich stets zu kämpfen hatte. (1.)
4) Nun bin ich zu Grunde gerichtet. (12.)
5) Wer muß nicht Theil nehmen an meinem Schicksale? (32.)
6) Wie war es möglich, daß sämmtliche, weit abstehenden Nebengebäude mit verbrannten? (13.)
7) Vor fünf Jahren brannte es schon daselbst, aber der Schaden war sehr gering. (11.)
8) Hätte ich meinen früheren Intendanten behalten, so dürfte ich vielleicht jetzt nicht verzweifeln. — (6.)
9) Meine Familie ist dem Elende Preis gegeben. (36.)
10) Die einzige auf dem Gute vorhandene Spritze war verdorben und nicht anwendbar. (20.)
11) Was soll ich für Ersatz fordern? Der Intendant selbst verlor Alles. (25.)
12) Man beurtheile nun meine Lage. (33.)
13) Mein Credit ist gesunken. (35.)
14) Warum mußte ich auch meinen vorigen Verwalter absetzen? (7.)
15) Dem jetzigen traute ich; seine ehrliche Miene und Versprechungen bestachen mich. (8.)
16) Den vorigen Verwalter setzte ich eines Streites wegen ab; ich hätte minder heftig handeln sollen. (5.)
17) Mancher reißt sich in's Verderben durch unüberlegte Hitze; mich hat sie hart bestraft. — (4.)
18) Ich habe meinen Leuten manches Gute gethan. (9.)
19) Ihnen aber kann ich keine Schuld beimessen. (10.)
20) Die Thränen der Meinigen zermalmen mich. (28.)

21) Der Verwalter, dem ich mein Vertrauen schenkte und alle Vollmacht gab, ist der Nagel zu meinem Sarge. — (27.)

21[a]) Der Frühere mochte mitunter Unrecht haben, aber dennoch handelte ich zu heftig gegen ihn. — (5.) S. 5[a].

22) Werde ich Unterstützung finden? (30.)

23) Mich selbst kann ich nicht beklagen, und nur schrecklicher erscheint mir mein Elend, denn ich legte vielleicht den Grund dazu. — (3.)

24) Was nun mit meinen Kindern? (29.)

25) Kann ich mich wieder zum Wohlstande emporschwingen? (31.)

26) Welch ein Anblick! Jene Gluth! (18.)

27) Nie wird der Tag des Entsetzens meinem Gedächtnisse entschwinden! (15.)

28) Und mitten im Freudegenusse; — gerade als ich mit meinen Kindern von einem alten Freunde heimkehrte, ihnen das Gut auf einer Anhöhe in der Entfernung sichtbar wurde, und ich sprach: dies ist E u e r, meine Kinder! (16.)

29) Die arme Mutter, wie sie mir entgegenstürzte, die Flamme himmelan schlug, und das Entsetzen mich an den Boden heftete! — Ihr Zustand raubte mir jede Besinnung — — ich k o n n t e nicht retten! — (17.)

30) Nichts blieb übrig; meine Erndte, meine Heerde verbrannte. (21.)

31) Als ich endlich kam, war nichts mehr zu thun; die Gluth trieb mich hinweg; — alle Hilfe war vergeblich. — Zu spät! — (19.)

31[a]) Das auf dem Hofe liegende, unbeachtete Heu gerieth in Brand, und so ward das Entsetzliche herbeigeführt! (14.)

32) Gottes Hand ist stark! (23.)

33) Der Himmel hörte mich nicht, als ich mit Weib und Kindern auf meinen Knieen lag. — (22.)

34) Ich will nicht grollen. Sein Wille geschah! — (24.)
35) Sollt' ich den armen Verwalter ganz unglücklich machen? Er finde seine Strafe in seinem Bewußtsein! (26.)
36) Das Maaß meines Unglücks ist voll! — (2.)
37) Die Hoffnung ist erstorben, meine Kraft zu streben ist vernichtet, — ich bin verloren! — — (37.)

Den Empfindungen nach mögen die Summentheile richtig sein; zur Rede dagegen stehen sie, wie sie jetzt sind, in einem noch ungeordneten Werthverhältnisse. Nachdem nun aber durch scharfen Ueberblick und gehörige Unterordnung der Ideen das Verhältniß der Steigerung erkannt, und die Werthordnung im Geiste übersehen ist, so könnte jener Grundbesitzer die von der Seele empfangenen Empfindungen ohngefähr in folgender Hauptsumme erzählend äußern; (wobei wir fast nur die obenstehenden Sätze zu einander fügen): —

„Das Unglück hat mich schon so oft im Leben niedergebeugt, daß ich stets zu kämpfen hatte; nun ist das Maaß meines Unglücks voll; — die Flamme hat meine Habe vernichtet! — Mich selbst aber darf ich nicht beklagen, und nur um so schrecklicher peinigt mich mein jetziges Elend — denn ich legte vielleicht den Grund dazu. — Mancher reißt sich in's Verderben durch unüberlegte Hitze; — mir hat sie eine Strafe bereitet, die hart genug ist, um meine Heftigkeit zu beweinen. Ich hatte auf meinem schönen Gute einen wackern, treuen Verwalter, dessen Fehler es war, mir bisweilen zu widersprechen. Vielleicht mochte er mitunter nicht Recht haben. Dem sei, wie ihm wolle, so war es Unrecht von mir, ihn eines kleinen Streites wegen abzusetzen, und mich dieser bewährten Stütze zu berauben. Vier Jahre sind es nun, daß meine Heftigkeit den Greis außer Brod setzte; — die Strafe blieb nicht lange aus! — Wie konnte ich damals so schwach sein, den Alten von mir zu stoßen? Mehr Mäßigung, und ich dürfte jetzt vielleicht nicht verzweifeln! Bestochen von den ehrlichen Mienen eines Andern, setzte ich diesen an die erledigte Stelle, schenkte ihm mein ganzes Vertrauen, — und habe dies nun schwer zu bereuen. Meinen Leuten hab' ich nur Gutes gethan, und ihnen kann ich unmöglich die Schuld des Geschehenen beimessen. Vor fünf Jahren braunte es schon Einmal auf meinem Gute; ihre thätige Hilfe rette es, und der Schaden war unbedeutend. Nun aber bin ich zu Grunde gerichtet. Wie war es möglich, werden Freunde mich fragen, daß diesmal sämmtliche, so weit abstehende Nebengebäude ergriffen wurden? — Der Intendant ließ mehrere, auf dem Hofe getrocknete Striche Heu unbeachtet liegen; dies Heu gerieth bei den ersten fallenden Funken in Brand, — und so war Löschen und Retten unmöglich. — Binnen dreißig Minuten stand Alles in Flammen. — —

Meine ganze Habe ist dahin, — — aufgebrannt was ich besaß, — durch die Nachläßigkeit eines Mannes, dem ich so manche Wohlthat erzeugte. — Nie wird der Tag des Entsetzens meinem Gedächtnisse entschwinden! — — Nachmittags drei Uhr fuhr ich aus, einen alten Freund zu besuchen, — meine Kinder um mich her. Die Mutter blieb daheim, geschäftig das Hauswesen besorgend. Abends kehre ich zurück, und auf einer Anhöhe angelangt, von der aus man das entfernte Gut erblicken konnte, stieg ich aus, erhob dankend den Blick zum Himmel, küßte meine Kleinen, und sprach, nicht ohne tiefe Rührung: „Was ihr da sehet, ist einst Euer!" — Plötzlich will es mich bedünken, als sehe ich dicken schwarzen Rauch aus dem Dache einer Scheune qualmen. Mein Athem stockt; ich stürze einige Schritte vor — wieder zurück; ich mußte mich täuschen! Doch nein! es ist mein Gut — meine Scheune! — Der Rauch wird stärker — — das Entsetzen lähmt mir die Zunge — — die Flamme schlägt prasselnd zum Dache hinaus. — „Heiliger Gott! Feuer! — — Mein Weib!" — — Mit diesen, fast besinnungslos hervorgedrängten, Worten stürze ich zum Wagen, meiner Kinder vergessend, die nach mir schreiend, hinter mir her folgen. Am Fuße der Anhöhe steige ich ein. Der Kutscher hatte meinen Ruf vernommen; er eilt erschreckt nach den Kindern, — hebt sie zu mir ein — ich ergreife selbst die Zügel, und jage betäubt über Stock und Stein davon. — Endlich nahen wir dem Wäldchen, hinter dem die Meierei liegt. Ich rieche den Rauch von Weitem — die Wipfel der Bäume sind erleuchtet von der Flamme. „Vorwärts — vorwärts!" schreie ich, wie rasend, und ganz vergessend, daß ich selbst die Zügel hielt. Meine Kinder beginnen zu weinen; — der Kutscher reißt mir mit Gewalt die Zügel aus der Hand, und jagt durch's Gehölze; die letzten Bäume treten zurück — wir sind im Freien; links und rechts stürzen Leute zur Hilfe vorüber — aber wohin? ich sehe kein Haus, kein Gut mehr — nichts als Flammen — Gluth — Rauch! — Da stürzen beide Pferde, — der Wagen hält — ich springe heraus, und eile, in der Meinung vorwärts zu gehen, wieder rückwärts nach dem Walde. — „Ihre Kinder!" schreit der Kutscher — „wo wollen Sie hin?" — Ich stehe, kehre um. Bis zu uns an den Wagen fliegt das brennende Stroh; — und ohne zu wissen, was ich thue, falle ich dem Kutscher um den Hals, und bitte ihn weinend, meinen Kindern ihre Habe zu retten. Der alte Kerl geräth außer sich. Er fällt vor mir nieder, umfaßt meine Knie, und zeigt stumm hinauf gen Himmel; meine vier Kinder hängen sich an meinen Hals, meine Kleider, ich beuge mich weinend über sie her, und presse sie an's Herz — keines Lautes mächtig. — In diesem Augenblicke ruft es mich beim Namen — sanft und klagend, als rief ein Engel mich zum jüngsten Gerichte. Meine, von Thränen und heftiger Blutwallung halbblinden Augen starren empor. Vor mir steht mein Weib. — Wir konnten Beide nichts reden. — Ich breite die Arme aus, und ohnmächtig sinkt sie an meine Brust. Die Kinder rufen nach der Mutter; ich lasse sie auf den Boden nieder. Der alte Kutscher stand, wider einen Baum gelehnt, und verhüllte sein bärtiges Antlitz mit dem groben Mantelschoße. — — Welch ein Anblick! — — Jene Gluth! vor mir die halbtodte Gattin — um mich die schluchzenden Kinder — — ich konnte nicht retten! Zu spät mein Erscheinen! Die Flammen trieben mich zurück — alle Hilfe war vergeblich; die einzige auf dem Gute vorhandene Spritze war vernachlässigt und verdorben. Nichts blieb mir von meiner Habe, — meine Heerde verbrannte — es war alles dahin! — Der Himmel hörte mich nicht, als ich mit Weib und Kindern vor ihm auf den Knieen lag. Seine Hand ist stark; aber ich will nicht grollen. Sein Wille geschah! — —

Soll ich vom Schuldigen Ersatz fordern? Er selbst verlor Alles — und ich würde ihn nur auf immer elend machen. Gehe hin, Unglücklicher! und finde deine Strafe in deinem Bewußtsein! Du — dem ich des Herzens Vertrauen und jede Vollmacht schenkte, bist der Nagel zu meinem Sarge! — Die Thränen der Meinigen zermalmen mich. Was nun mit meinen Kindern? Werde ich Unterstützung finden, — mich wieder zum vorigen Wohlstande aufschwingen? Diese Fragen verdunkeln mir das Licht der Sonne, und machen mir die schlaflose Nacht zur Hölle. Wer muß nicht Theil nehmen an meinem Schicksale? Man beurtheile meine Lage. Mein letztes Besitzthum ist dahin, mein Credit gesunken — meine Familie im Elende — die Hoffnung erstorben — meine Kraft zu streben vernichtet — ich bin verloren!“ — — — —

So wie man auf diese Weise die Theilsummen eines Ganzen zusammenzieht, eben so lassen sich auch verschiedene Ganze oder Hauptdarstellungen, die, eine jede in ihren Theilbegriffen, bereits addirt sind, wieder in ein einziges großes Hauptgemälde zusammenfügen.

III.

Gedanken-Trennung.

(Subtraction.)

Der Ueberfluß in den Vorstellungen.

Bei der großen Menge von Empfindungen, die täglich in unserem Innern wechseln, ist es natürlich, daß in dem Geflechte unserer Vorstellungen solche mit unterlaufen, welche lange nicht in eine Darstellung passend verflochten werden können. Diese mehren sich oft so, daß sie einen, längere oder kürzere Zeit unnützen, Ueberfluß von vorhandenen Vorstellungen bilden. So lange sie sich alsdann unanwendbar in unserer Seele befinden, heißen sie ungeregelte Vorstellungen; daher wir von Personen, die derlei überflüssige Gedanken am unrechten Platze kund geben, sagen: „sie reden ungeregelt." — Alles Ungeregelte ist regellos, oder unordentlich; da nun Ordnung das erste Grundprinzip der Rede ist, so folgt hieraus, daß ungeregelte oder überflüssige Vorstellungen in einer Darstellung redewidrig sind. Redewidrige Ideen sind störend für den Zuhörer. Wir müssen also darauf achten, daß während der Rede keine ungeregelten Vorstellungen sich in unsere Begriffe drängen. Indem aber ungeregelte Empfindungen vorhanden sein können, ohne ausgesprochen werden zu dürfen, so müssen wir bei der Darstellung von ihnen abstrahiren, d. h. das nothwendig Darzustellende von ihnen getrennt halten. —

Diese Abstraction des Nothwendigen vom Ueberflüssigen in den Vorstellungen ist nicht so leicht, als dies auf den ersten Blick scheinen dürfte.

Der Mensch hat bisweilen Empfindungen, die er nicht ganz zu unterdrücken, sondern nur auf eine Zeit lang zurückzudrängen vermag. So sehr die moralische Philosophie in gewisser Hinsicht gegen diesen Ausspruch eifern, und besonders der Stoiker sich dagegen erklären dürfte, so ist man doch nicht im Stande, ihn umzustoßen, sobald man eine Wirkung des Nervenbestandes auf die Denkkraft anerkennt. Und wer wird eine solche Wirkung, die die Erfahrung täglich bestätigt, läugnen wollen? Wenn also, wie ein neuerer Physiolog*) sehr richtig bemerkt, der Nerv nicht blos als passiver Leiter der Lebenskraft zu betrachten ist, sondern derselbe in einem jeden Punkte seiner Substanz als Selbsterwecker des Lebens erkannt werden muß, so wird es begreiflich, warum nicht immer eine jede Empfindung durch den Willen oder aus Ueberlegung ganz unterdrückt zu werden vermag. Denn die Wirkung des Gehirnes ist es alsdann nicht, die den Nerven belebt; jeder Nerv belebt sich selbst**); — folglich kann mitunter eine

---

*) Hartmann: „der Geist des Menschen, im Verhältnisse zum physischen Leben." —

**) Hartmann sagt hierüber unter andern Folgendes: „Man hat eine irrige Vorstellung vom Nervenleben, wenn man glaubt, daß das Prinzip des Lebens in irgend einem Centraltheile des Lebens, z. B. im kleinen oder großen Gehirne ununterbrochen erzeugt werde, und von da aus alle Theile des Nervensystems durchströme. Jede Nervenfaser und jeder kleinste Theil der Nervenfaser hat und erzeugt sein Leben in sich selbst. Dafür sprechen Gründe und Erfahrung. Warum sollte den Nerven das Lebensvermögen vom Gehirne zugeleitet werden, da das Gehirn im Grunde nichts weiter ist, als ein Convolut von Nerven, und da den Nerven außer dem Gehirne die nämlichen Mittel und Bedingnisse zum Leben zu Gebote stehen, als im Gehirne? Wir finden nämlich keine anderen Mittel und Bedingnisse zu einem eigenthümlichen Leben, als bestimmt geartete und gehörig isolirte Nervensubstanzen und immerwährende Erneuerung des Arterienblutes in denselben; bieten sich denn aber diese nämlichen Mittel und Bedingnisse nicht jeder Nervenfaser dar? Und dann lehrt ja selbst die Erfahrung,

Empfindung blos von dem Leben desjenigen Nerven abhängen, den sie zur besonderen Lebens-Thätigkeit anregte. Dieser merkwürdige Umstand könnte uns hier, wenn es nicht gegen den Zweck dieses Werkes wäre, zur Erklärung mancher bis jetzt unerklärlichen Verbrechen und sonstiger unnatürlichen Handlungen im Menschenleben führen. —

Der weiseste Mensch ist der, der es, durch mittelbaren Einfluß der Denkkraft, dahin gebracht hat, Herr der Neigungen seines Nervenlebens zu sein. Diejenigen Neigungen, die sich nicht ganz unterdrücken lassen, muß er lenken, läutern, und sie nach und nach den Anforderungen der Vernunft anzupassen suchen. Hierdurch werden sie minder heftig, und seinen übrigen Neigungen nicht zu stark überlegen werden. Der Gebildete, von dem man voraussetzt, daß seine Vernunft im Kampfe mit überwiegenden Neigungen geübt ist, wird, mindestens momentan, Sieger über letztere sein können. Der Ungebildete bedarf dazu erst des Erwachens seiner Vernunft, und außer diesem Erwachen erst noch einer Stärkung derselben, um seinen heftigen Neigungen entgegenzustreben. Da nun einige Augenblicke nicht hinreichend sein können, die Vernunft eines ungeübten Denkers durch Beweise zu erkräftigen, so ist es erklärlich, warum der ungebildete Mensch sich bisweilen den ersten Ergüssen des Zornes, der Rachsucht u. s. w. hingeben muß, besonders wenn die erregten heftigen Empfindungen auf andere Nervenpunkte als die des Cerebralsystems einwirkten. —

Die Heftigkeit und Regelwidrigkeit der menschlichen Neigungen entsteht aus dem Ueberflusse an ungeregelten Vorstellungen.

Aus unsren früheren Betrachtungen ging hervor: daß im Menschen eine Reihenordnung der Empfindungen Statt finde, und daß er diese Ordnung erkennen müsse, wenn er

---

daß Nerven ohne Gehirn und Rückenmark gebildet werden, leben und wirken" — u. s. w. —

sie einzeln zur Klarheit steigern will. — Nur in dem Falle, daß diese Reihenordnung unsrer Empfindungen uns bewußt hergestellt ist, sind wir im Stande, der nothwendigen Anschauung oder der Wirklichkeit, mit Hintansetzung der individuellen Anschauung oder Phantasie, die Oberhand zu lassen. Die gesunde Vernunft kann nur dann siegen, wenn die nothwendige Anschauung in ihr vorherrschend ist; denn es besteht die erste Grundlage zur gesunden Vernunft in der Erkenntniß der Wirklichkeit. — Bei Menschen aber, die sich der Reihenordnung ihrer Vorstellungen nicht bewußt sind, wird natürlich meist die individuelle Anschauung vorherrschen und also die Phantasie die Wirkung der Vernunft schwächen. Sobald ferner die individuelle Anschauung vorherrschend ist, werden die in der Seele vorhandnen Empfindungen mehr phantastische Begriffe als wirkliche erwecken, und das Vorherrschen der individuellen Anschauung schwächt in solchem Falle, wie wir früher erwiesen, die Erkenntniß der nothwendigen Wahrheit. Indem nun, wie gleichfalls früher erwiesen, zur bewußten Ordnung unsrer Empfindungen, die Wirklichkeit in ein bestimmtes, überwiegendes Verhältniß zur Phantasie zu stellen ist, und nur in diesem Falle die nothwendigen Vorstellungen in uns die gewichtigere Zahl sein können, so ergibt sich hieraus: daß — da niemals die Wirklichkeit, sondern nur die Phantasie den Ueberfluß an Vorstellungen erzeugen kann — derjenige Mensch, welcher seine Vorstellungen mehr nach indivivueller Anschauung in sich aufnimmt, zu seinem Ideenkreise einen störenden Ueberfluß an Vorstellungen in sich trage. — Was heißt aber: „einen Ueberfluß besitzen?“ — Mehr, als nothwendig besitzen. — Wenn nun ein Mensch, dessen Denkkraft nicht geübt genug ist, den Ueberfluß an Vorstellungen richtig zu vertheilen, in eine Vorstellungsreihe mehr als nothwendig eintreten läßt, so wird diese Reihe überflüssig angefüllt werden, und dann müssen natürlich die zuletzt eintretenden die vordersten hinaus drängen. Gesetzt also: ein solcher Mensch habe die Empfindung verschiednen Aergers in einer solchen Reihe; so werden die überflüssigen Vorstellungen zu dieser Empfindung sie so lange vorwärts schieben, bis sie endlich mit Gewalt aus der Reihe hinaus gestoßen wird, oder mit anderen Worten, ihm überfließt. Man sagt alsdann auch: „ihm fließt die Galle über." Eigentlich aber ist es die überströmende Empfindung.

Ferner entsteht aus demselben Grunde ein Druck der überflüssigen Vorstellungen auf die nothwendigen, der so stark werden kann, daß er eine Rückwirkung auf die Nerven äußern und ihre bindende Lebenskraft plötzlich hemmen kann. Woraus ersichtlich, warum einen Menschen im Zorne der Schlag treffen kann. — Dies geschieht besonders bei Solchen, die zu wenig Erkenntniß ihrer inneren Ordnung besitzen, um den entstehenden Ueberfluß allmählig abzuleiten, dabei aber doch schon zu gebildet sind, um ihn sogleich in heftige Wortäußerungen aufzulösen. Sie schweigen stille, der Ueberfluß mehrt sich, Empfindung drängt auf Empfindung, und so muß das Leben derjenigen Nerventheile, die dem Andrange des Stromes am nächsten liegen, natürlicherweise erdrückt werden. — (Andere, die ungebildet genug sind, solchen Empfindungsüberfluß in heftige Worte ausbrechen zu lassen, befreien sich hierdurch vom innern Drucke, und sagen sodann: „ich mußte mir Luft machen." Dies „Lüften" der gedrängten Empfindungen mag insofern ganz gut sein, daß es vielleicht vor Rückwirkung auf die Nerven bewahrt, und das sogenannte Luftmachen erzeugt in diesem Falle eine Luft, die ziemlich wohlthuend ist; aber wir treten sodann in die nämliche Sphäre, in die ein zorniges Thier tritt, wenn es schreit oder heult. Wir sind alsdann der inneren Unregelmäßigkeit unterthan und handeln auf Befehl einer unedlen Empfindung.) —

Aus diesem Allen geht hervor, daß das Ungeregelte in den Neigungen seinen Grund in uns unbewußtem Ueberflusse an Vorstellungen hat; wenn daher unsere Neigungen einen Führer erhalten sollen, so kann dies nur der Stab der Vernunft, durch Bewußtsein und Erkenntniß unsrer inneren Ordnung, sein.

Es versteht sich jedoch von selbst, daß der in uns vorhandene Ueberfluß an Vorstellungen nicht immer unedler Art sei, sondern auch in schönen und edlen Empfindungen bestehen kann, die nur bei gewissen Darstellungen, zu denen sie nicht passen, überflüssig genannt werden müssen. Wenn nun von dem Gebildeten verlangt wird, daß er die unedlen beseitige, so wird dies Beseitigen noch weit mehr zu verlangen und leichter zu bewirken sein bei Vorstellungen, die andrer Orten brauchbar sind. —

Es gibt sogar Vorstellungen, die anscheinend zur beabsichtigten Darstellung gehören, und dennoch bei derselben überflüssig sein können. Dies ist besonders alsdann der Fall, wenn einer Darstellung, deren Gegenstand das Gefühl in Anspruch nimmt, ein vorhergegangener, minder für das zu erweckende Gefühl geeigneter Umstand zum Grunde liegt. Soll in einem dergleichen Falle durch die Darstellung des vorgesetzten Gegenstandes das Gefühl der Freude oder freudigen Theilnahme erregt werden, so können diejenigen Vorstellungen, welche dem vorhergegangenen Umstande entfließen, überflüssig sein, sobald sie sich minder zum Freudegefühle eignen. — Jemand, der am Blasensteine litt und durch Operation sein Leben gerettet sah, wollte z. B. die Empfindungen nach der Rettung darstellen, so würde es sehr überflüssig sein, wenn er hierbei die Operation selbst detaillirt darstellte. Er will das freudige Gefühl der Rettung und nicht das schmerzliche der Operation beschreiben. — Die durch die Operation erweckten Vorstellungen wären also überflüssige, obschon die Rettung nur durch das Operiren geschehen konnte, und daher die von ihr bewirkten Vorstellungen zur beabsichtigten Darstellung zu gehören scheinen. —

Oder: es wollte Jemand, der zu einer vaterländischen Armee gehörte, die einen großen, rühmlichen Sieg erfocht, die Freude-Gefühle seiner Nation und seines eignen Innern darstellen; so wäre es überflüssig, wenn er in's Detail der Schlacht selbst eingehen und das Jammern der Verwundeten, das Stürzen der Getroffenen, die Ansicht des Blutbades u. s. w. mit einflechten wollte. Obschon die Schlacht Ursache zum Siege war, so sind doch solche, in ihr begründete Theil-Vorstellungen da überflüssig, wo nur das Gefühl der Freude sich vorherrschend aussprechen soll. Ein anderes ist es, wenn man die Darstellung einer Schlacht selbst geben will, oder auch wenn man, bei der Darstellung der Siegesfreude, das Schlacht-Detail dermaßen mit einflicht, daß der Darsteller eine Verminderung seiner Freude durch das Statt gefundene Blutbad zu erkennen gibt. — In diesem Falle aber fließen, was wir weiterhin mehr auseinandersetzen, zwei Darstellungen in Eine zusammen; die Vorstellungen, die bei andrer Anwendung überflüssig gewesen wären, treten also hier unter einen besondern Hauptbegriff, und bilden eine Theildarstellung für sich, ohne zu schaden. —

Dagegen gibt es wieder Vorstellungen, die manchem Zuhörer bei gewissen Darstellungen überflüssig erscheinen, und es in einiger Rücksicht wohl auch sind, demunerachtet aber, sobald der Redner nur sich ihrer klar bewußt ist, in die Rede, zur Hervorhebung manches Bildes, mit aufgenommen werden können. Dergleichen finden sich fast immer bei Vertheidigungs-Reden. Hier sieht sich der Redner, besonders wenn es die Vertheidigung eines wirklichen Vergehens oder gar eines Verbrechens betrifft, sehr oft in den Fall gesetzt: menschlicher Rücksichten halber den Hauptvertheidigungsgrund durch die Vorstellung solcher Nebengründe zu heben, die vielleicht nicht vorhanden waren, oder bei dem betreffenden Vergehen vorhanden sein konnten, — die sich aber bei ähnlichen Vergehen früher zeigten, und, obschon jetzt überflüssig, doch die Ansichten des Richters milder zu stimmen vermögen. Ja, in solchem Momente darf der Redner sogar das Hauptbild oder die nothwendige Anschauung den überflüssigen Vorstellungen hintansetzen, und seiner individuellen Anschauung — natürlich mit fortwährendem Bewußtbleiben der Wirklichkeit — völlig freien Spielraum lassen; noch mehr, er darf überflüssige Vorstellungen neu ersinnen, wenn sie nur irgend einen Schein der Möglichkeit enthalten und seine Vertheidigung wirksam machen können.

Allein, nur der Zweck des Guten hebt in solchem Falle den Begriff des Ueberflusses auf, und die in vieler andern Hinsicht vielleicht unnützen Vorstellungen erhalten eine Wichtigkeit durch moralische Verbindung. Aus demselben Grunde, nämlich dem der Moral, könnte es bei Reden, die einen Staat oder eine Nation betreffen, Fälle geben, sich überflüssiger Vorstellungen zu bedienen. Nur muß der Redner sodann ein lang geübter Denker und schon vollkommner Redner sein, wenn er nicht durch sie in Verwirrung gerathen soll. Sonst aber sind sie durchaus zu vermeiden. —

In der menschlichen Seele kann es keinen gedankenfreien Moment geben; d. h. die menschliche Seele kann keinen nur denkbaren Moment existiren, ohne zu denken. — Sie ist ununterbrochen mit Empfindungen beschäftigt, und unaufhörlich in geistiger Bewegung. Alles Leben ist Leben in der Bewegung, und geistige Bewegung ist das Leben der Seele. Die Seele wird in Bewegung gesetzt und darin erhalten durch die Empfindungen; folglich bilden Empfindungen das Leben der Seele. Je klarer die Empfindungen in ihr, um so klarer wird sie Leben im Bewußtsein und Bewußtsein des Lebens in sich tragen. Unsterblichkeit ist das höchste, klarste und in der Bewegung freieste Leben der Seele, mit Bewußtsein ihrer selbst. — Je niedriger also die Empfindungen in ihr, um so unklarer ihr Selbstbewußtsein, um so dunkler ihr unsterbliches Leben. — Die Seele bedarf der ununterbrochnen Bewegung, — also des ununterbrochnen Empfindens. Es folgt aber hieraus nicht, daß die zu ihrer Beschäftigung nothwendigen Empfindungen ihr alle klar bewußt sein müssen, sondern es gibt viele, die sie beschäftigen können, während sie sich derselben nur höchst dunkel bewußt ist; dies geschieht besonders häufig im Zustande heftiger Aufregung, wenn sie von sehr angenehmen oder sehr unangenehmen Empfindungen erfüllt ist. Solche heftige Erregung in der Seele entsteht, nach unserer vorigen Erläuterung, aus dem uns unbewußten Ueberflusse an Vorstellungen. Folglich bestehen diejenigen Vorstellungen, die die Seele nur ungeregelt beschäftigen, sehr häufig in überflüssigen†). —

†) Dieser, vielleicht Manchem nicht sehr erheblich scheinende, Schluß führt uns nothwendigerweise zu einer Betrachtung, deren Ergebniß zwar hier nicht ganz an seinem Platze stehen dürfte, die aber zu merkwürdig und interessant ist, als daß wir diesem Ergebnisse nicht eine Stelle hier vergönnen sollten.

Indem nämlich die Seele eines jeden Menschen ohne Ausnahme der fortwährenden Bewegung oder Nahrung durch Empfindungen bedarf, so ist es natürlich, daß, da der Mensch unmöglich alle Empfindungen zu allen Zeiten in sich zur Klarheit steigern kann, und jedesmal nur der Klarheit bestimmter Empfindungen zu bestimmten Ideen bedarf, er fortwährend eine Anzahl unbestimmter und unklarer Empfindungen in sich tragen muß. Je höher ferner die denkende Seele in ihrem geistigen Standpunkte stieg, um so mehr Empfindungen bedarf sie zu ihrer Nahrung; denn je geistig-reiner sie ist, um so öfterer wird sie Empfindungen in sich verklären, und durch den Gedanken ausscheiden, — und um so öfterer bedarf sie der erneueten Nahrung. — Der denkende Mensch bedarf also, je mehr er denkt, auch um so mehr neuer Empfindungen. Alle neu eingehenden Empfin-

Der Ueberfluß an Vorstellungen erregt während der Rede, wenn man nicht vom Ueberflüssigen abstrahirt, vor-

---

dungen aber gehen im Momente der Aufnahme meist unklar in die Seele ein, und es muß daher gerade beim vielempfindenden Menschen sehr häufig Perioden geben, in denen eine Menge minder klarer Vorstellungen sich in seiner Seele befinden. Diese dunkleren Vorstellungen bilden, so lange sie ungenützt und ohne Bestimmung der Klarheit in uns vorhanden sind, einen Ueberfluß von Empfindungen. Wenn wir uns nun einen Zeitraum hindurch nicht um die Läuterung dieser überflüssigen Vorstellungen bemühen, oder bemühen dürfen, so kann ihre Anzahl in diesem Zeitraume dergestalt überhand nehmen, daß die Seele davon übersättigt, anstatt genährt wird. Eine solche Uebersättigung aber muß nach und nach Empfindungs-Ekel, Ueberdruß und endlich Lebensüberdruß erzeugen. Daß dies wirklich der Fall ist, beweisen uns besonders viele Beispiele in England, wo dieser Lebensüberdruß, als die Hauptwirkung der unter dem Namen Spleen bekannten Krankheit, häufige Selbstmorde zur Folge hat.

Die menschliche Willenskraft ist — wie wir schon auseinander gesetzt — dem Aufnehmen der Empfindungen im Momente dieser Aufnahme untergeordnet. Diese Einrichtung der Natur geschah deshalb, damit es nicht dem Willen des Menschen möglich sei, der Seele ihre nothwendige Nahrung ganz entziehen zu können. — Dabei aber sah der Schöpfer ein, daß er, indem die Seele genöthigt ist, fortwährend Empfindungen und darunter so viele unklare in sich zu verschließen, ihr einen geistigen Weg erschaffen müsse, auf dem sie sich vom Ueberflusse dunkler Vorstellungen zu befreien vermöchte, weil eine zu starke Ueberhäufung ihr schädlich werden müßte.

Dieser Weg nun ist unserer Seele von der Natur er-

züglich eine, die Einbildungskraft überspannende und hindernde Zerstreuung.

öffnet. Gleichwie die Natur für den Körper, um ihm Befreiung vom Uebermaaße körperlicher Bewegung zu gewähren, den Schlaf erschuf, — so verband sie zugleich mit diesem Schlafe einen Weg, auf dem die Seele sich vom Ueberflusse geistiger Bewegung befreit. Dieser Weg ist der Traum. — Der Traum ist also nichts anderes, als eine Entledigung schon vorhandner, überflüssiger Vorstellungen, oder eine Subtraction der Phantasie von der nothwendigen Anschauung. — Aus dieser Betrachtung geht hervor, daß das Träumen keine so ganz unwichtige Naturbegebenheit ist, als mancher denkt. Was der Schlaf für den Körper, das ist der Traum für die Seele: nothwendige Erholung, durch Befreiung von erschöpfender Bewegung. — Träumen müssen daher alle Menschen. Wenn es Personen gibt, die sagen, daß sie schlafen, ohne zu träumen, so liegt dies blos darin, daß sie nur sehr wenig träumen, und sich des Geträumten nicht mehr zu erinnern vermögen. (Sehr wenig träumen diejenigen, die nicht sehr viele Vorstellungen und Empfindungen in der Seele tragen.) Derjenige aber, der nicht schläft, kann natürlich auch nicht träumen. Wenn also Jemand viel denkt, und sich dabei dem nothwendigen Schlafe entzieht, so wird seiner Seele der natürliche Weg zur Befreiung überflüssiger Vorstellungen entzogen, und diese werden sich so vermehren, daß das Gemüth darunter erliegen muß. Hieraus entsteht eine Gemüthskrankheit, die um so stärker sein wird, je mehr der Gemüthskranke gewohnt ist, zu denken, und die um so heftiger werden muß, je länger er sich den nothwendigen Schlaf versagt. —

(So nun ist es bekannt, daß in England eine Lebensart unter den vornehmeren Klassen herrscht, die sie sehr häu-

Jede überflüssige Zerstreuung, besonders wenn sie fortwährend durch neu hinzutretende Vorstellungen vermehrt wird,

---

sig *ganze* Nächte, und meistentheils einen großen Theil der Nacht, im wachenden Zustande erhält. *Daher der Spleen in England.* — Der vornehmere Engländer denkt zu viel und schläft zu wenig. — Aus dieser Ursache ist es auch begreiflich, warum unter der geringeren Klasse Englands der Spleen nur äußerst selten oder gar nicht vorkömmt. — Bis jetzt glaubte man fast allgemein, daß Schlaflosigkeit eine Wirkung des Spleens sei; dies ist gerade umgekehrt. Spleen ist eine der Wirkungen der Schlaflosigkeit, bei zu vermischtem Denken. — Bei anderen Nationen, unter denen man sich nicht in so hohem Grade dem Schlafe entzieht, entsteht meist *Melancholie* aus der Schlafentziehung. Daher kömmt es, daß bei ihnen die Leidenschaften des Spieles, Trunkes u. s. w., wenn sie stark vom Nacht-Schlafe abziehen, so manchen unerträglichen Menschen, Murrkopf — und endlich Melancholisten bilden. (Die beste Arznei für Jemand, der den Spleen hat, bestünde also in einer, durch einige Zeit fortzusetzenden Schlaf-Cur.) — Natürlich werden Menschen, die nicht schlafen, aber auch nicht viel *denken*, solchen Krankheiten nicht unterliegen. Allgemein pflegt man im gewöhnlichen Leben zu Jemand, der einen unüberlegten Entschluß fassen will, zu sagen: „Schlafen Sie erst noch Einigemal darüber aus!" Und dieser Rath ist unstreitig der zweckmäßigste, den es in solchem Falle geben kann. Denn, lag die Ursache des unüberlegten Vorhabens in gereizter oder heftiger Phantasie — also in überflüssigen Vorstellungen — so wird sich seine aufgeregte Seele im Schlafe fast immer von diesen zu befreien suchen; er wird nach einigen Träumen beruhigter dastehn und sein Vorhaben zweckmäßiger überlegen.) — Da der natürliche Traum eine Subtraction der Phantasie von der Wirklichkeit ist, so träumen wir ferner

bildet sich zuletzt zum wachenden Traume. Der wachende Träumer kann aber eben so wenig des Redezusammenhan=

---

meist nur phantastisch, und aus dieser Ursache erklärt es sich, warum Menschen, die aus dem Schlafe sprechen, so selten etwas Zusammenhängendes kund geben.

Um den Traum für die Wirklichkeit zu eignen, müßte der Schlafende zur nothwendigen Anschauung in sich zurückgeführt werden, d. h. er müßte in sich klar erwachen. Hierdurch würde der Traum inneres Bewußtsein werden, und äußere Gegenstände in sich klar verflechten können. Ein solches Zurückführen zur inneren, nothwendigen Anschauung wird bewirkt durch den bekannten Magnetismus. — Somnambulismus ist also der zum Bewußtsein erhöhete Traum. Dies könnte uns, wär' es hier nicht am unrechten Platze, zur deutlichen Erklärung aller magnetischen Erscheinungen führen. —

Merkwürdig erschien es unter andern bis jetzt den Aerzten, daß fast alle Clairvoyants, auch wenn sie im gewöhnlichen Zustande, außerhalb dem magnetischen Schlafe, sehr schlecht und unzusammenhängend redeten, doch im Zustande des Hellsehens eine ungewöhnliche Redefertigkeit erhielten. Dies wird aber nun aus unsern bisherigen Belegen begreiflich, wenn wir bedenken, daß bei dem Clairvoyant der äußere Sinn geschlossen ist, er also durch die äußeren Sinne keine neue Empfindung aufnehmen, mithin durch sie nicht in der Rede gestört werden kann. — Sehr merkwürdig ist noch Folgendes: So lange der Mensch nicht spricht, sondern seine Seele bloß denkt oder empfindet, können ihm, wenn sie von überflüssigen Vorstellungen gedrängt ist, auch die äußeren Sinne im wachenden Zustande mitunter Erleichterung schaffen, — indem er sich nämlich bemüht, durch seine äußeren Sinne solche neuen Empfindungen in sich aufzunehmen, die ihn zerstreuen, und dadurch von seinen über=

ges Herr bleiben, als der schlafende. Folglich ist das Abstrahiren von ungeläuterten, überflüssigen Vorstellungen wäh-

---

flüssigen Vorstellungen auf eine Zeitlang abziehen. Zu solchen wohlthuenden, zerstreuenden Empfindungen bei gedrängtem Gemüthe eignen sich, wie bekannt, besonders Musik, unschuldiges Kartenspiel u. s. w.

Diese Erleichterung durch Beihülfe des äußeren Sinnes geht natürlich der Seele gänzlich ab, so lange der Mensch schläft. Nun kann sie sich aber mit Träumen beschäftigen, in deren Erscheinungen eine heftige Anschauung durch den Körper sich darstellt, so wie es ihr auch dabei vorkommen kann, als bewege sich der Körper mit ihr von einem Orte zum andern. Strömen nun bei einem solchen Traume die überflüssigen Vorstellungen in so großer Menge herbei, daß die Aufregung der Seele unaufhaltsam gesteigert wird, und vereinigt sich dabei der Strom dieser Vorstellungen in Einen Punkt oder Ausgang, so muß dies endlich auf den schlummernden Körper, — noch stärker, als wenn er wachte und der äußern Sinne mächtig wäre, — zurückwirken, so daß die Seele scheinbar in das Verhältniß nothwendiger Anschauung zu ihm tritt. Denn die Kraft der Phantasie-Gebilde steigt in solchem Falle (durch die Allgemeinverbindung zu Einem Ausgange) dermaßen, daß die individuelle Anschauung als nothwendige erscheint. Dieser heftige Seelenzustand im Schlafe zieht bei alten Personen bisweilen Nervenschlag oder Tod, bei jüngern aber, deren noch kräftige Organisation dem Drucke durch Fortbewegung nachzugeben vermag, dasjenige herbei, was wir „Nachtwandeln" nennen. — Hierdurch wird es zugleich erklärlich, warum der Nachtwandelnde an allen ihm bekannten Orten so sicher umhergeht, als ob er wachte. Denn, indem bei ihm die individuelle Anschauung an die Stelle der nothwendigen getreten ist, so muß die Phantasie

rend der Rede eine unerläßliche Nothwendigkeit. Bei öffentlichen Reden, wo — wie früher bemerkt — eine gewisse Art überflüssiger Vorstellungen mit Vorsicht und Geschicklichkeit benutzt werden kann, müssen diese vorher uns klar bewußt, und mit der geregelten Darstellung in scheinbar nothwendige Verbindung gebracht werden. Mitwirkende Triebfeder bei der (ausscheidenden) Berücksichtigung überflüssiger Ideen ist unter andern das Schicklichkeitsgefühl, welches in vielen Fällen, und besonders in solchen, die den Redner schwankend zu machen vermöchten, den Ausschlag geben kann. Da dies Gefühl der Schicklichkeit meist vom Charakter der Darstellung, oft aber auch von der Umgebung und Stellung des Redners abhängt, so läßt sich ein Allgemeinbegriff des Schicklichen für den Redner nicht gut aufstellen. Der Redende hat nur immer zu bedenken, daß er nicht, gleich dem Maler, durch schweigende Veranschaulichung bloß in personellen und einzelnen Vorstellungen wirkt,

---

natürlicherweise die Function der letztern mit übernehmen, und die Phantasie sieht, — nicht mit dem äußeren Auge, sondern mit dem inneren Gefühle des außer dem Schlafe Gesehenen. Sie sieht dann auch nicht die Gegenstände wirklich wie sie sind, sondern der Kranke empfindet nur, indem der Körper in deren Nähe kömmt, ein abstractes Dasein derselben, d. h. er empfindet sodann bloß diejenigen Eigenschaften der Gegenstände, die er ihnen schon vorher, wachend, durch die Phantasie abzog. — An ihm gänzlich unbekannten Orten weiß daher der Nachtwandler sich nicht zurecht zu finden. —

Glücklicherweise kann ein solcher Seelenzustand im gewöhnlichen Schlafe nur sehr selten Statt finden; denn es müssen vielerlei Seelenzustände im Wachen vorher eintreten, und dann erst noch müssen im Traume eine Menge verschiedenartiger, überflüssiger Vorstellungen sich in einen

sondern daß er vielmehr die verschiedenerlei Begriffe und Empfindungen seiner Hörer durch das *Lautwerden* seiner *eigenen* Ideen in *Einen* Brennpunkt zusammenzuziehen hat; mithin muß er Alles vermeiden, was auch nur von Einer Zuhörerseite den Schatten des Unschicklichen auf sein Gemälde werfen könnte. Ja, er hat sogar, sollte seine Darstellung die *Unschicklichkeit* eines Gegenstandes betreffen, den möglichst-zarten Schleier über seine lautwerdenden Empfindungen zu werfen; denn die *grasse, unverhüllte* Darstellung des *Grassen* macht bei weitem weniger Eindruck, wenn dadurch die Lichtseiten dessen, was wir *Scham* nennen, nur im mindesten bei unsren Hörern verdüstert werden. — (So könnte z. B. vor einer Versammlung Gebildeter bloß der deutsche Ausdruck „*besoffen*" statt „*berauscht*" den ganzen Eindruck der Rede stören, wenn diese gleich von einem Ausbunde der Schwelgerei handelte.) Die Trennung der Gedanken während der Rede ist doppelter Art,

---

einzigen Beschäftigungspunkt der Seele zusammendrängen, um ihn herbeizuführen. — Bekannt ist es, daß der Zustand des Nachtwandelns den vierten Grad des *magnetischen* Zustandes bildet; und auch hier liegt sein Erscheinen in den nämlichen Ursachen: „verworrene, halbwache Vorstellungen der zur *scheinbaren Wirklichkeit* gesteigerten *Phantasie*, mit Zurückwirkung auf die Nerven." — —

Sprechen mit Bewußtsein kann der Nachtwandelnde darum nicht, weil sein Schlaf noch immer ein natürlich fester ist, und er das Bewußtsein von Allem, worüber er sprechen *könnte*, nur abstract und als natürliches *Traumgesicht* in sich trägt. Er spricht daher höchstens nur mit seinen Traumgestalten, und glaubt, wie jeder Träumende, daß dies wirkliches, lautes Sprechen sei. Im magnetischen Zustande spricht er erst dann einigermaßen verständlich, wenn er anfängt, in *sich zu erwachen*. — —

und zwar 1) Trennung geregelter Vorstellungen bei der Darstellung von den ungeregelten oder überflüssigen; 2) Trennung mehrerer geregelter Hauptbegriffe, die zu Einer Darstellung verflochten werden sollen, von einander. Die erste Art ist begründet in dem Verhältnisse und den Vorzügen der geregelten Theile oder Nebenbegriffe des Hauptgegenstandes vor den ungeregelten; die zweite Art in der Eintheilung und angewiesenen Bestimmung mehrerer Hauptbegriffe zu einander. Bei der ersten Art wird also ein einziger, zur Darstellung bestimmter Gegenstand von den unbestimmten Vorstellungen getrennt; bei der zweiten aber ein bestimmter Gegenstand von dem andern bestimmten, um Einen aus beiden hervorgehenden Hauptbegriff zu gewinnen, während sie bei der Sonderung doch beide in ihrer gegenseitigen Stellung ersichtlich bleiben. —

Trennung der bestimmten Vorstellungen von den überflüssigen.

Die menschliche Seele ist wie eine Uhr zu betrachten, in der die Vorstellungskraft die Feder und das Bewußtsein den Zeiger bildet. Die Phantasie ist die Unruhe, die Einbildungskraft die Spiralfeder und der Verstand das Zifferblatt.

Die Empfindung könnte man das Bodenrad und den Gedanken das Steigrad nennen.

Wenn eine Uhr noch so richtig geht, und es fehlt ihr der Zeiger, so wissen wir nie, um welche Zeit es ist. — Das Bewußtsein ist es also, das uns den Gang und die Richtung unserer Handlungen anzeigt.

Die Vorstellungskraft setzt das Triebwerk unserer Seele fortwährend in Bewegung; wird sie aber durch die Einbildungskraft nicht in bestimmter, gleichmäßiger Bewegung erhalten, so wird unsere Seelenuhr entweder zu heftig oder zu matt gehen.

Handlungen des Körpers oder der äußeren Sinne haben einen körperlichen Gegenstand der Handlung oder ein Object, Handlungen des Geistes einen geistigen Gegenstand der Handlung oder einen Richtungspunkt. Geistige Handlungen bedingen daher eine geistige Richtungsweise. — Um nun bestimmte Vorstellungen in ein bestimmtes Gewand zu kleiden, muß der Geist eine bestimmte Richtung nach diesen Vorstellungen nehmen; Alles, was dabei außerhalb der bestimmten Richtung liegt, darf ihn im Momente der Richtung nicht beschäftigen. Das Bewußtsein, als der Zeiger unseres Seelentriebwerkes, darf daher während des Ganges unserer Darstellung keinen Augenblick ungewiß schwanken, oder gar stehen bleiben, wenn die zur Darstellung aufgezogenen Vorstellungen richtig ablaufen sollen.

Wie viele überflüssigen Vorstellungen während einer Darstellung außerhalb der nothwendigen Richtung liegen mögen, wird aus folgender Berechnung ersichtlich:

Man kann annehmen, daß im Durchschnitte ein jeder Redesatz, ohne alle Zwischensätze, von einem Punkte bis zum andern aus zehn Worten bestehe. Jeder Hauptsatz muß einen geltenden Sinn haben. Folglich verhält sich der Sinn, oder der jedesmalige Gedanke, zu den Worten wie 1 zu 10. —

Um ein Wort deutlich auszusprechen, bedürfen wir im Durchschnitte einer halben Secunde; dies erweist sich noch daraus, daß wir beim lauten Lesen, wenn wir auch nur die nothwendigsten Pausen und die Regeln der vollständigen Deutlichkeit in der Aussprache beobachten, zu einer Druckseite gewöhnlich zwei Minuten brauchen. Jede Secunde zwei Worte, macht dies 240 Worte. Eine gewöhnliche Druckseite besteht aus 30 Zeilen, die Zeile im Durchschnitte zu 8 Worten gerechnet; $8 \times 30 = 240$. Dies stimmt also überein.

Gesetzt nun, es redete Jemand ohne alle Unterbrechung eine ganze Stunde, so wäre die höchst mögliche Zahl der in dieser Stunde deutlich ausgesprochenen Worte, nach unserer obigen Annahme, 7200. — Er brauchte 10 Worte zu einem richtigen Sinne; jedes Wort zur Dauer einer halben Secunde, brauchte er also 5 Secunden zum Aussprechen eines Hauptgedankens. — So könnte er in der Stunde

(3600 Secunden), oder bei 7200 Worten, 720 Gedanken entwickeln, wodurch das oben bemerkte Verhältniß: = 1 zu 10 wieder eintritt. —

In dieser Anzahl bloßer Haupt-Gedanken ist nun erst wieder die mehr oder minder große Anzahl klarer Gedanken enthalten. — Wenn wir nun bedenken, welche unzählige Menge von Empfindungen in der Seele eines denkenden Menschen sich fortwährend befinden, wir aber bei einer stundenlangen Darstellung nur eine so geringe Anzahl bloßer Gedanken, die alle erst noch der Läuterung bedürfen, auszusprechen vermögen, so läßt sich hiernach ermessen, welch' eine unverhältnißmäßig große Anzahl überflüssiger Vorstellungen bei jeder Darstellung außerhalb der nothwendigen Richtungsweise liegen müsse. — Schon, um nur aus jener möglichen Anzahl bloßer Hauptgedanken in einer stundenlangen Darstellung eine verhältnißmäßige Anzahl klarer Hauptgedanken zu entwickeln, bedarf es der geübtesten, vollkommnen Redefähigkeit. Ungeübte Denker oder Redner können eine Stunde lang reden, ohne in dieser Zeit vielleicht nur fünf klare Gedanken zu entwickeln. — Der klare Gedanke wird, wie wir ersahen, in einer Zeit, oder in einem Zeitraume, sei dieser auch noch so kurz, entwickelt. Eine klare Darstellung durch die Rede besteht, nach dem Verhältnisse ihrer Dauer, in einer mehr oder minder großen Anzahl klarer Gedanken. Jede Verbindung verschiedener Zeiträume ist mit einem Uebergange von einem Zeitraume zum andern verknüpft.

Folglich findet bei der Entwickelung des klaren Gedankens aus der Empfindung ein Uebergang vom Empfinden zum Denken Statt. — Soll nun der Gedanke wirklich bis zur Klarheit sich vervollkommnen, so darf vor Allem der Uebergang von der ihn zeugenden Empfindung bis zu seiner Klarheit nicht gestört werden. Dieser Uebergang kann aber möglicherweise eine Störung erleiden durch das Dazwischendrängen vorhandner, oder erst eintretender, fremder Empfindungen. —

Wenn wir ferner anerkennen müssen, daß der Mensch im Zustande gesunder Vernunft alle empfangnen Eindrücke nur geordnet aus der Empfindung zur Klarheit des Gedankens erheben kann, jede neue, ihm zugeführte Empfindung aber ungeordnet in die Seele eingeht, so läßt sich hieraus erklären, warum ein jeder noch so geringe neue Eindruck, den die Seele während des Ueberganges vom Empfinden zum Denken in sich aufnimmt, diesen Uebergang unterbrechen, den halberwachten Gedanken wieder verdunkeln, und folglich eine Störung unsrer Rede bewirken kann. Wir müssen daher suchen von allen neu hinzukommenden oder schon vorhandnen, ungeregelten Empfindungen, die nicht zu den beabsichtigten, zu entwickelnden Gedanken passen, so lange zu abstrahiren, als wir uns mit dieser Entwickelung beschäftigen.

Da wir nun aber im wachenden Zustande fortwährend neue Empfindungen in uns aufnehmen, so frägt es sich, wie wir es möglich machen: der Nothwendigkeit bestimmter Richtungsweise alle unwillkührlichen, überflüssigen Eindrücke während der Rede dergestalt unterzuordnen, daß wir im Stande sind, einen vorgesetzten Gegenstand bestimmter Empfindungen aus der Masse der schon vorhandnen und mit jeder Minute wachsenden Vorstellungen mit momentaner, siegender Kraft hervorzuheben, und ihn in seinen abgeleiteten Begriffen zu klaren Gedanken zu steigern, — so, daß wir ihn als gerundetes, unzerrißnes Ganze in das Gewand der Rede zu kleiden, und im vollkommensten Zusammenhange durch sie darzustellen vermögen? Oder, mit andern Worten: wie machen wir es möglich, während der Rede die erforderliche Richtungsweise der zu behandelnden Empfindungen klar und aufrecht zu erhalten, so daß keine, weder während der Rede eintretenden, noch schon vorhandnen, unanwendbaren Vorstellungen den Fluß der

Rede zu hemmen vermögen? Die schon vorhandnen Empfindungen sind in unsrer Seele gegenwärtig, der neu hinzutretenden aber können wir uns nicht enthalten; die Beantwortung obiger Frage kann also nur darin bestehen: daß wir suchen müssen, alle überflüssigen Vorstellungen fortwährend außerhalb der bestimmten Richtungsweise zu erhalten. Hieraus entsteht die zweite und Hauptfrage: „wie erhalten wir die überflüssigen Vorstellungen außerhalb der bestimmten Richtungsweise?" —

Diese Frage führt uns zuerst, Behufs ihrer Beantwortung, zu einem zweiten, sehr in die Augen fallenden Vergleiche, dessen wir uns um so lieber bedienen, als es gewiß nur nützlich sein kann, psychische Grundsätze durch verständliche, sinnliche Bilder zu bekräftigen, und wir nicht gesonnen sind, nach Art mancher Denker, Folgerungen aus bloßen Hypothesen, ohne allen reellen Wahrheitsgrund, zu ziehen. —

Man denke sich nämlich die Seele mit allen ihren wogenden Vorstellungen als eine See, und auf ihr die Vernunft als ein Schiff, das nach dem darzustellenden Gegenstande als dem bestimmten Hafen steure. Auf diesem Schiffe ist alsdann das Bewußtsein der Compaß, die nothwendige Anschauung das Steuer, und die Einbildungskraft der Steuermann. — Die bestimmten Empfindungen sind die Segel, die nach dem vorgesetzten Hafen hintreiben sollen; die auf uns einströmenden überflüssigen Vorstellungen bilden während der Fahrt einen fortwährenden Wirbel. Die Fahrt selbst ist die Rede. — Die Einbildungskraft hat nun fortwährend darauf zu sehen, daß die Vernunft sich dem vorgesetzten Hafen nähere. Sie steuert folglich mit der nothwendigen Anschauung dergestalt darauf zu, daß die bestimmten Empfindungen dem Zwecke der Richtungsweise entsprechen, wobei ihr das Bewußtsein, als Compaß, ankündigt, inwieferne sie vielleicht von der vorgesetzten Gegend abweiche, oder wohin sie zu lenken habe. —

Wenn nun die überflüssigen Vorstellungen zu stark bei der Fahrt auf die Vernunft einströmen, oder sie zu heftig bestürmen?

Dann thun wir ganz dasselbe, was der wirkliche Schiffer thut. — Die Einbildungskraft, als Steuermann, das geistige Auge fortwährend nach dem Hafen oder vorgesetzten Gegenstande, und dabei zugleich ihre Aufmerksamkeit unverrückt und fest nach dem Compasse oder Bewußtsein richtend, segelt unter dem Winde hin, nützt jede freie, unberührte Stelle, und kömmt so, zwar langsamer, jedoch sicherer an's Ziel. Gleichwie aber beim Seesturme, wenn der Steuermann den Compaß nur einen Moment aus den Augen verliert, dieser Moment oft den Schiffbruch nach sich ziehen kann, so kann auch während der Rede die Darstellung vernichtet werden, sobald das klare Bewußtsein und in ihm die bestimmte Richtungsweise nur einen Moment aus den Augen gelassen wird. —

Aus dieser Betrachtung geht hervor, daß die Richtungsweise bei der Rededarstellung in einem fortwährenden, geistigen Fixiren des Haupt-Gegenstandes begründet ist. Indem uns hierdurch ununterbrochen der richtige Gebrauch der nothwendigen Anschauung möglich wird, so werden wir nicht leicht durch die Phantasie zu weit vom Ziele abgeführt werden können, und nur dann ist es uns möglich, den geregelten Weg, mitten durch alle ungeregelten Vorstellungen hindurch, zu verfolgen.

Jede feste geistige Richtung durch die Kraft des Fixirens, ist begründet in einem festen, unerschütterlichen Wollen*).

---

*) Alles ist leicht und Alles ist schwer, je nachdem der Mensch es versteht: zu wollen, oder nicht. Es gibt im gewöhnlichen Leben unter den Menschen außer dem wirklichen Willen noch ein vermeintliches Wollen; — nämlich: einen Willen, bei dem sie sehr rasch beginnen, das Gewollte in's Werk zu setzen, während der Fortsetzung

Dadurch, daß wir mit ernstem Willen und fortwährend mit dem Bewußtsein: daß wir wollen, dem geistigen Auge eine bestimmte Richtung nach einem Gegenstande geben, werden wir in den Stand gesetzt, die Summe unsrer erwachenden Ideen ununterbrochen bei einander zu erhalten; indem wir es sodann immer nur wieder auf die entstandne, vermehrte Hauptsumme heften, wird alles Andere, was nicht zu ihr gehört, von selbst außerhalb derselben bleiben. Alle überflüssigen Vorstellungen, und selbst diejenigen, die während der Rede durch den äußeren Sinn erweckt werden könnten, vermögen uns sodann nicht zu stören; sie werden sich von selbst abstrahiren, da der Redende, nur mit dem festen

---

aber jeden Augenblick daran vergessen, daß sie gewollt hatten. Dies ist es, was so viele verhindert, es bis zur wirklichen Vollkommenheit in einer Fähigkeit zu bringen, die oft sogar nichts weiter erfordert, als bloßes ernstes Wollen.

Man wird uns nicht mißverstehen, wenn wir behaupten, daß diese Bemerkung gerade hier am rechten Orte stehe. Was zur Vervollkommnung in der menschlichen Redefähigkeit durch bloßes Wollen zu bewirken sei, hat uns einer der größten Redner, die je gelebt, bewiesen. Demosthenes, dieser von seinen Zeitgenossen so sehr gefeierte Redner, wurde, als er zum Erstenmale vor seinem Volke redete, mit allgemeinem Gelächter entlassen. Nicht nur, daß er also damals noch keinen Begriff von wahrer Rede gehabt haben mußte, sondern er stammelte noch sogar heftig, und es stand ihm daher außer seiner geistigen Unvollkommenheit noch ein körperlicher Fehler hindernd im Wege. Dennoch ließ er sich nicht abschrecken. Er ging nach Hause, und faßte den Vorsatz: durchaus, es koste was es möge, ein Redner werden zu wollen. Welch' ein Entschluß, fast in demselben Momente, als er öffentlich wegen Unfähigkeit und als Stammelnder ausgelacht wurde! Und dennoch, wie ward dieser Entschluß ausgeführt? — Nur, um sich das Stammeln abzugewöhnen, lief er Stunden lang über holperichte Wege, und sprach dabei fortwährend laut mit sich selber. Um Geistesgegenwart zu behalten bei dem tobenden Geräusche des Volkes, ging er nach dem Meeresufer, und hielt laute Reden, dort wo die Brandung am tobendsten rauschte. Er wollte, dachte Tag und Nacht daran, daß er wollte — und so wurde er Demosthenes für Mit- und Nachwelt. —

Hinblicke auf bestimmte Empfindungen beschäftigt, ihr Eintreten nicht in sein Bewußtsein aufnehmen wird. Er wird wissen, daß sie eintreten, ohne es zu wissen. In solchem Zustande des Fixirens mit dem geistigen Auge, wird nur dies innere Auge als offner Sinn wirken; alle äußeren Sinne aber werden, obschon offen, für ihn im Momente der Rede geschlossen sein. Personen, die um ihn her sich befinden, werden alsdann vielleicht denken, daß er sie sieht, weil sein waches, äußeres Auge auf ihnen ruht; aber, er wird sie mit off'nem Auge anblicken, ohne sie wirklich zu sehen. Sie sind ihm Schatten, durch die er hindurch blickt nach seinem aufgefaßten Gegenstande, — und so bewirkt er es, durch ununterbrochnes, immer höher steigendes, unerschütterliches Erglühen für seinen Gegenstand, sich vom bloßen Fixiren bis zur wirklichen, Alles um sich her ertödtenden Begeisterung aufzuschwingen, wenn er auch vielleicht beim Beginne seiner Darstellung nichts weniger als begeistert war. —

Die bloße Kraft der Seele: Vorstellungen zu haben, führt ihr bei offnen, wachenden Sinnen fortwährend neue Vorstellungen zu, ohne daß unsre Willenskraft sie im Momente der Aufnahme daran verhindern könnte, und ohne daß sie nöthig dazu wäre; — die höhere Kraft der Seele aber: schon gehabte Vorstellungen zu bestimmter Anwendung zu behalten, kann nur durch Willenskraft in Wirkung treten. —

Alles Wollen erzeugt eine Thätigkeit durch Bewegung, entweder des Körpers oder der Seele. Der Unterschied zwischen Mensch und Thier besteht eines Theils darin: daß der Mensch durch die Kraft des Willens auch den Geist, das Thier aber nur den Körper in Bewegung setzt. Wenn auch — was durch gewisse Erweise bekräftigt ist — in dem Thiere eine Art von Geist existirt, so besitzt dieser nur die Kraft der Einwirkung auf den Körper — nicht aber die der Zurückwirkung auf sich selbst. —

Die Kraft der Zurückwirkung des Geistes auf sich selbst, ist Vernunft=Kraft. —

Um die Zurückwirkung des Geistes durch einen Gegenstand zu bestimmen, bedürfen wir des klaren Bewußtseins dieses Gegenstandes; um das Bestimmte im Bewußtsein bleibend zu erhalten, des festen Willens, mit dem fortwährenden Bewußtsein des Gewollten. — Wollen ist die, durch Vorstellungen erzeugte, Hinneigung zu, oder Abneigung von andern Vorstellungen.

Ist die Vorstellungskraft geübt und stark, so kann der Wille dauernd sein, — ist sie nur schwach oder geschwächt, so wird er schwankend; daher bei Kindern und schwer Kranken gewöhnlich ein schwankender Wille.

Bestimmte Regeln: die Willenskraft zu üben, kann es natürlich keine geben, da es keine bestimmten Regeln gibt, um sich zu üben: Neigungen zu haben.

Wir wollen aber versuchen, anzugeben, wie man sich im geistigen Fixiren der zur Rede bestimmten Gegenstände üben könne. —

Man pflegt im gewöhnlichen Leben zu sagen: „der Mensch ist Gewohnheits=Mensch." Diese Behauptung enthält in der That viel Richtiges. Ausgenommen, daß er es nicht dahin bringen kann, der Seele und dem Körper alle Nahrung und Ruhe — (nämlich der Seele die Vorstellungen und den Traum und dem Körper die physischen Bedürfnisse und den Schlaf) — zu entziehen, kann sich der Mensch fast an Alles und selbst an scheinbar ganz Unnatürliches gewöhnen. So gab es Menschen, die es, durch allmähliges Gewöhnen, dahin brachten, den Belladonna=Trank zuletzt in einer solchen Quantität ohne Schaden zu sich zu nehmen, daß man mit derselben Quantität vielleicht zehn, dieses Trankes ungewöhnte, Menschen hätte tödten können. Nun wollen wir zwar unsere lieben Leser bei Leibe nicht zum Belladonnatranke auffordern, — aber wohl zu gewissen Gewohnheiten, die, zweckmäßig angewandt, ihnen sehr ersprießliche Dienste zur festen Richtung des Geistes während der Rede leisten dürften.

Wir haben früher davon gesprochen, wie die Einbildungskraft geschärft werden kann. Diese Schärfung der Einbildungskraft, wenn sie auch nur im geringsten Grade vorausgegangen ist, bewirkt sehr leicht die Kraft der Fixirung, und muß mit unsren folgenden Betrachtungen als Grundlage verschmolzen werden. —

Die menschliche Phantasie, oder das individuelle Abstractions-Vermögen, sucht sich bei jedem Vorstellungsgegenstande einen Anhaltepunkt, d. h. sie abstrahirt von allen, der Seele deutlich zuzuführenden Begriffen, gewöhnlich den Eigenschaftsbegriff, der dem aufgenommnen Gegenstande am Bezeichnendsten inne wohnt. Durch diese Abstraction einer bemerkbaren Haupteigenschaft erleichtert sie der Seele die Rückerinnerung oder den Gebrauch des Gedächtnisses.

Der Mensch kann die Eigenschaften eines Gegenstandes mit dem Bewußtsein der Gattung abstrahiren.

Das Erkennen der Gattung und Art wird erlangt durch den Verstand, mit nothwendiger Anschauung.

Die Abstraction der Art geschieht durch den Verstand, mit individueller Anschauung.

Die Verbindung zwischen Gattung und Art geschieht vermittelst der Einbildungskraft.

Die Erkenntniß in Gattung und Art durch klare Unterscheidung wird erlangt durch die Vernunft†).

---

†) Das Thier hat keine Vernunft, folglich kein Erkenntniß-Vermögen. — Es hat aber unleugbar ein Erkennungs-Vermögen. Das Vermögen der Erkennung begründet das einer Abstraction. Folglich muß im Thiere, außer dem Instinkte oder bloßen Naturtriebe, noch ein Abstractionsvermögen vorhanden sein. — Dies erklärt uns:

Indem die Phantasie nun von jedem Gegenstande gerne die am auffallendsten bemerkbare Eigenschaft abstrahirt, so prägt sie sich den Gegenstand selbst tiefer in's Gedächtniß. —

---

was wir beim Thiere eigentlich als Instinkt betrachten müssen, und macht eine Beantwortung der Frage möglich: ob das Thier eine Sprache haben kann, oder nicht? Da eine solche Erläuterung nicht ganz unwichtig sein kann, so sei uns die Verflechtung einiger Worte deshalb in unsre Betrachtung erlaubt. —

Der bis jetzt aufgestellte Grundsatz: daß die Vermögensäußerungen der Thiere bloß in seinem Instinkte begründet und nichts anders als Naturtrieb seien, ist nichts weniger als genügend, und in vieler Hinsicht unpassend.

Naturtrieb ist nothwendige Natur-Neigung, mithin bloß natürliches, unfreiwilliges Wollen.

Instinkt ist Naturtrieb, folglich ist er bloß nothwendiges Wollen. Der Mensch hat gleichfalls Instinkt; er veredelt ihn aber durch die Vernunft. Man suchte daher den Unterschied zwischen Mensch und Thier besonders darin festzustellen: daß der Mensch Vernunft und in ihr die Kraft der Willensveredlung — das Thier aber nur Naturtrieb oder Instinkt besäße. Wäre dies gegründet, so könnte im Thiere nichts weiter als nur nothwendiges Wollen bestehen. — Nun kann, wie wir früher bemerkten, das Thier durch den thierischen Willen bloß den Körper in Bewegung setzen, und für den Körper wirken. Wäre hierzu nichts weiter als bloßer Naturtrieb in ihm vorhanden, so könnte es bei dieser Beschäftigung, für seinen Körper zu wirken, niemals eine besondere, freie Willens-Fähigkeit, die mehr als bloßer Trieb ist, entwickeln.

Es würde sich dem bloßen Triebe so hingeben, wie er ist, und auch nur seinen Trieb in Wirksamkeit treten lassen können. Wenn ferner nur ein Instinkt im Thiere vor-

Durch die starke Einprägung eines Gegenstandes mit seinen bezeichnenden Eigenschaften aber kann der Mensch sich

---

handen wäre, so müßte jedes Thier bei der Absicht: für die Bedürfnisse seines Lebens zu sorgen, keine andere Kraft entwickeln können, als die unumgänglich nothwendig wäre zu Erlangung seiner Bedürfnisse.

Dem Grundsatze einer, auf nichts anderes als die natürliche Nothwendigkeit begründeten, thierischen Kraft-Entwickelung aber treten auffallende Erfahrungen entkräftigend entgegen.

Wenn der Biber sich eine Wohnung sucht und erbaut, so ist dies Naturtrieb; wenn er diese Wohnung in der Nähe von Flüssen, behufs seiner Nahrung, anlegt, so ist dies gleichfalls Naturtrieb; wenn wir aber seine Wohnung untersuchen, und finden, mit welcher erstaunenswürdigen Geschicklichkeit sie zusammengesetzt, mit welchem ungemeinen Scharfsinne sie ein- und abgetheilt ist, und mit welcher merkwürdigen Gebrauchsabsicht jede Stelle darin besonders benutzt wird: sollten wir hierin gleichfalls nichts weiter, als den puren Instinkt erblicken? — Wenn der Elephant seinem ihn mit Nahrung versorgenden und pflegenden Herrn auf Wort und Befehl folgt, so mag dies noch Instinkt sein. Wenn wir aber erfahren, daß ein Elephant, den man abmalen wollte, nach einigen Tagen beim Trinken den Rüssel voller Wasser sog, dies Wasser mit in's Zimmer brachte, wo er gezeichnet wurde, und es auf's halbfertige Gemälde, um es zu verderben, spritzte; wenn wir ferner erfahren, daß ein andrer Elephant mit Wuth seinen Herrn todtete, weil dieser ihn zu stark schlug, darauf aber das neben ihm hergehende kleine Kind des Erschlagenen mit seinem Rüssel ergriff, auf sich hinsetzte, und sich von dem Kinde fortan willig leiten ließ — kann dies bloßer Naturtrieb sein? Alle Tagvögel ruhen bei Nacht, und scheuen — eben aus In-

nach und nach mit diesem Gegenstande so bekannt machen, daß derselbe ihm, so oft es seine Einbildungskraft nur will,

---

stinkt — jede nächtliche Erleuchtung in ihrer Freiheit. Der ostindische Kernbeißer dagegen erleuchtet Nachts sein Nest mit einem Johanniswurme. Ist dies nicht gerade gegen allen Instinkt?

Wenn man Löwen so weit zähmt, daß ihr Herr seinen Kopf in ihren Rachen ohne Gefahr stecken kann, so mag dies noch bloße Gelehrigkeit aus Naturtrieb sein. Wenn jedoch, wie dies geschah ein hungriger Löwe, der sonst alles Zugeworfene verschlang, voller Wuth auf ein ihm zugeworfenes Hündchen losfährt, plötzlich aber zurücktritt, das Hündchen liebkost, fortan alle Speise mit ihm theilt, und endlich, als das liebgewonnene Thierchen stirbt, ihm aus Gram im Tode nachfolgt, — lag dies im bloßen Instinkte? — — Von Hunden und deren, mitunter den menschlichen Verstand fast übertreffenden, Klugheitsbeweisen wollen wir gar nicht reden. — Es muß also in dem Vermögen der Thiere durchaus eine Kraft vorhanden sein, die mindestens zwischen Verstand und Instinkt liegt. Eine solche Kraft ist im Thiere wirklich vorhanden. — Jedes Thier erhält bei der Geburt, außer den ihm nothwendigen Lebenswerkzeugen noch zwei besondere Kräfte, und zwar 1) die Kraft der Vertheidigung; 2) eine solche, wodurch es im Stande ist, seiner natürlichen Neigung durch Erkennung äußerer Gegenstände eine bestimmte Richtung zu geben, und ferner die ihm beigegebnen nothwendigen Werkzeuge mit dem Gefühle ihres Vorhandenseins zu gebrauchen.

Die Kraft der Vertheidigung ist bei jeder Thiergattung verschieden; bei mancher besteht sie in der Beschaffenheit bestimmter Werkzeuge selbst, — bei manchen aber wieder in dem mehr oder minder geschickten Gebrauche gewisser Werkzeuge. Die bloße Anwendung dieser Kraftwerk-

geistig vor Augen, oder in's Gedächtniß tritt. Wird nun diese Zurückrufung in's Gedächtniß mit Willen sehr häu-

---

zeuge nun, die sowohl zur Vertheidigung als auch zu Nahrungserlangung und Wohnungserbauung benützt werden, unterliegt dem thierischen Instinkte, und nur die einfachste, natürlichste Entwickelung dieser thierischen Kraft kann Instinkt genannt werden.

Die zweite, von uns angegebne Kraft hat noch keinen besondern Namen, und dürfte am richtigsten bezeichnet werden mit der Benennung: „thierische Abstractionskraft." Sie besteht in dem Vermögen: dem thierischen Gefühle durch die äußeren Sinne gewisse Eigenschaften einer Sache oder eines lebenden Wesens zuzuführen, durch die es einen außernatürlichen Werth des betreffenden Gegenstandes erkennt und seinem Instinkte freiwillig eine Schranke setzt. —

Der Instinkt des Thieres ist verbunden mit dem Gefühle unfreiwilliger, nothwendiger Existenz. — Das thierische Abstractionsvermögen ist verbunden mit dem Gefühle freiwilliger Existenz. —

Das Abstractionsvermögen des Menschen tritt in Wirkung durch das Bewußtsein der Gattung; das Abstractionsvermögen des Thieres aber durch das Gefühl der Gattung. — Das menschliche Bewußtsein ist begründet im geistigen Leben, — das Gefühl des Thieres im Nervenleben. —

Das Abstractionsvermögen der Thiere erwacht also durch den äußeren Sinn. Das Erwecken dieser Kraft dürfte geschehen: bei Säugethieren und Amphibien durch den Sinn des Geruches, bei Fischen und Vögeln durch den Gesichtssinn, bei Insecten durch den Tastsinn oder das Gehör und bei Würmern durch unmittelbares Fühlen. (So hatte der Verfasser vor einiger Zeit eine große Spinne dahin gesig angestellt, so kann er des geistigen Anblickes jenes Gegenstandes endlich so gewöhnt werden, daß er neue, frem-

---

bracht, daß sie, er mochte ferne oder nahe stehn, auf einen gewissen, sehr sanften Ruf aus ihrem Schlupfwinkel hervorkam, und wenn er sodann näher trat, bei wiederholtem Rufe auf seine Hand kroch.) — Durch die Erweckung der, ihm inne wohnenden Kraft wird dem Thiere eine Steigerung des Instinktes zum freiwilligen Erkennungsgefühle und eine erhöhete Anwendung seiner Werkzeuge, oder die Gebrauchs-Veredlung derselben zur besonderen Fähigkeit möglich. Dies beweisen schon die oben angeführten Beispiele. Der Naturtrieb wirkt nur unfreiwillig. Hätte daher jener Elephant, der seinen Führer erschlug, nur aus Instinkt gehandelt, so hätte er, indem er durch die Mißhandlung desselben wüthend geworden war, auch nur als ein wüthendes Thier handeln können, und müssen. Die Wuth aus Trieb aber macht keine Unterscheidung zwischen Vater und Kind. Schon beim Menschen, wenn er wüthend wird, richtet oft alle höhere Vernunft nichts aus. Welch' ein — manchen Menschen beschämendes — Beispiel also, wenn ein wüthendes Thier im höchsten Grimme noch den Unterschied zwischen dem Schuldigen und Nichtschuldigen zu erkennen weiß? — Betrachten wir vollends jenen Löwen, so steigt unser Erstaunen noch höher. Der Hunger ist unbezweifelt der heftigste von allen Naturtrieben. Mit bloßem Instinkte begabt, würde daher ein hungriges, reißendes Thier gewiß keine ihm vorgeworfene Speise verschmähen! Die Erklärung eines solchen Beispiels kann also nur darin liegen: daß der Geruchsinn jenes Löwen dessen Abstractionsvermögen in einem Grade erweckte, daß dadurch eine plötzliche Hinneigung zu dem kleinen Thierchen entstand, die ihn über seinen Instinkt erhob. — Wenn man bedenkt, daß mancher Mensch aus Hunger eine Mordthat an

de Gegenstände an ihm vorüber führt, ohne ihn dadurch aus der Einbildungskraft zu *verlieren*; ja, was noch mehr ist, und was dem von uns zu erläuternden Zwecke ganz entspricht, — er kann sich gerade durch das Herbeirufen des so *gewöhnten* Gegenstandes vor aller *äußeren* Zerstreu-

---

seinem Mitmenschen begeht, so würde man sich weit unter das Thier herabsetzen durch den Ausspruch, daß jener Löwe blos aus Naturtrieb so gehandelt habe. — Bei jenem Elephanten war es gleichfalls das erweckte Gefühl *freiwilliger Kraft*, das ihn *über* seinen Instinkt erhob.

Durch das *Abstractionsvermögen* fühlen und erkennen die Thiere mehr die ihnen *wohlthuenden* Eigenschaften einer Person oder Sache; durch den *Instinkt* erkennen sie mehr das ihrer Natur *Entgegenstrebende*. — Wenn also ein Hund durch den Geruchssinn eine giftige Pflanze unterscheidet, so erweckte der Geruch seinen Instinkt; — wenn er aber für seinen in Gefahr gerathenen Herrn willig das Leben opfert, so erweckte der Geruch sein Abstractionsvermögen. —

Das Thier hat also *individuelle Anschauung* durch *Nervenleben*. Die *nothwendige* Anschauung aber, und durch sie *Erkenntniß* der *Art* fehlt ihm, da es nur Gefühl und kein *Bewußtsein* hat. — Folglich könnte das Thier, selbst wenn es Sprach-*Organe* besäße, keine Sprache durch *bestimmt geordnete* Laute haben. —

Der Instinkt kann kein Unterscheidungszeichen zwischen Mensch und Thier bilden, da der Mensch selbst Naturtrieb, das Thier aber einen höhern Grad der Kraft als den bloßen Instinkt besitzt.

Das Unterscheidungszeichen zwischen Mensch und Thier ist: daß der Mensch *vernünftiges, inneres Bewußtsein*, das Thier aber *abstractives, inneres Gefühl* besitzt. —

ung sichern, wenn er sich mit andern Vorstellungen beschäftigen will. Er darf zu diesem Behufe nur den, seiner Einbildungskraft so zu sagen schon einverleibten Gegenstand fortwährend mit dem geistigen Auge festhalten, und während dessen sich den zu behandelnden fremden Vorstellungen hingeben. Indem alsdann seine Vernunft mit bestimmten Vorstellungen sich beschäftigt, wird der äußere Sinn unwirksam bleiben können, da jener bekannte Gegenstand das innere Auge fesselt. Der äußere Sinn könnte störend auf das Fixiren bestimmter Vorstellungen einwirken, und folglich durch äußere Zerstreuung eine Unterbrechung der Geistes-Richtung herbeiführen. Das innere Sehen jenes Gegenstandes aber wird den Geist nicht zu stören vermögen, da die Einbildungskraft dessen zu gewöhnt ist, um durch ihn gehemmt zu werden.

Dadurch wird es sodann einem Menschen, der noch nicht die Kraft der Fixirung ohne inneres Hülfsmittel anzuwenden vermag, bei der Rede möglich sein, sein äußeres Auge offen auf die Umgebung zu richten, und nicht zu sehen, obschon es zu sehen scheint.

Gesetzt also, es fühlte Jemand noch nicht eine so vollkommne Kraft der Fixirung in sich, daß er befürchten muß, während er vor mehreren Zuhörern und an einem ihm fremden Orte eine Rede hält, durch äußere Ansichten oder Bemerkungen an Personen und Sachen zerstreut und gestört zu werden, so würden wir einem Solchen, zur möglichen Abstrahirung von überflüssigen Vorstellungen während der Rede, folgenden Rath geben:

Er fange an, in einem Zimmer, in dem er zu Hause sich oft befindet, mit sich selbst laut zu sprechen, so oft er allein ist, und dies angeht. Was er spricht, ist Anfangs einerlei. Nach und nach muß er jedoch seinen Selbstgesprächen oder Monologen eine bestimmtere Richtung geben, und sie so rasch und zusammenhängend als möglich zu bilden suchen. Dabei bemühe er sich vor Allem, Anfangs mit Willen durch den äußeren Sinn sich zu zerstreuen; er kann sogar, während er laut spricht, mit den Fingern trommeln u. dergl. Vorausgesetzt, daß er vorher schon jene Uebungen der Einbildungsschärfung, die wir früher besprachen, vornahm, — so führe er sich hierauf im Geiste einen oder mehrere Bekannte vor, die er sprechen läßt, und ihnen laut antwortet. — Hat er es hierdurch endlich so weit gebracht, daß er ohne Scheu seine Gedanken für sich laut auszusprechen vermag, dann schreite er zur eigentlichen Gewohnheit-Uebung. Zu diesem Behufe trete er von nun an, so oft er in jenem Zimmer spricht, vor irgend einen darin befindlichen Gegenstand hin, — am besten vor ein Fenster, durch das er hindurch und nach einer bestimmten Stelle blickt. Diese Uebung häufig fortgesetzt, so wird sich das Fenster und der außerhalb desselben fixirte Punkt — der in einem Baume, Hause u. s. w. bestehen kann — im Gedächtnisse so festsetzen, daß der Redende sehr bald dahin gelangen muß, sich das Fenster mit seinem Außenpunkte vorzustellen, indem er ihm den Rücken kehrt.

Dahin gelangt, gehe er sodann in's Freie oder in ein anderes Zimmer, und spreche dort gleichfalls laut, indem er seinem Geiste durch's Gedächtniß das zur Gewohnheit gewordene Fenster vorführt, und es fortwährend in der Einbildungskraft vor sich erschaut und festhält. So wird es ihm in kurzer Zeit möglich werden, sich jene angewöhnte Stelle geistig vorzuführen, mag er sich redend befinden, wo er immer will. Sei er hierauf in fremder Gesellschaft, oder sonst in einer Versammlung, so wird nichts ihn stören, was um ihn her vorgeht; denn, indem sein äußeres Auge zu sehen scheint, wird bloß sein inneres jenen Gewohnheitsgegenstand sehen, und dieser wird ihn in keiner Hinsicht zu stören vermögen. —

Diese Art von Unterstützungsmittel fällt aber natürlich weg, sobald durch gehörige Uebung die Kraft der Fixirung im Innern hergestellt ist, und wir mit ungefesseltem, innerem Blicke den zu behandelnden Gegenstand vor uns aufzustellen vermögen. Da wir bei der Ideen-Trennung oder Subtraction immer nur je zwei Gegenstände vergleichend einander gegenüber zu stellen haben (was der nächste Abschnitt vollständiger erläutert), so bedingt besonders der jedesmalige Moment der Gegengleichung ein festes Zurücktreten in sich selbst — ohne, daß wir jedoch hierdurch vom Grundgegenstande wirklich abgezogen werden. — Das ununterbrochene Wogen der überflüssigen Empfindungen wird uns dabei natürlich hemmend entgegen sein, aber die Vernunft wird durch sie insoferne durchaus kein momentanes Hinderniß erleiden können, als sie sich (scheinbar als auf sich beruhend) in ihrem vorgesetzten Grundgegenstande concentrirt. — Der Geist übersehe in der Einbildungskraft nur die unmittelbar bedingten Nebenbegriffe seines Hauptbildes, und lasse sich nie von einer noch so lockenden mittelbaren oder gar überflüssigen Vorstellung zur Abweichung von dem aufgestellten innern Rundgemälde verleiten, wenigstens insolange nicht, als seine Selbstkraft in dieser Hinsicht noch nicht gehörig geprüft und vervollkommnet ist. — Man fürchte nicht, daß diese innere Abschließung mit Zwang oder Beschwerniß verbunden sei. Es werden im Gegentheile die überflüssigen, zur vorgesetzten Rede nicht passenden Ideen, nach einiger Uebung als von selbst sich ausscheidend erscheinen; dann ist es nicht nöthig, von ihnen mühsam zu abstrahiren, sondern der Redner muß nur ihrer Versuchung oder Verlockung widerstehen können. Der Gehalt der Rede liegt in der, mehr oder minder an's Licht tretenden, Versinnlichung ihres Grundgegenstandes und dessen unbedingten Werthgehaltes — nicht aber in der größeren Anzahl von erläuterten Begriffen. Oft zwar gebraucht der geübte Redner mit Willen einiger überflüssiger, verdunkelnder Vorstellungen, bloß um das Nächstfolgende durch vorhergegangene Verdunklung in ein helleres Licht zu setzen. Dies ist aber, genau betrachtet, eine unnütze Abweichung, sobald der behandelte Gegenstand das

Hauptlicht in sich selbst trägt; wiewohl der geübte, und seiner selbst völlig mächtige Redner sich derlei Abweichung zu bestimmter, besonders zu edler Absicht mitunter schon bedienen darf. Oft auch findet diese Redner-Finte (wir haben keinen bezeichnenderen Namen) bloß darum Statt, weil der Redner eben keinen besseren Ausweg ersieht, und sich durch sie denselben zu bahnen gedenkt; wie leicht er aber alsdann von dieser Nothbrücke aus, anstatt auf den gesuchten Ausweg, auf einen gänzlichen Irrweg geräth, ist durch häufiges Beispiel genugsam erwiesen. —

Man vergesse nicht, daß ja der Zuhörer durch unsere Rede nicht allein zum Hören, sondern zum Denken bewegt wird; — indem aber der Hörer denkt, werden sich in seiner (des Hörenden) Seele gleichfalls überflüssige, durch Reflexion geweckte, Ideen einstellen. Um ihn daher nicht so zu verwickeln, daß ihn am Ende seine eignen, überflüssigen Vorstellungen noch mehr beschäftigen, als des Redners nothwendige, so muß dieser Alles zu vermeiden suchen, was sowohl ihn, als seine Hörer, wenn auch nur auf einen Moment, vom erfaßten Grundbilde abziehen könnte. Die Denkkraft des Menschen ist wunderbar. Ungeheures vermag in seinem Innern zu erstehen, besonders wenn es durch glühende, lichtvolle Rede geweckt und genährt wird. Aber die Zügel dürfen nicht aus der lenkenden Hand gleiten, sonst rollt er in seiner leichtbewegten, am liebsten im Wachen träumenden Seele unaufhaltsam dahin, und verliert leicht nur allzuschnell die sichtbare Bahn, ohne so leicht wieder einlenken oder das gesuchte Ziel erreichen zu können. Daher ist es immer gerathen „bei der Farbe zu bleiben," wie das Sprichwort sagt, damit das innere Auge nicht durch allzubunte, innere Mischung geblendet, und die Absicht verfehlt werde. —

Daß die Seele ununterbrochen empfindet, und dadurch mehr, als zu ihrem nothwendigen Leben erforderlich, aufnimmt, ist eine herrliche Einrichtung der Mutter-Natur; aber der uns verliehene Vorrath muß nicht dazu benutzt werden, die Schlüsse der Vernunft so zu sagen mit vollen Händen ergreifen, oder im Sturmschritte herbeischaffen zu wollen. Wir müssen dadurch jedesmal verlieren, — während der Gewinn stets ungewiß und schwankend bleibt. Das Vermögen, aus uns'rem Innern das Wort der Wahrheit herbei zu ziehen, und es in andre, uns gleichgestimmte, oder erst gleich zu stimmende Seelen zu ergießen, komme nur zur weisen und vorsichtigen Anwendung. — Nichts verfliegt schneller, und nichts ist demunerachtet bleibender, als das gesprochene, unmittelbar auf die Denkkraft Anderer einwirkende Wort. Darum sehe der Redner sich wohl vor, daß er nicht in seinen kundzugebenden Begriffen sich selbst täusche, und dadurch Anderen einen Faden in die Hand gebe, an dem man ihn später auf seine eigenen verlautbarten Grundsätze strafend zurückführen könnte. —

Erregt er in den Herzen der Hörer nicht Ueberzeugung, wozu spricht er? Selbst die bloße Unterhaltungsrede verliert, und verschwindet in ein Nichts, wenn nicht irgend eine nützliche Ueberzeugung daraus hervorgeht. — Diese aber kann nur in der Wahrheit der dargelegten und erweckten Empfindungen ihre Basis haben, — und die Wahrheit schließt an und für sich allen unnützen Ueberfluß aus; sie will, und kann nichts wollen, als nur sich selbst, — ungeschminkt, unverhüllt und ungehindert, durch gewaltsam überzeugensollende Ausflüchte oder Verdüsterungen. — Das einfache, klare Wort, bei dem der Zuhörer unwillkührlich, wie bei jenem Ei des Kolumbus, in die Aeußerung ausbrechen möchte: „das hätte auch ich sagen können;" bei dem er eine Ueberzeugung erlangt, die ihm als schon längst in seinem Innern vorhanden erscheint, — dies wirkt, und dies wird selten die redliche Absicht verfehlen. — Der Zuhörer muß in der Darstellung des Redners sich selbst wiederfinden, nicht aber durch einen Strom nicht nothwendiger, überflüssiger Nebenbegriffe von sich selbst abgeleitet werden. Auf Augenblicke kann letzteres gelingen, — aber, ob der Redner sodann den Hörer sich selbst eben so schnell wiedergeben kann, als er ihn ableitete, das ist eine gewaltige Frage. Also: Festhalten am Nothwendigen und an der Wahrheit; dann wird sich das Grundbild von selbst erleuchten, und überzeugend hin stellen. —

Subtraction geregelter Hauptbegriffe.

Jede Trennung durch Wollen entsteht durch Unterscheidung mit freiem Bewußtsein. Jede Unterscheidung kann aber nur durch erkannte Verbindung richtig trennen.

Wenn ich daher mehrere verbundne Gegenstände richtig trennen will, so muß ich zuvor das Verhältniß ihrer Verbindung erkannt haben. Ferner: wenn ich verschiedene Gegenstände richtig verbinden will, so muß ich zuvor das Unterscheidungsverhältniß jedes einzelnen noch während ihres Getrenntseins erkannt haben. —

Keine menschliche Vorstellung ist unauflösbar. Es besteht also eine jede Rede schon an und für sich aus Theien, die, als bestimmte Theile zum Ganzen, mit demselben können verflochten werden, — zugleich aber auch wieder einzeln in mehrere Elementarvorstellungen zerfallen können. Hierdurch ist es möglich, daß ein Darstellungs-Ganzes aus Theilen bestehen kann, von denen mehrere wieder in sich ein Ganzes ausmachen, wie z. B. bei der Beschreibung eines großen Staates, der als Staat überhaupt seine abgeschlossene National-Eigenthümlichkeit haben kann, dessen Provinzen aber vielleicht eine jede wieder ihre besondere National-Eigenthümlichkeit besitzt; soll also hier, bei der Darstellung, die National-Eigenthümlichkeit den Hauptgegenstand bilden, so wird dieser Begriff als Hauptganzes in Staats-, und als Theilganzes in Provinzial-Eigenthümlichkeit zerfallen müssen. Ferner: der Begriff: „Reise" bildet ein Ganzes, — der Begriff „Abentheuer" gleichfalls. Will ich nun meine Reise-Abentheuer darstellen, so kann dies ein Ganzes aus Theilen, und in diesen Theilen wieder verschiednes Ganze bilden. —

Um nun bei der Darstellung solcher Gegenstände, deren Theile wieder in verschiedene Hauptbegriffe zerfallen, nicht mit sich selbst in Verwirrung zu gerathen, muß während der Rede nothwendigerweise eine fortwährende „Trennung durch Unterscheidung," so wie ein fortwährendes „Bewußtbleiben des Unterschiednen in der Verbindung" beobachtet werden.

Hierzu ist nöthig:

1) Ein ununterbrochenes Vereinthalten getrennter Partial-Hauptbegriffe neben ihrem Grundbegriffe, durch verbindende Aufmerksamkeit, während der Trennung.

2) Die Abscheidung der Partial-Hauptbegriffe durch Eintheilung zu ihrem Grundbegriffe. —

Wie das Festhalten der Partial-Hauptbegriffe neben ihrem Grundbegriffe zu bewirken sei, geht zum großen Theile schon aus der (früher besprochenen) „Fixirung des Gegenstandes mit bestimmter Richtungsweise" hervor. Der Unterschied aber besteht bei erstrem darin: daß hier mehrere Haupt-Gegenstände in Einem Puncte zu trennen sind; — bei dem früher Besprochnen aber nur von dem Bewußtbleiben eines einzigen Haupt-Gegenstandes die Rede war. —

Der menschliche Geist ist in einem ewigen Streben begriffen, das Mannichfaltige zu durchschauen, und das Vielfache unter Einen Blick der Einbildungskraft zu bringen. Es liegt ferner in der Natur der menschlichen Erkenntnißkraft, sich fortwährend mit dem warum? und wie? der außer ihm befindlichen Gegenstände zu beschäftigen, und die höchste Potenz der Vernunft ist die Beantwortung des „wie" und „warum" unsres Ichs. — Indem sich der menschliche Geist aber bloß mit andern Dingen (außer ihm) zu beschäftigen scheint, so liegt in dieser Beschäftigung immer eine Zurückwirkung auf ihn selbst. Erzeugen die äußeren Gegenstände Betrachtungen bloß roher Sinnlichkeit, so kann diese Zurückwirkung ihn herabdrängen zum nothwendigen Triebe; sind sie aber Gegenstände der Betrachtung für den geläuterten Sinn, so kann sie ihn hinaufziehen zu höherm Triebe, und unterdrückt alsdann durch die Vernunft das Gefühl des niederen Ichs. — Um dem menschlichen Geiste nun das Zurückführen des Mannichfaltigen auf sich, und die Sammlung getrennter Verschiedenheiten unter Einen Blick zu erleichtern, setzte der Schöpfer ihn in den Stand: verschiedene, zu gleicher Zeit vor seine Seele tretenden, klaren Empfindungen dergestalt in seine Einbildungskraft zu verflechten, daß sie scheinbar mit ihm identificirt oder Eins und Dasselbe werden. Indem er diese, ihm scheinbar einverleibten Empfindungen zu unterscheiden und zu trennen sucht, wird er daher scheinbar eine Trennung mit sich selbst vornehmen †).

---

†) Der menschliche Körper kann sich durch Selbstmord tödten. Die menschliche Seele aber kann zu Zeiten nicht einmal gewisse einzelne Empfindungen in sich ersticken, vielweniger ihr volles geistiges Leben. Eine absolute Identität oder ein wirkliches Eins-Sein alles Körperlichen und Geistigen kann folglich nicht existiren. Aber eine scheinbare

Der Geist aber *vereint* sich mit der Empfindung, ohne mit ihr wirklich *Eins* zu werden. Dadurch wird es ihm

---

Identität in der Einbildungskraft *mußte* dem Menschen bei seiner Erschaffung mitgegeben werden, wenn es Wille des Schöpfers war, der menschlichen Vernunft die Erkenntniß Gottes und alles Geistigen, *durch Körperliches* möglich zu machen. — Denn: alle ersten menschlichen Begriffe gingen durch Empfindungen vermittelst des äußeren Sinns in ihn ein; der *Anfangspunct* aller übersinnlichen Ideen mußte von jeher in einem *lebenden* Körper bestehen, von dem aus auf das Geistige übergegangen wurde, und wenn die menschliche Vernunft ihre übersinnlichen Forschungen damit beginnt, daß der Mensch frägt: „wer und wozu bin ich?" so ist immer seine Urbetrachtung eine sinnliche, körperliche. — Gott — als Schöpfer — kann nur einen zweifachen Willen haben: 1) zu *sein*, und 2) *erkannt* zu sein. Als geistige Urkraft aber ist er den äußeren Sinnen nicht unmittelbar ersichtlich. Daher verlieh er dem Menschen die Kraft der mittelbaren Gott-*Erkennung* durch Vernunft-Schluß. Um diese *Erkennung* zum Glauben zu bilden, mußte sie *Erkenntniß* sein. Er gab also der Vernunft die Kraft der Erkenntniß, — und hierdurch erreichte der Schöpfer seinen Zweck. Die menschliche Vernunft strebt nämlich unaufhörlich nach Erkenntniß und Ursache der Dinge, außer ihr. Mit dem *Bewußtsein* dieses Erkenntnißvermögens wirft sie sich zur Herrin der Begriffe alles Bestehenden auf. Um zum *Unsichtbaren* zu gelangen, saugt sie das *Sichtbare* in sich ein. Hierdurch fühlt sie sich über alles Sichtbare erhaben, und denkt sich als das Höchst-Irdische durch Selbstkraft. Dieses Selbstgefühl führt die reine Vernunft endlich zu dem Begriffe eines Ueberirdisch-Höchsten, dessen Kraft die höchste Potenz ihrer Selbstkraft ist, folglich

möglich, mehrere Empfindungen zugleich in sich aufzunehmen, und dabei dennoch der freien Anschauung, außerhalb derselben, sich hinzugeben.

---

zur Erkenntniß eines Schöpfers. — Indem nun, wie gesagt, die Vernunft den Begriff alles Sichtbaren in sich einsaugt, wird sie scheinbar mit dem Eingesaugten identificirt, oder mit ihm eins und dasselbe; (welche scheinbare Identität neuere Philosophen irre geführt, und sie zu der Behauptung einer wirklichen, absoluten Identität verleitete). — Absolute Identität wäre förmlicher Ideal-Instinkt, und noch weit ärger als Materialismus. — Eine scheinbare Identität des Geistes mit dem Körperlichen aber ist vorhanden. Diese scheinbare Verschmelzung bewirkt eine scheinbare Trennung des Geistes, indem er die, durch den äußeren Sinn ihm zugeführten vergeistigten Körper zu trennen sich bemüht. Jede Empfindung durch äußeren Sinn ist verkörperter Geist; — jeder Gedanke ist vergeistigter Körper. — Der Geist aber ist unbedingt Eines, — das Körperliche nur bedingt. Wäre der Geist mit dem Körper Eines und Dasselbe, so müßte entweder alles Körperliche unbedingt, oder alles Geistige bedingt sein. Im erstern Falle wäre der menschliche Leib nicht sterblich, im zweiten aber gäb' es keinen reinen Vernunftschluß, keine Selbsterkenntniß, keine Gotterkenntniß und keine Unsterblichkeit; im erstern Falle also würde der Mensch sich selbst zur Plage, und endlich die personificirte Verzweifelung werden, — im zweiten Falle wäre nichts für ihn, Alles wider ihn — und das Leben eine geschaffene, ewige Lüge. —

Indem nun der Geist sich bemüht, seine Gedanken zu trennen, wird er dadurch nicht wirklich selbst getrennt, sondern er bleibt, im reinen Denken über das in sich Aufge-

Durch diese freie, selbstthätige Anschauung bewirkt er die Trennung mehrerer Hauptbegriffe in der Einbildungskraft, während sie ihm demohnerachtet einzeln, im getrennten Zustande, gegenwärtig bleiben. — Seine Richtungskraft wird dabei getrennt, nicht aber der Geist selbst. Alle die verschiedenen Empfindungen, die er zu umschließen hat, bilden alsdann die Radien oder Halbmesser eines Kreises, während er selbst durch die Einbildungskraft die Peripherie bildet. Er trägt und enthält ferner den Werth des Gedankens und der Empfindung in sich, ohne darum selbst der Gedanke oder die Empfindung zu sein. Man könnte hieraus eine Aehnlichkeit seines Verhältnisses mit dem Verhältnisse eines rechtwinklichen Dreiecks oder dem Pythagoräischen Lehrsatze folgern. Stelle man sich die Begriffe: Geist, Gedanke und Empfindung als die drei Seiten eines rechtwinklichen Dreiecks vor, so ist der Geist die Hypothenuse, Gedanke und Empfindung aber sind die beiden Katheten. Der Inhalt des erstren ist dem der beiden letztren zusam-

---

nommene, immer das Unbedingte im Bedingten, und schreitet blos mit und neben dem Körperlichen vorwärts. — Daraus geht hervor, daß es weder Materialismus noch Idealismus gibt, sondern nur ein gleichmäßiges Nebeneinanderbefinden des Geistigen und Körperlichen, und am Ende der körperlichen Bewegung den Geist allein, als fortdauerndes Partial-Leben eines Schöpfers oder Ur-Lebens. — Gäb' es Materialismus, so müßte das Unbedingte durchs Bedingte geschaffen sein, und das ist die klare Unmöglichkeit. Gäb' es Idealismus, so wäre der Mensch Mitschöpfer alles Körperlichen, und alsdann bedürfte die menschliche Vernunft nicht erst der Unterscheidung und Forschung, um zur Erkenntniß zu gelangen; dem widerspricht die Vernunft in sich selbst. —

men genommen gleich. Das richtige Verhältniß der Seiten des Dreiecks zu einander erfordert ferner die Berührung ihrer Endpuncte. Gerade nun, wie beim Dreiecke sich die Linien in ihren Endpuncten berühren, sonst aber in allen übrigen Linienpuncten außerhalb einander liegen, so berühren sich auch Geist, Empfindung und Gedanke, ohne darum ineinander verschmolzen zu sein. — Aus diesem Grunde vermag der Geist durch die bloße Anstrengung der Aufmerksamkeit alle außer ihm befindlichen Haupt-Puncte in bestimmten Richtungen zu fesseln, während er selbst den Grund des Hauptganzen bildet, in welchem alles Theilganze sich vereinigt und enthalten ist. — Dabei umschließt er das Hauptganze in der Einbildungskraft, — oder die Einbildungskraft ist dabei ein, um die drei Endpuncte des Dreiecks gezogener Kreis. —

Indem er daher sich fortwährend als bestimmenden und bestimmten Theil betrachtet, und seine Richtungen nach allen Theilpuncten fortwährend mit gespannter Aufmerksamkeit nimmt, so wird der geistige Blick ununterbrochen innerhalb der Peripherien, alles nicht dazu Gehörige aber, oder die überflüssigen Vorstellungen werden außerhalb des Umkreises bleiben. —

Der Redende hat folglich nichts weiter zu thun, als sich mit dem geistigen Auge auf einen solchen Standpunct zu versetzen, von dem sein Bewußtsein das Ganze mit freier Regsamkeit überschaut; ferner hat er, indem er sich mit einem Theilganzen darstellend beschäftigt, unterdessen die übrigen Haupttheile und das Bild des Hauptganzen nicht aus dem Blicke zu verlieren. Er trennt fortwährend das Einzelne, mit vollem Bewußtbleiben des vom Einzelnen Getrennten, und führt so, nach und nach, die Darstellung alles Theilganzen zu einem endlichen Hauptganzen mathematisch durch.

Sollte er dabei auch irgend einen einzelnen Punct eines Theilganzen in der Gesammtverflechtung vergessen, so macht dies nicht so viel aus, als wenn er ein volles Theilganze wegließe. Die Hauptheile selbst müssen nothwendig zur Berührung und Sprache kommen.

Hierzu wird nicht nur ein Verhältniß der einzelnen Gedanken eines Theils, sondern auch das hergestellte Werthverhältniß dieser Theile selbst untereinander erforderlich. Bei diesen aber muß Bezugsweise das momentane Verhältniß der Abstufung eintreten. Denn, indem der Redner einen Haupttheil vom Haupttheile trennt, so muß er bei der Rede jedesmal den minder wichtigen vom wichtigeren, gerade wie bei der Subtraction die kleinere Zahl von der größeren, trennen, weil nur immer das Ueberwiegende eine Abstraction von sich zuläßt. Es muß der Redner also jedesmal den stärkeren Haupttheil obenan stellen oder vorausgehen lassen. — Hätte er z. B. ein Staatsgemälde aufzustellen, bei welchem die Begriffe: National-Stolz und National-Gefühl zwei Haupttheile bildeten, so müßte er den Begriff Nationalgefühl, sobald das Gefühl die hervorleuchtendere Eigenschaft der Nation ist, oder sein soll, bei der Trennung vorausgehen lassen, und von ihm den National-Stolz abziehen; umgekehrt aber, muß er das Nationalgefühl vom National-Stolze abziehen, sobald der Stolz vorherrschende Eigenschaft ist.

Die Ursache dieser Rede-Subtractionsart wird unter andern aus folgendem höchst merkwürdigen Umstande ersichtlich: Bei der Subtraction, oder Trennung der Gedanken ist nichts schwieriger, als das Subtrahiren abstracter Begriffe von einander, deren Restsumme zum Hauptwerthe gefügt werden soll. Aus der Subtraction schon allein muß es hervorgehen, daß der Redende durchaus nur in einer Sprache, die er gründlich, in allen Schattirungen und allen Bildungspuncten kennt, ein Redner zu sein vermag.

Denn er muß den Natural=Werth eines abstracten Begriffes so genau inne haben, daß er augenblicklich weiß, welchem von zwei abstracten Begriffen die Oberstelle gebührt, und welchen er zur Subtraction obenan zu setzen, d. h. von welchem er zu subtrahiren hat, wenn ein bestimmter Zweck der Rede in Erfüllung treten soll; was sich durch ein Beispiel näher verdeutlichen läßt. — So eben nannten wir die Begriffe: National=Gefühl und National=Stolz. — Alle abstracten Begriffe verändern ihren Werth durch die Zusammensetzung mit andern Begriffen. — Wir wollen daher vorerst jene beiden Begriffe in ihrem Natur=Werthe von einander subtrahiren, und ganz einfach als „Gefühl" und als „Stolz" annehmen. Beide können die Hauptsumme, beide aber auch können die abzuziehende, oder die Mindersumme bilden. Hierbei erwächst denn das höchstmerkwürdige Verhältniß: daß bei der Subtraction zweier abstracter Begriffe von einander jedesmal der entgegengesetzte Begriff als Restsumme erscheint, sobald ich ihren Standpunct verwechsle!

Es ist nämlich: Gefühl min. Stolz = Anmuth; — Stolz min. Gefühl = Hochmuth. — (Jemand, der Gefühl besitzt, ohne stolz zu sein, wird sich anmuthig oder freundlich benehmen. Das Benehmen eines Stolzen aber, der kein Gefühl besitzt, wird immer hochmüthig sein.) —

Einige andere Beispiele:

1. Leid min. Mäßigung = Verzweifelung; Mäßigung min. Leid = Ergebung. — (Der sich im Schmerze nicht zu mäßigen weiß, wird zum Verzweifelnden; der sich aber in Allem mit Mäßigung zu benehmen weiß, ohne daß diese Mäßigung ihm jemals wehe zu thun, oder ihm Leid zu verursachen vermag, wird sich immer mit Ergebung fügen können.)

2. Glaube min. Arg = Vertrauen; Arg min. Glaube = Mißtrauen. —

3. Lob min. Aufrichtigkeit = **Heuchelei**; Aufrichtigkeit min. Lob = **Geradheit**. —

Dasselbe Verhältniß des entgegengesetzten Begriffswerthes durch Verwechslung, findet Statt, wenn abstracte Begriffe **zusammengesetzt** sind. Nur richtet sich alsdann der jedesmalige Werth nach dem mit ihnen vereinten Begriffe, (der im Teutschen bei der Auflösung in den Genitiv tritt). — Wenn wir also **Nationalstolz** und **Nationalgefühl** in ein Subtractions-Verhältniß setzen, so kann die restirende Summe, außer dem obigen Natural-Reste von „Anmuth" und „Hochmuth," noch in ganz anderen Begriffen bestehen, je nachdem Zweck und Gegenstand der Rede sich zu einander verhalten. Dies gibt dem Redenden, wenn er die Sprache, in der er redet, vollkommen in allen Details versteht, oft sehr freies und leichtes Spiel zur Erreichung des beabsichtigten Erfolges.

So z. B. kann die Restsumme von Nationalgefühl min. Nationalstolz = National-**Theilnahme** oder **Mitgefühl** sein; — die Restsumme aber von Nationalstolz min. Nationalgefühl = **Egoismus** oder **Theilnahmlosigkeit**.

Behufs der ersten Subtraction könnte man die Engländer, — Behufs der zweiten aber die Spanier anführen: —

Die Spanier haben bekanntlich einen starken Nationalstolz, der ihr Nationalgefühl, obschon er aus diesem entspringen mag, bei weitem überwiegt.

Der spanische Stolz ist bei diesen beiden Begriffen folglich die Hauptsumme. Subtrahiren wir nun ihr Gefühl für's **eigene** Vaterland von ihrem Stolze, so bleibt die **Natural**-Restsumme, nämlich Hochmuth, — welche Eigenschaft, wie bekannt, sich beim Spanier von je bewährte, aber in der Eigenschaft „Vaterlandsliebe“ bei ihm ihren Grund hat. — Subtrahiren wir dagegen sein Gefühl im Bezuge auf fremde Nationen von seinem Stolze, so bleibt die Restsumme gleich: Egoismus oder Theilnahmlosigkeit. —

Beim Engländer überwiegt das Nationalgefühl den Nationalstolz im Bezuge auf andere Nationen, und nur im Bezuge auf sich selbst läßt der Engländer den Nationalstolz allem Andern vorgehn. Beim Engländer müßte der Redende daher einen Wechsel zwischen beiden Eigenschaften eintreten lassen. Den Engländer an und für sich bezeichnend, muß er den Stolz voran setzen, und erhielte dergestalt die Natural-Restsumme: „Hochmuth,“ (den der Engländer in guter Dosis besitzt); den Engländer aber in Bezug auf andere Nationen bezeichnend, müßte er das englische Nationalgefühl vorantreten lassen, und, dessen Stolz davon subtrahirend, erhielte er die Restsamme: Theilnahme, oder Mitgefühl. —

Hieraus wird es erklärbar, warum der Redner bei der Subtraction genau auf den Begriff zu achten habe, und warum er der Sprache mächtig sein müsse.

Bei der Gedankentrennung tritt also in gewisser Hinsicht das Verhältniß der Abstufung, vom Stärkeren zum Schwächeren ein. Dies hebt aber unsern Redegrundsatz: die Darstellung fortwährend in gesteigertem Werthverhältnisse zu entwickeln, keineswegs auf; denn alle, nach geschehener Subtraction restirende, Begriffe müssen sogleich wieder mit der Summe des nächstfolgenden Haupttheiles verschmolzen, und hierdurch die Steigerungen zum Werthe des Totalbegriffes harmonirend hergestellt werden. — Um nun zu wissen, in wie fern sich je zwei von einander abzuziehende Begriffe in ihrem restirenden Werthe zu den zwei folgenden verhalten, so müssen wir, schon vor dem Beginne der Rede oder Darstellung, im Geiste zur

„klaren Abscheidung der Partialhauptbegriffe, durch Eintheilung zu ihrem Grundbegriffe"

schreiten. —

Jede Rede ist begründet in: Gegenstand, Zweck und Folgerung. Die Mittel zur Rede sind bedingt, und immer, wenn anders die Rede Wahrheit und Vernunft entwickeln soll, in der Wesenheit des Gegenstandes selbst enthalten. Da ferner alle Begriffe auflösbar in Elementarbegriffe, und durch Uebergang zu anderen Begriffen der Vereinigung mit diesen fähig sind, so können die Nebenbegriffe eines jeden Gegenstandes bis in's Unzählige vervielfacht werden. Hieraus folgt, daß bei der Darstellung eines Gegenstandes nicht nur dieser Gegenstand in sich, sondern auch in zu erwählenden, oder in einer nothwendigen Classe von Nebenbegriffen bestimmt sein muß, — weil sonst eine Verwickelung in zu entfernte Nebenbegriffe fast unvermeidlich ist. Sind nun der Gegenstand und seine mitzuverflechtenden Nebenbegriffe bestimmt, so kann, durch Plan, die Folgerung vom Hauptbegriffe zu seinen Nebenbegriffen und von diesen wieder auf den Hauptbegriff festgesetzt werden. Sind die Nebenbegriffe schon in gewissen Empfindungen vorhanden, so muß der Zweck der Rede nach ihnen bedingt werden. Ist aber der Gegenstand nur noch blos Haupt-Empfindung, ohne bestimmte Nebenempfindungen, und sollen diese erst aus ihm abgeleitet werden, so müssen die Nebenbegriffe nach dem Zwecke bedingt werden. Z. B. wenn Jemand einen Unfall erlitten, der in ihm bestimmte Empfindungen des Schmerzes erweckte, und er will durch die Darstellung seines Unfalls Rührung erregen, so muß er den Zweck der Rührung durch die Darstellung seiner bestimmten Empfindungen, nämlich denen des Schmerzes, zu erreichen suchen; mithin ist sein Zweck durch die vorhandnen Empfindungen bedingt. Hätte aber Jemand z. B. ein Dorf abbrennen gesehen, wobei er selbst nicht Schaden litt, und wollte die in ihm erweckte Hauptempfindung des Mitleids durch die Darstellung auch in Andern erwecken, so bedingt der Zweck des Mitleids die von ihm auszusprechenden Nebenbegriffe.

Daraus folgt: das Aussprechen solcher Empfindungen, die sich zum Redner mehr subjectiv verhalten, bedingt den Zweck durch die vorhandnen Empfindungen; die Darstellung solcher Empfindungen aber, die sich zum Redner mehr objectiv verhalten, bedingt die Wahl der auszusprechenden Empfindungen durch den Zweck. —

Im ersten Falle wird die stufenweise, natürliche Folgerung mehr aus dem Verhältnisse der Nebenbegriffe zum Hauptbegriffe, — im zweiten dagegen mehr aus dem Verhältnisse des Hauptbegriffes zu den Nebenbegriffen erwachsen; — und hiernach muß denn die Anordnung des Darstellungs-Planes, oder die Eintheilung von Haupt- und Nebenempfindungen ermessen werden.

1) Wenn die darzustellenden Empfindungen sich mehr subjectiv zum Redenden verhalten, so muß vor Allem der Hauptgegenstand von allen Nebenbegriffen in der Einbildungskraft rein abgeschieden, und die Grundlage zum Plane durch die Nebenbegriffe oder abgeleiteten, schon vorhandenen Empfindungen hergestellt werden. Der Hauptgegenstand, als Ursache der Nebenempfindungen, wird folglich momentan bei Seite gesetzt, und die durch ihn erzeugten Wirkungen in der Seele werden zu Ursachen der Rede erhoben. Ist diese momentane Abscheidung des Hauptgegenstandes dergestalt in der Einbildungskraft bewirkt, daß sie sich frei und ungestört mit den erregten Empfindungen beschäftigen kann, so werden diese eingetheilt in: a) nothwendig eingetretene (z. B.

des Schmerzes, des Schrecks, des Verlustes, der Zurücksetzung, Beschimpfung u. s. w.), b) abgeleitete (als z. B. Besorgniß, Trostbedarf, Beklagung, Klage, Bedauerniß, Widerstrebung, Ergebung u. s. w.). — Ist diese Eintheilung geschehen, so werden hierauf die nothwendig eingetretnen Empfindungen so wie die abgeleiteten, jede Art in ihren einzelnen Empfindungen wieder unter sich abgeschieden, und sodann je eine nothwendig eingetretene mit einer abgeleiteten zusammengestellt (als z. B. Verlust und Beklagung — Schmerz und Ergebung — Zurücksetzung und Klage u. s. w.), wodurch das Verhältniß je zweier, zur Subtraction geeigneter, Vorstellungen hergestellt ist. — Hierbei sind natürlich alle nothwendig erwachten Empfindungen Partial-Hauptbegriffe; an und für sich; die abgeleiteten aber werden scheinbar dazu erhoben.

2) Wenn die darzustellenden Empfindungen sich mehr objectiv zum Redenden verhalten, so muß derselbe vor Allem sich den Hauptgegenstand der Rede fest einprägen, und die Grundlage zum Plane im aufgefaßten Hauptbegriffe selbst anordnen. Zu diesem Behufe entwickele er aus diesem Hauptbegriffe a) die nothwendig aus ihm hervortretenden Allgemein-Empfindungen (als z. B. des Schadens, der Armuth, des Elends, der Zugrunderichtung, der Hülflosigkeit, der Bedrängniß u. s. w.), b) die in ihm selbst erwachten abgeleiteten Personal-Empfindungen (z. B. Mitleid, Wehmuth, Verdruß, Bedauern, Mitgefühl, Linderungs-Drang u. s. w.). — Ist diese Eintheilung geschehen, so werden alsdann wieder die Allgemeinempfindungen und Personalempfindungen, jede Art unter sich, abgeschieden, und hierauf je eine allgemeine mit einer personellen zusammengestellt (als z. B. Schaden und Bedauern — Armuth und Mitgefühl — Hülflosigkeit und Mitleid u. s. w.), wodurch hier gleichfalls wieder das erforderliche Subtractionsverhältniß eintritt. — Hierbei sind sowohl die allgemeinen als personellen Empfindungen natürliche Personal-Hauptbegriffe.

Diese Regeln genau befolgend, wird man finden, wie leicht sodann die nach der jedesmaligen Subtraction restirenden Gedankensummen zu den beiden nächstfolgenden Theil-Hauptbegriffen zu fügen, und dergestalt, bei fortwährender Subtraction des Einzelnen dennoch eine ununterbrochene Steigerung aller Theile zum Ganzen zu beobachten ist. — In jenen beiden Fällen bleibt der Grundbegriff immer die Endsumme. —

IV.

Gedanken-Mehrung.

(Multiplication.)

Das Denken als Umfassungsvermögen.

Die Kraft der menschlichen Begriffsumfassung ist die Denkkraft †).

Von allem Wunderbaren in der Natur ist das Wunderbarste und Unbegreiflichste: die Aufhebung von Raum und Zeit durch den menschlichen Gedanken. — Ein Moment, und wir durchfliegen Jahre, — ein Moment, und wir durchbrechen Länder und Welten, und ziehen aus dem tiefsten Winkel der Vergangenheit einen Gegenstand vor die Seele, um ihn mit dem Brennpuncte der Einbildungskraft in gedachte Wirklichkeit zu verwandeln. —

So kömmt es denn, daß die menschliche Umfassungskraft durch den Gedanken so ungeheuer zu werden vermag, daß immer ein Gedanke gewissermaßen den andern verschlingt, und der Mensch entweder eine Welt in einem Gedankenblicke vereinigt, oder auch einen bloßen Punkt in hunderte von Gedanken vertheilt*).

---

†) Gott ist undenkbar umfassend; er umfaßt das Wesen in der Ursache. Der Mensch ist denkbar umfassend; er umfaßt den Begriff in der Wirkung.

*) Daher gibt es auch keinen realen Punkt, sondern die Mathematik nimmt nur gedachte Punkte an. —

Wenn nun zwar nichts wirklich in uns selbst — sondern Alles nur wirklich in einer Urkraft, und wenn ferner der Mensch bloß Theilgedanke eines unendlichen Urgedankens, und kein Denken möglich ohne diesen Urgedanken ist — so gibt es dennoch ein menschliches Selbstdenken, durch Neigung †).

Der Gedanke aber erweckt nicht die Neigung, sondern die Neigung den Gedanken. Unsere Empfindungen werden vorher Neigungen, ehe sie Gedanken werden.

Wenn ich bei der Vorstellung eines Gebäudes dasselbe als schön finde, und es mir zugleich als schön denke, so erweckte die Empfindung unmittelbar die Neigung zum Angenehmen, bevor ich dasselbe durch den Gedanken als schön erhob. —

Vernunftstreben ist also die höchste Neigung von dunkler Empfindung zum klaren Gedanken. — Wird die Neigung der Vernunft bestimmter Wille, so ist dieser Wille kein anderer, als: das Streben nach der Zurückführung des Manichfaltigen zur Einheit und nach Erkenntniß des Einzelnen im Manichfaltigen. —

Zu beiderlei Absichten ist eine weite Umfassung des Manichfaltigen erforderlich; — darum ward uns die Macht des Gedankens ††). —

---

†) Diese kann von der Urkraft ab oder zu ihr hinziehen. Die eigentliche und einzige menschliche Selbsttriebfeder ist die Neigung. In ihr hat Gott uns als Selbsttheil der Schöpfung in uns abgeschlossen. Gute Neigungen sind Weihung, schlechte sind Entweihung der Urkraft. —

††) Thier- und Pflanzenreich bilden die Bewegungspunkte — das Mineralreich bildet die Ruhepunkte der Schöpfung. Die höchste Kraft der Verbindung in Bewegung und Ruhe, ist Gott. Er ist Selbstkraft, durch Sich; — der Mensch ist Selbstkraft, durch Ihn. — Gott ist also un-

Der erweckte Gedanke bildet oder erhebt sich zum reinen oder unreinen, klaren oder dunklen Begriffe. Der Begriff selbst wird festgestellt in einer Summe von Gedanken. Das menschliche Umfassungsvermögen durch die Denkkraft ist also das Vermögen: Begriffe durch Gedanken zu umfassen. Alles real-Bestehende *bildet* den *Begriff durch sich*; — alles Ideale oder gedacht-Bestehende *wird durch* den *Begriff* gebildet, und zur geistigen Anschauung gebracht. Reale Begriffe theilen mehr das Einzelne in seine Elementarbestandtheile, und erkennen seine Einheiten durch *Abscheidung*. Ideale Begriffe führen mehr das Manichfaltige unter Einen Brennpunkt, und erkennen seine Einheit durch *Sammlung*, oder Zutheilung. —

Jede Abscheidung ist zugleich eine Sammlung, und jede Verbindung zugleich eine Trennung; denn ich kann vom Gesammelten nicht klar und richtig abtrennen, ohne es in seiner Sammlung vorher erkannt zu haben, so wie ich Abgeschiedenes nicht richtig zu verbinden vermag, ohne es in seiner Trennung erkannt zu haben. — Daher gibt es keinen reinen Begriff des Realen, ohne Ideales — und keinen reinen Begriff des Idealen, ohne Reales. Beides, das

---

bedingte Selbstkraft — der Mensch *bedingte, durch* Gott. Auch darum wäre der Grundsatz einer Absolut-Identität eine Unwahrheit. — Den *Geist* vom *Geiste* kann der Mensch durch den Gedanken nicht trennen, wohl aber kann er den Geist vom *Körper* durch den Gedanken entfernen. — Daher die Möglichkeit einer *Todesverachtung*. *Todesfurcht* ist die niedrigste *Verbindung* zwischen Geist und Körper, durch den Gedanken. Reines *Selbstbewußtsein* ist die reinste *Abscheidung* des Geistes vom Körper. — Daher die Möglichkeit einer Todesfurcht bei unreinem Selbstbewußtsein, und die einer Todesverachtung bei reinem Selbstbewußtsein. —

Reale und Ideale, beruht aber bloß aufeinander, ohn Eines und Dasselbe zu sein †). —

Der Mensch ist vom Schöpfer dazu angewiesen, das Manichfaltige durch Einheit und das Einzelne durch Zerlegung in seine Manichfaltigkeiten zu erkennen. Er muß also das Umfassungsvermögen der Denkkraft dazu anwenden können, das Einzelne zu vervielfachen oder zu vermehren, und das Manichfaltige entweder ineinander zu schmelzen, oder es durch Zusammenfügung einzutheilen. — Unsere Umfassungskraft zerfällt daher in die beiden Hauptkräfte: 1) der Ineinandertheilung und 2) der Ausdehnung. — Die erstre werden wir in einer besondern Abtheilung, als „Gedanken-Fügung," abhandeln. — Die letztere sei Gegenstand unserer jetzigen Betrachtung. —

Bei der Gedanken-Ausdehnung ist es Aufgabe des menschlichen Geistes: bestimmte Hauptbegriffe durch andere bestimmte Begriffe zu vervielfachen, und den Naturwerth

---

†) Indem der Mensch denkt, verbindet er unwillkührlich das Reale mit dem Idealen, und dieses mit jenem. Sein Geist wirkt also im Denken auf sich zurück, und umfaßt zugleich sich selbst, indem er das Reale umfaßt. Die Hauptstütze bei allen Bestrebungen des menschlichen Geistes bildet die Einbildungskraft. Alle Begriffe, die er momentan umschließt, werden in der Einbildungskraft umschlossen.

Wenn also der Geist durch die Einbildungskraft, nicht aber die Einbildungskraft durch sich selbst umschlossen werden kann, so folgt hieraus gleichfalls: daß Einbildungskraft und Phantasie zweierlei ist; weil die Einbildungskraft die Phantasie zu umschließen vermag. Wären Einbildungskraft und Phantasie Eines und Dasselbe, so würde die erstre sich selbst umschließen, indem sie die letztere umschließt. —

eines jeden bestimmten Begriffes in seiner Haupt-Idee zu steigern, folglich den vorgesetzten Hauptbegriff durch bestimmte Begriffe zu erhöhen, und dergestalt einen Totalwerth durch Vervielfachung zu erwirken. —

Gerade, wie die Zahlen-Multiplication eine Ausdehnung ist, indem ich, wenn ich z. B. die Zahl 6 durch 3 multiplicire, den Werth von 6 zu dem dreifachen Werthe ausdehne, oder wenn ich von einem Stücke Zeug zweimal 3 Ellen gebrauche, die Länge von 3 Ellen zweimal ausdehne — also ist die Ideen-Ausdehnung die Multiplication derselben.

So wie ferner in jeder Zahlen-Multiplication zugleich eine Addition begründet ist, — indem ich, wenn ich multiplicire: „dreimal 6 = 18," dasselbe thue, als addirte ich, dreimal unter einander gesetzt, die Zahl 6, — ebenso ist auch in der Ideen-Mehrung jedesmal eine Zusammenziehung derselben enthalten. — Die Zahlen-Zusammensetzung geht bis in's Unermeßliche — ebenso auch die Zusammensetzung der Begriffe; folglich bedürfen wir, — wie bei den Zahlen zur bestimmten Multiplication bestimmter Summen, — so auch bei der Rede, zur bestimmten Multiplication, bestimmter Begriffe.

Bei der Mehrung eines gewissen Gegenstandes mit einer Anzahl anderer Begriffe, kann man diese entweder wieder zu Theilhauptbegriffen machen, oder auch sie dem Gegenstande bloß als Nebenbegriffe zufügen.

Im letzteren Falle hat man sich jedoch vorzusehen, daß keine zu starke Verwickelung mit den eigentlichen Nebenbegriffen des Hauptgegenstandes eintrete. Dies könnte sonst zu einer Multiplication in Brüchen führen, und nichts ist gefährlicher bei der Rede, als dies. — Denn jede Multiplication in Brüchen erzeugt, wie in der Zahlenrechnung, so auch bei der Rede eine Werth-Verringerung statt Vermehrung. Deswegen thut der Redende immer besser, die Begriffe, mit denen er den Hauptgegenstand zu vermehren gedenkt, zu Theil-Hauptbegriffen oder ganzen Zahlen zu erheben. — Es gehört ein schon sehr geübter, erfahrner Redner dazu, um Nebenbegriffe mit Nebenbegriffen zu vermehren, ohne in Brüche zu verfallen. Jeder Bruch — dies liegt schon im Worte selbst — ist bei der Rede auch noch Unterbrechung, die Werthverminderung ganz abgerechnet. —

Schon in der ersten Abtheilung sprachen wir davon, daß ein „Plan" in der Grundlage zur Verbindung von Uebersicht und Eintheilung bestünde, und daß die Eintheilung mehr die Abscheidung, die Uebersicht aber mehr die Zutheilung zum Ganzen beträfe. — Indem nun die Gedanken-Mehrung eine Zutheilung von Begriffen in sich begründet, so tritt hier als Haupterforderniß das der Uebersicht ein. Mit freier Thätigkeit muß der Geist, indem er die zuzutheilenden Begriffe umfaßt, sie zugleich übersehen, damit er die beabsichtigte Werthsteigerung der Rede durch Begriffsvermehrung immer am gehörigen Orte anzubringen vermöge.

Denn nicht nur, daß bei der Vermehrung die Begriffe selbst entweder schon bestimmt sein oder mindestens durch anwendbare Folgerung ersichtlich werden müssen, sondern die Hinzufügung muß auch jedesmal an der Stelle, wo sie hingehört, geschehen *).

---

*) Gesetzt, es habe Jemand eine militairische Revue mit angesehen, die auf einem freien Feldplatze Statt fand, auf welchem sich mehrere Erfrischungsbuden befanden, und er wollte die Darstellung der Revue dadurch vermehren, daß er verschiedene Bilder aus jenen Erfrischungsbuden u. s. w. mit verflechtete; — so würde es sich unstreitig komisch ausnehmen, wenn er die Vermehrungsbilder an unpassenden Stellen anbrächte, und vielleicht seine Redesätze mit einander verbände, wie folgt:

„Das Schauspiel im Ganzen war sehr anziehend. Zuerst mar-„schirte das Garderegiment an mir vorüber, mit einer Ordnung und „Haltung, die Bewunderung verdiente. — Hinter mir wurde in der

Den vorgesetzten Gegenstand fest und frei mit dem innern Auge überblickend, wird es der Redner nicht schwer finden, seiner Darstellung im Geiste die nothwendigsten Theilbilder im Voraus zuzutheilen; an diesem Grund- und Hauptbilde sodann unverrückt festhaltend, muß er den, durch den inneren Blick darum geschlossenen Kreis in keiner Hinsicht überschreiten, sondern immer nur innerhalb desselben Begriff aus Begriff zu entwickeln suchen. — Das Umfassungsvermögen setzt ihn in den Stand, eine sehr bedeutende Menge von Nebenideen dermaßen zusammenzudrängen, daß oft alle diese wie zu Einem Bilde verschmelzen; hat der Redner alsdann das Grundbild nur so fest in seiner Seele ergriffen, daß es sich fortwährend über jenem Meere vereinter Nebenbegriffe zu erhalten vermag, so werden diese ihm, einzeln oder verbunden, zu Gebote stehen, ohne daß er dadurch den Grundbegriff aus dem innern Auge verlieren darf, — und ohne daß ihn unpassende, in seiner Rede vielleicht durch Reconfortation sich verdrängende Fremdideen zu hemmen vermöchten. Denn, indem er das Bild des Ganzen (in Haupt- und Theilbegriffen) ruhig umfaßt, d. h. indem er es fest umschlossen hält, so, wie er es im Voraus in sich abrundete, — so können alle fremdartige Ideen während der Rede nur außerhalb des Umschlossenen erstehen, und den Redner unmöglich störend berühren, wenn nicht er selbst sie herbei zieht. —

Das Nothwendige ist immer im Character des Darzustellenden begründet. Das Schöne und Erhebende selbst muß bei der Rede aus dem Nothwendigen entwickelt werden; es kann daher höchstens nur abgeleiteter Begriff eines Theilbegriffes sein. Liegt das Schöne eines Gegenstandes

---

„Bude stark Kaffee und Schnapps getrunken. Hierauf erschien ein „Uhlanenregiment u. s. w."

Das Uhlanenregiment wäre also nicht nach dem Garderegiment erschienen, sondern nach dem Schnappstrinken in der Bude. —

in ihm selbst, so wird es schon die Wahrheit der Darstellung an und für sich zu Tage geben; nie aber darf das Streben nach Schönheit in der Darstellung den Redner über den abgeschlossenen Kreis seiner Umfassung hinausführen, es sei denn, daß er vom ersten Gegenstande sich völlig zu trennen und zu einem zweiten Haupt-Gemälde überzugehen hätte. Alsdann ist das zweite Hauptbild aber als allein dastehend zu umfassen, und erst nach vollständiger, in sich abgeschlossener, Entwickelung desselben darf der Darsteller zum ersten Hauptgegenstande wieder zurückkehren, in welchem Falle jedoch zwei Multiplicationen entstehen, deren Endsummen eine Subtraction von einander herbeiführen, wie wir das bereits in der vorigen Abtheilung erläuterten. —

Während die Denkkraft umfaßt, muß das Bewußtsein in der Einbildungskraft alles Umfaßte klar überblicken. Indem sodann die Phantasie die erwachenden oder schon vorhandnen Nebenbilder einzeln abstrahirt, hat das Bewußtsein dafür zu sorgen, daß nichts am unrechten Orte zur Anwendung komme.

Das schönste Theilbild kann, am unrechten Orte angebracht, den Zusammenhang in der Darstellung stören oder gar zerreißen; mindestens aber vermag eine unstatthafte Verflechtung den Ideengang unsrer Hörer auf eine unangenehme Weise zu ermüden oder abzuleiten. Es ist daher durchaus eine stufenweise, nothwendige Folgerung und Ableitung der Theilbegriffe auch bei der Multiplication zu beobachten. — Besser ist es, einen mehrenden Theilbegriff ganz wegzulassen, als ihn zu frühe oder zu spät einzuflechten, denn am unpassenden Orte wird er eher zum Schattenbegriffe, als zum verklärenden geeignet sein.

Die Umfassung eines Bildes durch den inneren, geistigen Blick hat genaue Aehnlichkeit mit dem Blicke durch ein Perspectiv. Bei der Vermehrung richten wir im Geiste das Vergrößerungsglas dem Gegenstande zu, bei der

Ineinanderschmelzung das Verkleinerungsglas; — dabei sehen wir jedesmal den nämlichen Gegenstand, obschon er im ersten Falle größer, und im andern kleiner erscheint. Wollen wir nun ein aufgefaßtes Bild durch andere vermehren, so müssen wir das Gesehene im Geiste festhalten, — dem Perspective aber eine neue Richtung geben. Durch zwei Perspective zugleich auf den nämlichen Gegenstand blickend, würde er uns unklarer statt klarer erscheinen, und eben so, wenn wir mehrere Gegenstände, die nicht den nämlichen Richtungspunct bedingen, zugleich erforschen wollten. — Die ganze Darstellung muß, besonders bei der Mehrung des Hauptgedankens mit Ideen, die als ihn verstärkend eintreten sollen, mit Ruhe und Besonnenheit entwickelt werden. Besonnenheit liegt ohngefähr zwischen Ruhe und Geistesgegenwart, und bildet den Uebergang zwischen beiden. Jeder einzelne Vermehrungsbegriff muß einen Ruhepunct des Geistes bilden, selbst wenn er noch nicht an die Reihe zur Darstellung gekommen ist, — ohne daß jedoch hierdurch eine Hemmung in der geistigen Bewegung eintreten darf. So wie der ganze Gegenstand mit allen seinen Theil- und Vermehrungsbegriffen zugleich umfaßt werden muß, so muß jeder Vermehrungsbegriff zugleich insbesondere umfaßt werden, denn er bildet einen Gegenstand im Gegenstande. Geschieht dies, so wird er der freien Willkühr des Redenden fortwährend zur Auffassung bereit liegen, und ihm in Fällen momentaner Verwicklung immer zu Gebote stehen. Der Redende muß nie die Darstellung beginnen, bevor er nicht einen Blick der Uebersicht auf alles möglicherweise zu Vereinende geworfen. Was er dann wegläßt, wird nicht so leicht bemerkt werden können, indem ihm immer Mittel zum raschen Uebergange zu Gebote stehn; was aber eintreten kann, muß er voraussehen können, um, wenn wirklich etwas zur Darstellung Unpassendes eintritt, dasselbe mit solcher Ruhe zurückzudrängen, daß keine Verminderung oder Hemmung ersichtlich wird. Mit dem festen Willen, ein vorgesetztes Bild geistig zu umfassen, muß er stark und kräftig es umschließen, und er kann es *). —

---

*) Die Kraft möchte ich sehen, die im Stande wäre, einen menschlichen Gedankenkreis zu durchbrechen, wenn der Redende hintritt, und sich mit der göttlichen Gewalt des Bewußtseins entschließt: „ich will mir dies Bild denken, und es im Geiste umfassen!" Alles Geistig-Gute ist dem Menschen möglich. Er umfasse noch so viele Gegenstände, die er kennt, und die seinem Gedächtnisse treu innewohnen, oder lenke den Geist mit dem Glauben an ein Wesen des Guten nach überirdischen, idealen, abstracten Gegenständen, — so wird er Redner sein können, wenn er die Sprache, in der er redet, kennt, und nicht ganz ohne Bildung noch Erfahrung ist; er wird Philosoph sein können und müssen, wenn er im Herzen Mensch ist. Die Begeisterung für seinen Gegenstand, oder die in die Seele festgepflanzte Empfindung muß reden durch den Gedanken, — nicht das leere Wort. Der Redende hasche und suche nicht das bloße Wort; — das Wort wird ihn suchen, und wenn er sich der Wahrheit in die Arme wirft, wenn er von dem überzeugt zu sein glaubt, was er spricht, so wird — er mag Zuneigung oder Abneigung aussprechen wollen — Bild um Bild sich vor ihm entwickeln müssen, so, wie er es aufnahm, festhielt, und entwickeln wollte. — Nichts in der Welt — nicht Schrift, noch Bild, noch sonstige Kunst, und selbst die Musik nicht, überwiegt die Macht des lebendig werdenden Gedankens in kerniger, kraftvoller Rede. Alle schönen Künste ziehen auseinander, und was sie bilden, ist für Auge, Herz und Ohr ein ausgedehnter Moment. Aber von Seele zu Seele wirken kann nur das lebende Menschenwort; es umringt eine Welt, fesselt sie mit Riesenkraft, schließt sie enger und enger zusammen, preßt sie mit Gottgewalt zur flammenden Leuchtkugel, und wirft ihre Strahlen mit der Allgewalt der Begeisterung in die Menschenseele, daß sie fühlt im lebendigen, hinreißenden Gedanken: „Du bist — und bist ein Theil von Dem, dessen Anfangsbuchstabe Natur und dessen Sprache Dasein heißt." — Nehmt das erste Meisterstück der Tonkunst, — oder nehmt das erste Meisterstück eines gemalten Kindes. Und hätte der Maler sich selbst übertroffen, hätte er alle Herzen entzündet durch sein Gemälde; setzt ein minder schönes, minder ideales, lebendes Kind daneben, und hört ein einziges „Mama!" aus seinem Munde; dann urtheilt, ob dies einzige Wort das gemalte Meisterstück übertrifft, —

Der Geist des Menschen vermag durch die Kraft der Umfassung entweder in einem einzelnen Gegenstande einen Kreis von verschiednen Theilgegenständen, oder auch in einem Kreise verschiedner Gegenstände ein einziges Ganze zu umschließen. Die Mehrung der Gedanken zerfällt also in die beiden Haupthandlungen:

1) Der Auffassung eines einzigen Gegenstandes von mehreren Seiten; oder der Multiplication einer Hauptsumme mit mehreren darin enthaltenen Theilsummen.
2) Der Auffassung verschiedenartiger Gegenstände von Einer Seite; oder der Multiplication verschiedenartiger Theilsummen durch Eine Hauptsumme. —

In beiden Classen und ganz vorzüglich in der ersten hat man sich vor Monotonismus zu hüten. Man sollte denken, daß dieser besonders bei der zweiten Classe eintreten könne, da diese mehrere Gegenstände von Einer Seite aufzufassen hat. Dem ist aber nicht also, — da schon die zu vereinende Manichfaltigkeit an und für sich das Monotone vermeidlich macht. — So kann z. B. der Prediger eher in's Monotone verfallen, als der Jurist, da die Predigt zur ersten Classe gehört; wie aus Folgendem näher ersichtlich:

Das Zurückführen des Manichfaltigen zur Einheit betrifft mehr das Ideale, Gedachte, Angenommene. Die Predigt sollte daher unter die (2te) Classe gehören, bei der verschiedene Gegenstände von Einer Seite aufgefaßt werden; — und doch ist dies gerade umgekehrt. — Denn der Prediger denkt sich immer alles Manichfaltige als schon zurückgeführt zur Einheit, — in Gott. Indem er da-

---

ob es schöner klingt, als Musik. — Um wie viel mehr aber noch muß die lebendige Vernunftrede auf die Seele des Selbsterfahrnen einwirken, wenn sie ihn hinreißt in die Seele des Redenden, wenn sie alle Empfindungen des Redners in sein Inneres pflanzt, und ihm ein lebendiges Gemälde, nicht bloß vor das Auge, sondern unmittelbar in's Herz zeichnet? —

her predigt, geht sein ganzes Bestreben dahin, das, im Glauben schon zur Einheit Bedungne wieder in seinen Manichfaltigkeiten zu erklären. Folglich ist jede Predigt ihrer Natur nach immer die Auffassung eines einzigen Gegenstandes (der Religion) von verschiednen Seiten. —

Das Ausdehnen eines einzelnen Gegenstandes in verschiedene Bestandtheile, oder das Zerlegen eines Hauptbegriffes in mehrere Theilbegriffe, betrifft mehr das Reale, Bestehende, wirklich Vorhandene. Die juridische Abhandlung sollte daher unter die (erste) Classe gehören, bei der Ein Gegenstand von verschiedenen Seiten aufgefaßt wird; und auch dies ist gerade umgekehrt. Der anklagende oder vertheidigende Redner sieht immer das Geschehene, oder den Gegenstand seiner Rede schon als in seine Theile zerlegt vor sich. Indem er nun alle die verschiedenen Punkte oder Theile einer Handlung überblickt, geht sein Bestreben dahin, sie durch Gründe zu vereinen, und alle möglichen Wirkungs-Theilbegriffe auf den Einheit-Begriff „Schuld" oder „Nicht-Schuld" zurückzuführen. Mithin ist jede juridische Abhandlung ihrer Natur nach das Auffassen verschiedener Gegenstände von Einer Seite (nämlich der Vertheidigung). (Auch die Anklage ist eine Vertheidigung, und zwar dessen, der anklagt, oder dessen Rechte verletzt wurden.) —

Bei der ersten Classe bleibt der Grundgegenstand immer der nämliche in sich, und man dreht ihn bloß nach allen möglichen Seiten um, während er immer die nämlichen Seiten in sich bedingt. Um daher diesen bedingten Seiten bei jedesmaliger neuer Behandlung immer neue Gestaltungen abzugewinnen, bedarf es der tiefdringendsten Vernunft, der unwandelbar festen Innewohnung, und bei der Rede der geübtesten Fähigkeit, mit voller Geistesgegenwart. Diese Erfordernisse in Betracht gezogen, wird es einleuchtend, warum wir nur so wenig Beispiele wahrhaft guter Kanzelredner aufzuweisen haben. Sehr viele Prediger beleuchten ihren Gegenstand immer unter der nämlichen Gestaltung. Sie ändern zu jeder Predigt die Worte und Sätze, und vermeinen sodann: dem Gegenstande selbst eine neue Gestaltung verliehen zu haben. Wort und Satz aber bilden nur die Sprache, nicht die Rede. — Die größte Geschicklichkeit bei der ersten Classe besteht darin: das Monotone nicht in Worten, sondern im Begriffe zu vermeiden. —

Bei der zweiten Classe dagegen theilt sich der Hauptgegenstand jedesmal in verschiedene Theilgegenstände außer sich.

Dem Redner stehen also hier immer sehr verschiedene Theilgegenstände zur Beleuchtung seines Grundgegenstandes und Hervorhebung seines Hauptbegriffes frei. Diese Theilgegenstände darf er sodann nur mit strenger Uebersicht, erfahrener Umsicht und mit richtiger, fester Ergreifung des Momentes zur Verstärkung seines Grundgegenstandes zu benutzen wissen, um diesem die beabsichtigte Wirkung zuzuführen. — Jeder besondere Theilgegenstand erleichtert hierbei die Auffassung des Ganzen, sobald der Redner nur wirklich dafür ergriffen ist. — Aus diesem Grunde ist es erklärlich, warum der Advocatenstand im Ganzen genommen mehr gute Redner als der Priesterstand zu erzeugen vermag. — Bedenken wir jedoch, daß vor Allem ein tiefes Studium seiner Selbst dazu gehört, um, mit der höchsten Berechenkunst menschlicher Ansichten, Meinungen und Vorurtheile, einen Kreis von Vorstellungen dergestalt zusammenzuengen, daß der beabsichtigte Zweck einer Herzens- oder Gesetzes-Lenkung mit rascher, siegender, unwiderstehlicher Kraft erreicht werde, — so erklärt es sich gleichfalls, warum auch die Rechtsgelehrsamkeit bis jetzt nur eine so kleine Anzahl wahrhaft guter Redner aufzuweisen hat. —

Die höchste Multiplication bei der Rede besteht darin: zwei ganz entgegengesetzte Begriffe (z. B. Tugend und Laster, Nichtschuld und Schuld) durch einander zu multipliciren, und dadurch den Zweck einer beweisenden Gegensumme zu erreichen*). —

Diese Art der Multiplication ist Beweis durch Gegenbeweis. Sie führt mitunter den Zuhörer sogar bis zu dem Punkte, wo er beinahe schon vom Gegentheile des zu erweisenden Grundsatzes überzeugt ist, lüftet dann aber plötzlich den Schleier gerade durch das Gegentheil, indem sie ihm in der Größe desselben den Abstand zwischen zweien Begriffen und die Unmöglichkeit ihrer unmittelbaren Verschmelzung beweist. —

---

*) Als Beispiel einer solchen höchsten Multiplication kann die Abhandlung Cicero's zur Vertheidigung des Roscius gelten, die in ihrer Rechen- oder Berechenkunst der Gedankenmehrung fast Alles übertrifft, was je in Vertheidigungsschriften geleistet wurde. — Indem er nämlich durch seine Abhandlung den Angeklagten zu vertheidigen sucht, multiplicirt er förmlich dessen Schuldlosigkeit mit dem Schuldbegriffe. Roscius ist des Vatermordes angeklagt; was thut Cicero, um ihn zu retten? Er beweist, daß Roscius bis zur Stunde des vorgefallenen Mordes ein guter Mensch gewesen sei. —

Zugleich aber schildert er den Vatermord als das ungeheuerste Verbrechen, multiplicirt sodann den Begriff einer so entsetzlichen Schuld mit der, bis zur Stunde des Mordes stattgehabten Schuldlosigkeit des Angeklagten, und erhält dergestalt als Hauptsumme die Frage: Wie ist es möglich, daß ein Mensch, der bis dahin nie von der Bahn der Tugend abgewichen war, nie eine Stufe des Bösen betreten hatte, auf Einmal, urplötzlich die höchste, entsetzlichste Stufe des Lasters betreten haben kann? —

Vermehrung eines Hauptbegriffes durch ähnliche Theilbegriffe; oder: Multiplication eines Grundgegenstandes mit mehreren Theilgegenständen.

Während des dreißigjährigen Krieges entstand das Sprichwort: „der Gedanke ist zollfrei." — Das ist er wirklich schon von jeher. Aber leider treibt die menschliche Einbildungskraft ihre Zollfreiheit gewöhnlich gar zu weit, indem sie mit ihrer Gedankenwaare meist alle Grenzen auf Einmal passiren will; — wofür ihre Strafe immer die ist, daß sie über keine Grenze etwas von Werth bringt. — Bei Menschen, die sich nicht selbst erkannt haben, ist die Einbildungskraft ein kleines Kind, das entweder Alles ohne Einsicht zerbricht, oder Alles wegwirft, nach Allem hascht, und endlich Alles besaß, ohne zu wissen, was es war, und ohne einen richtigen Gebrauch davon gemacht zu haben. — Bei der Darstellung müssen erforderliche Grenzen bestimmt, und von Allem muß der zweckmäßigste Gebrauch gemacht werden. —

Der Redende muß immer einen geistigen Standpunkt einzunehmen suchen, von dem nichts während der Darstellung ihn wieder abzubringen vermag. Von diesem Standpunkte aus sei der ihm innewohnende Gegenstand der unverrückteste Gesichtspunkt, mit dem alles Uebrige in dauernde Verbindung gebracht wird. — Soll dieser Gesichtspunkt nun mit verschiednen andern Ansichten vermehrt werden, so muß die vollkommenste Ordnung im Vereine Statt finden. — Der Redner gehe vom Gesichtspunkte aus, und setze ihn in Verbindung mit den Theilpunkten, ohne ihn im Geringsten außer Augen zu lassen. — Sobald eine der Mehrungs-Ansichten beigefügt ist, die nicht unmittelbare Folgerung bedingt, — so fahre er mit dem Hauptgegenstande ruhig fort, und sobald es wieder erforderlich oder Zeit ist, nehme er den nächsten Mehrungs-Begriff auf, und mache es wie das Erstemal, und so fort, bis endlich alle Theilbegriffe nach und nach zum Multiplicator des Hauptbegriffes geworden sind, worauf man mit dem Hauptgegenstande, in einer kurzen Zusammenfassung aller Summen, schließt. Es darf nichts unnütz, noch am unrechten Orte zugefügt werden, und nichts wegfallen, was Einmal als dazu gehörig festgesetzt ist. —

Bei der Mehrung eines Gegenstandes mit ähnlichen Theilgegenständen, können diese nach Belieben, entweder alle zugleich, oder zu verschiedenen Zeiten mit ihm in Verbindung gesetzt werden, sobald ihr Werthverhältniß eine Willkühr, oder ihr Folgerungsverhältniß eine unbedingte Bestimmung des Darstellers zuläßt. In jedem Falle aber muß die Mehrung dergestalt eintreten, daß kein ungleichartiges Verhältniß zwischen eingeflochtenen Theilgegenständen ersichtlich wird, — weil dies mindestens die Harmonie in der Verbindung stören würde. Am richtigsten dürfte es sein, diese Multiplication sich als eine Stickerei vorzustellen, zu der der Grund eine gewisse, bestimmte Farbe hat, und in den verschiedene Gemälde mit einer und derselben Seide dergestalt einzusticken sind, daß sämmtliche Schattirungen bloß durch Vorleuchtung des bestimmten Grundes erzeugt werden.

Bei Kanzel-Reden, zu denen der Stickgrund immer Religion ist, liegt es dem Redner ob, sobald er das in derselden zu bildende Hauptgemälde wechselt, auch die dazu zu fügenden Nebenbilder zu wechseln, um auf dem nämlichen Grunde jedesmal ein in allen Theilen zusammenpassendes Ganze zu erzeugen. Sobald er bloß das Hauptbild wechselt, und die Nebenbilder im vorigen Gewande läßt, so wird Licht und Schatten größtentheils außer alle Harmonie treten, mithin das Ganze nicht von besonderem Eindrucke sein können. Es gehört ein Genie dazu, wie das des Abraham a Santa Clara, um, durch bloßes Hinzufügen eines neuen Hauptbildes zu einer früheren Rede, dem Ganzen ein harmonisches Farbenverhältniß zu ertheilen. — Freilich gerieth auch dieser geniale Prediger durch seine Zeichenmanier oft in eine Verlegenheit, die ihn momentan zur Auftragung etwas grober Farben bewog; — dagegen aber verstand er es meisterhaft, auf demselben Grunde mehrere, sich ganz ähnliche Bilder zu verflechten, deren jedes beinahe den Werth des ganzen Gemäldes aufwog. —

Bei Conversationsreden sticken Mehrere zugleich auf Einen Grund. —

In der Uebersicht der zur Vervielfachung bestimmten Theilbilder muß zugleich ihre Eintheilung liegen. Diese kann theils in der schon vorhandnen (früher besprochnen) Eintheilung bestimmter Empfindungen, theils aber auch in einer gewissen Absicht des Redners ihren Grund haben. Absicht ist hergeleitet aus „absehen.“ Es gibt zweierlei Rede-Absichten; entweder eine solche, durch die der Redende bloß seine eignen Empfindungen auch in Andern erwecken will, oder diejenige, bei der er auch im Zuhörer eine bestimmte Absicht hervorzubringen sucht; d. h. es gibt eine Absicht, durch welche Empfindungen — oder Empfindungen, durch welche Absichten bezweckt werden. Durch's erste sucht man zu überreden, durch's andere zu bereden und zu überzeugen.

Bei beiden hat also der Redner eine zu bezweckende Wirkung abzusehen. Die Absicht des Redenden kann frei aus ihm selbst hervorgehen, oder auch durch Nebenumstände als nothwendig erzeugt worden sein. — Zu jeder Absicht, durch hervorzurufende Empfindungen zu wirken, steht dem Menschen ein unendliches Denkgebiet offen. Wenn aber der Hörer in bestimmter Richtung und an einen bestimmten Zweck gefesselt werden soll, so darf dies Denkgebiet nicht zur bloß willkührlichen Umherschweifung benutzt werden, sondern der Redende muß, wenn ihm auch die Nothwendigkeit keine Schranken zöge, sich selbst eine Schranke ziehen, über die er nicht hinaus tritt. Er muß den darzustellenden Bildern nicht unstät nachjagen, sondern ruhig im Geiste stehen, sie durch innere Kraft herbeirufen, in den von ihm zu betretenden Kreis einschließen, und sich erst dann ihrer nach bestimmter Wahl bedienen*).

---

*) Der Jäger hat Gehülfen, durch die er die Beute im Lager aufsuchen läßt. Solche stehen aber dem Geiste nicht zu Gebote. Wenn der Redner sich zur Ausbeute anschickt, muß er alle Lager schon kennen und wissen, wieviel und wo die Ausbeute zu erlangen ist. Er darf weder, wie man sagt, „nach Gedanken jagen," noch „nach Gedanken fischen." — Derjenige, der seinen Geist zur Rede wie eine Angel auswirft, weiß nicht, ob er überhaupt etwas Genießbares fischt; und bleibt wirklich Einmal zufällig ein schwerer Gedanke hängen, so ist es noch die Frage, ob er nicht während des Herausziehens den Faden zerreißt, oder wieder abspringt.

Solche Fälle, in denen ununterrichteten Rednern die, aus dem Vorstellungsstrome erst halb herausgezogenen Gedanken wieder entfallen, sind gar zu häufig im Leben. — Bei Conversationsreden hört man sodann gewöhnlich die Worte: „Ei — was wollt' ich denn doch sagen? Wissen Sie's nicht?" — — Dann soll der Andere wissen, wo der wieder in's Wasser gefallene Fisch geblieben ist! — Dies ist gerade so, als wenn ich zu Jemandem sagen wollte: „Ich habe Herrn N. N. zu verschiedenen Malen fünfzig Thaler geborgt, und ihm auch sonst noch Summen gegeben; nun rechnen Sie mir doch zusammen, wieviel er mir schuldig ist." Daß der Aufgeforderte die „verschiedenen Male" mit dem „sonst noch" nicht multipliciren könnte, ist klar. —

Also, der Redende muß, bevor er beginnt, durchaus wissen, und es fest in sich tragen: wovon und was er sprechen will. Man halte

Zur Vervielfachung eines Gegenstandes mit ähnlichen Gegenständen müssen — wie dies schon im Worte „ähnlich“ liegt — die zu einander zu fügenden Begriffe als durch harmonische Folgerung entstanden, an's Licht treten; indem der Hauptgegenstand der Reihe nach durch einen jeden Theilgegenstand vervielfacht wird, also fortwährend das Multiplicirte ist, dabei aber als Grundsumme ununterbrochen vor Augen bleiben muß, und die letzte Hauptsumme dennoch nur in ihm zu beruhen hat. —

Gesetzt z. B., ich wollte einen Wasserfall beschreiben, der in einer sehr schönen Gegend befindlich wäre, deren einzelne Ansichten sich hervorhebend zum Wasserfalle verhielten, und hätte die Absicht, denselben mit jenen einzelnen Ansichten zu vermehren, so würde ich natürlich den Wasserfall, als vorgesetzten Hauptgegenstand, durch die Umgegend multipliciren. In diesem Falle müßte ich zuerst den Wasserfall selbst ausführlich beschreiben, und sodann das Bild desselben mit allen erheblichen Punkten der Umgegend, der Reihe nach, vervielfachen. — Zum Vereine mit diesen Punkten stünden mir zwei Wege der harmonischen Folgerung offen. Entweder, ich müßte zuerst dem Laufe des herabstürzenden Wassers nach oberhalb oder unterhalb folgen, sodann die Ufergegenden mit dem Strome verbinden, und von diesen und den Fluren aus endlich auf die übrigen umherliegenden Landtheile, Gebirge u. s. w. übergehen; — oder auch, ich ginge vom Wassersturze zuerst auf die, denselben bewirkenden, Felsen über, verbände mit diesen, vergleichend, das umherliegende Gebirge, stiege sodann bergab in die Flur, käme an den Strom zurück, und gelangte so endlich wieder zum Wasserfalle. — Die Aehnlichkeit der multiplicirten Gegenstände läge hier in dem Be-

---

diese Bemerkung nicht für so ganz alltäglich, als sie scheint; ausgenommen, wenn man unter dem Prädicate „alltäglich“ ihre alltägliche Nicht-Berücksichtigung versteht. —

griffe „Ansicht." — Komisch oder unvollkommen würde es sein, wenn ich bei dieser Darstellungs-Rechnung das Wasser unmittelbar mit einem Berge, oder ein romantisch liegendes Dorf unmittelbar mit dem Rauschen des Sturzes multiplicieren wollte. —

Ich könnte denselben Gegenstand auch mit noch anderen, ähnlichen Theilgegenständen vermehren, indem ich die ganze Gegend mit anderen, ihr ähnlichen Gegenden in vergleichende Verbindung setzte. Alsdann aber müßte ich die aus dem Hauptgegenstande zu erwachsende Summe durch Benutzung jeder nur irgend werthvollen Theilsumme so hoch als möglich zu steigern suchen, damit ich, wenn der vorgesetzte Grundgegenstand hervorleuchten soll, das mit ihm zu Vergleichende mehr in ein Subtractionsverhältniß zu ihm brächte, — so daß, indem ich anscheinend das Verglichne mit ihm in enge Verbindung setzte, dem Zuhörer doch immer der höchste Werth im Hauptbegriffe ersichtlich bleibt. —

Es wollte zum Beispiel Jemand das Petersburger Catharinenfest des ersten Maitages beschreiben, welches Fest sehr große Aehnlichkeit hat (in Hinsicht der Equipagenmenge, der Pracht, des Getümmels, der Volksfröhlichkeit u. s. w.) mit dem bekannten Lauferfeste am ersten Maitage im Wiener Prater. Wäre der Darsteller ein Russe, oder fände er seiner Ueberzeugung nach das Catharinenfest allen anderen vorangehend, so würde er dasselbe natürlich in allem Glanze darzustellen haben, und das Wienerfest, wenn er es mit angesehen, gerade zur Hervorhebung des Petersburger benützen können. Zu diesem Behufe muß er, außer der Darstellung der russischen Pracht im Allgemeinen, alle möglichen Theilpuncte und Verschönerungsgegenstände des Catharinenfestes geordnet entwickeln, fortwährend das Ganze mit seinen Vermehrungsbegriffen erhöhen, und endlich, gerade wenn er seine Zuhörer in der höchsten Spannung findet, wie von ohngefähr auf das Wienerfest übergehn, ohne noch zur Hauptsumme des Petersburger gelangt zu sein. Dadurch bewirkt er hauptsächlich, daß die Aufmerksamkeit zwischen seiner Beschreibung des Wienerfestes und der des erstren getheilt bleibt. Nun verliert er sich ganz in die Darstellung des Festes zu Wien, hebt es gleichfalls so glänzend als er vermag hervor, und vollendet die Beschreibung desselben, ohne Schmälerung seiner Pracht. — In dem Momente aber, daß vielleicht schon viele der Zuhörer sich schwankend nach Wien hinüberneigen, zieht er die dortige Hauptsumme zusammen, eilt damit nach Petersburg, führt das dasige Bild mit den, bis zuletzt aufbewahrten, interessantesten Seitengemälden durch, stellt die Hauptsumme aller Theilmultiplicationen in einem raschen, kurzen Revisionsgemälde des Ganzen auf, und multiplicirt diese Hauptsumme mit der Wiener; wodurch er ganz sicher den beabsichtigten Grundzweck seiner Rechnung erreicht. Denn seine letzte Multiplication bewirkt nichts anderes, als daß seine Zuhörer Wien von Petersburg subtrahiren werden. — Solche und ähnliche, so wie alle anderen Reden, die zum Zwecke haben, die Neigungen Anderer bloß für oder gegen gewisse Vorstellungen zu lenken, gehören in die Classe der Ueberredungs-Reden. — Diejenigen Darstellungen aber, die zum Zwecke haben, nicht nur auf die Vorstellungskraft Anderer zu wirken, sondern sie auch noch durch die erregten Vorstellungen zu gewissen, daraus entspringenden, Handlungen zu bewegen, gehören in die Classe der Beredungs- oder Ueberzeugungs-Reden. Bei dieser letzteren Classe besonders theilt sich die Absicht der Rede in eine gute oder schlechte; das heißt: man kann durch Darstellungen auch zu bösen Handlungen bereden, oder von erlaubter Ausübung derselben überzeugen wollen. Eine schlechte Absicht bei der Rede aber zerstört, wie wir bereits erwähnt, gewöhnlich schon durch den inneren Druck des Gewissens auf's Vorstellungsvermögen, oder durch die Verdunk'lung des klaren

Bewußtseins durch überflüssige Vorstellungen, die Redefähigkeit in sich selbst. Wenn mitunter die üble Absicht eines Redenden, ohnerachtet er nicht zusammenhängend spricht, den bezweckten Erfolg dennoch hervorbringt, so liegt dies darin: daß diejenigen, die er zum Schlechten bewegt, schon vor der Rede tief genug gesunken sind, um dem Redner zu seiner Darstellung mehr das Ohr ihres verdorbenen Characters, als das ihrer denkenden Seele leihen zu können.

Zu den Darstellungen, die Beredung oder Ueberzeugung zum Zwecke haben, gehören vorzüglich Predigten, gerichtliche Abhandlungen und öffentliche Volksreden. — Bei allen dreien, und besonders bei Predigten, erheischt das Recht der Natur und des Menschen immer die gute Absicht, und die Wirkung der Kanzel-, Gerichts- oder öffentlichen Rede wird um so mehr ein dauernder, lohnender Erfolg sein, wenn der Redner nur sein eignes, inneres Menschengefühl und den Strahl der eignen Ueberzeugung mit der Kraft der Wahrheit und Deutlichkeit in die Herzen der Hörer ergießt *).

Innere Wahrheit, tiefes, inniges Gefühl und in jedem Gedanken ein treues Abbild eigener, unwandelbarer Ueberzeugung, dies sind Grundbedingungen für die wahre und höhere Beredungs-Darstellung. Außer diesen Grundbedingungen ist noch erforderlich: Wahrheit und Verständlichkeit des Gedankens im Worte. Wer für Viele und vor Vielen redet, der muß alle nur anwendbare Kraft aufbieten, um denen, die ihn hören, unmittelbar in's Herz

*) Man hat leider in diesen dreien Classen auch Beispiele der schlechten Absicht. Zu verschiedenen Zeiten und vorzüglich in Perioden, wie die der französischen großen Blutepoche, benützte man die Priester-Kanzel zur Erreichung schändlicher Zwecke. Die Auto-da-Fe's der spanischen Inquisitionszeit wurden gleichfalls von der Kanzel aus angeschürt. Dazu bedurfte es denn freilich nicht erst vorzüglicher Redner. Den Pöbel als Pöbel zu gebrauchen, ist eben nicht schwer zu bewirken. —

zu reden; so, als ob er seine Empfindungen in sie hinein hauchte und nicht spräche; und dazu muß kein Wort überflüssig, keines unpassend, keines dunkel oder unverständlich sein. Wie kann der Zuhörer vom Geiste der Rede ergriffen werden, wenn er jeden Augenblick seine eigene Aufmerksamkeit unterbrechen, und sich fragen muß: „was will er damit sagen?" — Aber der wahre Redner muß, sobald er seine Darstellung beginnt, vergessen, daß er selber Worte sagt; es muß ihm scheinen, als hörte er seine eignen Worte von einem Andern sich zuflüstern, als sähe er seine innigsten, tiefsten Empfindungen durch fremde, gleichgestimmte Kraft gleichsam aus seiner Seele herausgerissen. Die Bilder, die unwandelbaren Puncte seiner Geistes-Richtung muß er in der Seele tragen, nicht aber vielleicht den Gedanken: „Was nehm' ich jetzt? einen Zwischensatz oder Hauptsatz?" — — Sobald er seinen inneren Strom hemmt, ist er verloren. Er darf sich nicht um's Wort kümmern, und muß dennoch im Worte Allen verständlich sein. Dies bewirkt er nur dadurch:

> daß er mit unwiderstehlicher Selbstkraft Herr seines Gedankens bleibt, ihn hinausschickt, wie er ihn wahr und treu empfand, und ihn von selbst sich mit Laut und Wort bekleiden läßt.

Ist der Gedanke wirklich wahr von ihm empfunden, so findet er ganz bestimmt von selbst das für ihn passende Wortkleid. — Wenn aber der Redende Gedanken aussprechen will, die er selbst nicht versteht, oder die er selbst nicht glaubt und von denen er selbst nicht überzeugt ist, — wenn er bloß darum eine Rede halten will, weil vielleicht das Redeabhaspeln zu seinem Brod-Amte gehört, — wenn er Anderen Begriffe in's Herz pflanzen will, die in ihm selbst durch Aberglaube, Zwangerkenntniß und Grundlosigkeit verdunkelt sich befinden, ja dann ist es mit dem Reden freilich etwas anderes! Dann wird er immer bloß nach Worten, Sätzen und Phrasen haschen müssen; —

dann wird er aber auch nie Herr, sondern nur der Diener seiner Gedanken sein, der ihnen die äußere Bekleidung aussucht, unbekümmert darum, ob sie von innerem Gehalte sind, oder nicht. —

Betrachten wir die Kanzelrede:

Der Prediger, der zur religiösen Darstellung auf die Kanzel tritt, kann, wenn er seines Amtes werth und würdig ist, nur eine gute Absicht haben. Diese Absicht ist: vermittelnd einzuschreiten zwischen Gesinnung und Glaube, und die erstere zum letzteren zu erheben.

Also er muß versuchen: alle verschiednen Gesinnungen in den Herzen seiner Zuhörer zu einer einzigen umzubilden, und diese Allgemeingesinnung muß Glaube sein. — Da er nun aber seinen Zuhörern keinen Gott vor's äußere Auge hinführen kann, sondern dieselben einen Schöpfer durch das gepredigte Wort erkennen sollen, so ist nichts natürlicher, als daß der Zuhörer nicht bloß die Worte, sondern die eigne Gesinnung des Predigers in der Rede vernehmen muß, und will. — Der Prediger kann also nur durch Gesinnung auf Gesinnung einwirken, und nicht durch bloße Worte. Um nun durch Gesinnung wahrhaft einzuwirken, muß seine Gesinnung Wahrheit sein. Wie aber, wenn ein Kanzelredner bloß darum, weil er seines Amtes wegen am Sonntage predigen muß, schon vorher sich entschließt: künftigen Freitag will ich ihnen diese oder jene Predigt machen, — wenn er sich dann an's Papier hinsetzt, bloß um eine Predigt zu machen, und verdrüßlich über das Bewußtsein: „jetzt mußt du schon wieder auswendig lernen," die Worte und Sätze so leicht als möglich stellt, oder sie gar aus früheren Predigten benützt, — nur um geschwinder mit dem Auswendiglernen fertig zu sein? — Kann es eine, bloß auswendig gelernte Gesinnung geben? Kann es einen bloß auswendig gelernten Glauben geben? Wer sich selbst nicht inwendig kennt, wie kann der sich auswendig hersagen? — Nein! in jeder

Ueberzeugungsrede muß die tiefste Selbsterkenntniß des Redners liegen, sonst ist es unmöglich, bei Anderen Erkenntniß zu bewirken. —

Niemand besteige die Rednerbühne eher, als bis er sich selbst studirte, und sich selbst aus der Seele fließen lassen kann.

Das ungeheure Gebiet, das besonders dem Kanzelredner zur Ausführung seiner Darstellung offen steht, macht es vorzüglich bei ihm nöthig, den Kreis seiner jedesmaligen Ansichten in sich abzurunden, bevor er zur Rede schreitet. Alle Theilgegenstände, durch die er den Grundgegenstand „Religion" multiplicirt, müssen jedesmal in so folgerechter Harmonie angewendet werden, daß die durch sie bewirkte Erhöhung des Grundbegriffes als wesentlich erhöhend sich zeigt. Diese Erhöhung wird durch das Wesen des jedesmaligen, besonders aus dem Grundbegriffe gezognen, Hauptbegriffes der Predigt bedingt werden. Wenn er also nur wesentlich multiplicirt, so wird es ihm ein Leichtes sein, zu dem vorgesetzten Bibelspruche, oder sonstigen bedingenden Hauptbegriffe einer jeden Predigt, neue und wechselnde Gestaltungssummen fügen zu können. — In seiner Seele muß unbedingte Wahrheit durch bedingten Begriff sich entwickelt haben; alsdann wird es nicht nöthig sein, sich in bloße Allgemeinsätze und monotone Erörterungen zu verlieren. —

Zu den Redemultiplicationen des gewöhnlichen Lebens gehört es auch, wenn ich z. B. Jemanden bereden will, sich gegen einen Andern, der unglücklich ist, wohlthuend oder mitleidig zu erweisen. Zu diesem Behufe muß ich den zu Beredenden natürlich von dem vorhandnen Unglücke des Bedürftigen überzeugen können. — In einem solchen Falle stehen uns dann gleichfalls unendlich viele ähnliche Theilgegenstände als Mittel zur Vergleichung, Vermehrung und Erhöhung des vorgesetzten Hauptbegriffes zu Gebote. — Die zu bewirkende Ueberzeugung soll hier gewöhnlich unmittelbare Handlung zur Folge haben. Es wird aber rein von der richtigen oder unrichtigen Multiplication des Redners abhängen, ob der ihn Anhörende die Hauptsumme als ihn bewegend, oder ob er sie zu schwach zur Folgeleistung finde *).

Ferner muß hier genau beachtet werden: die Bedingniß der, schon in der ersten Abtheilung besprochenen, „folgerechten Harmonie der (mehrenden oder multiplicirenden) Theilgegenstände zu ihrem Grundbegriffe." — Der Redner hat bei dem Gebrauche seiner Nebenbegriffe zur Steigerung der Grundidee die möglichst genaue Proportion der ersteren, unter sich sowohl, als auch im Verhältnisse zu dem Multiplicaten, herzustellen, um die Steigerung in gleichmäßiger Aufstufung bewirken zu können. Es steht ihm frei, bei dieser Art Multiplication den Hauptgegenstand zuerst zu entwickeln; soll aber dann das ganze Gemälde, durch vorausgegangene Enthüllung des Grundgegenstandes, nicht geschwächt erscheinen, so muß die Harmonie und Proportion der ihn erhöhenden Theilbegriffe zum mindesten deren Gesammtwerth als dem Grundwerthe gleich erweisen, sonst machen sie leicht die Grundfarbe matt, anstatt sie zu heben.

Da eine jede klare Grundempfindung ihre abgeleiteten Begriffe nach und nach aus sich selbst hervortreten läßt, sobald sie einen nur irgend bedeutenden Gegenstand betrifft, so hat der Redner nicht erst nöthig, zu suchen, oder weit herbei zu holen, wenn er sich seiner Grundidee klar und genau bewußt ist. Sein eigenes Gefühl und das unwill-

*) Man hat Beispiele, daß die größten Geizhälse zur Darbringung eines Hilfopfers bewogen wurden, sobald man es verstand, sie gewissermaßen ruckweise zur Erkenntniß hinzustoßen. Man durfte nur mit richtiger Vorherberechnung Multiplication auf Multiplication häufen, und sie vor der Hauptsumme gar nicht zur Besinnung der Selbstrechnung kommen lassen. —

führliche Streben nach Zusammenhang in seiner Darstellung werden ihn immer den richtigen Weg führen, wenn er mit durchdringendem, festem Geistesblicke seinen Grundgegenstand erfaßt. Heben sich alsdann die ihm zunächst ersteigenden Nebenbilder von selbst durch die Abstraction oder vergleichende Gegenüberstellung seiner Phantasie hervor, so ist es seine einzige Obliegenheit, unter den Theilbildern die zur Erhöhung des Grundbegriffes erforderliche Proportion herzustellen, und das ist der gesunden Vernunft eben nicht schwer. Ohne diese Proportion ist, bei der Rede mindestens, eine richtige Herbeiführung der Hauptsumme nicht leicht möglich. (So könnten wir das Beispiel anführen: wie ein, in vieler Hinsicht geübter und bewanderter Redner in unsrer Gegenwart, bei der Darstellung eines von ihm fröhlich verlebten Sommerabends mitten im Redeflusse bloß darum plötzlich stockte, weil er von dem Gipfel eines, ihm an jenem Abende gegenüber befindlichen, Berges in den Sternenhimmel, und von da unwillkührlich in die practische Astronomie hineingerieth, aus der er sich durchaus keinen Rückweg zu seiner Grundidee zu bahnen wußte. Der gestirnte Himmel bildete für ihn Anfangs einen ganz trefflichen Multiplicator zu derselben, — aber er hatte vergessen, die nöthige Proportion und Harmonie der folgerechten Nebenideen in seinem Innern herzustellen, — weshalb er endlich in eine, zum Grundbilde sich sehr unharmonisch verhaltende Definition der, wie er sich ausdrückte, „im Preise etwas zu hoch stehenden Teleskope“ verfiel, und so plötzlich in seiner schönen Darstellung einen Graben ausgetieft hatte, dessen eine Seite ein heitrer Sommerabend und die andere ein Preiscourant der neuesten Fernröhre war. — Daß er auf diese Weise stocken mußte, und der Zuhörer aus seinen gemüthlichen Abendbildern sich nur sehr unsanft in den Kaufladen versetzt sah, ist begreiflich.) —

Ueberhaupt gehört der Uebergang vom abstracten zum practischen Leben bei der Rede mit zu den größten Schwierigkeiten; er darf durchaus das stufenweise Vorschreiten der Rede nicht hemmen, und der Nichtberücksichtigung dieses Erfordernisses hat es mancher Redner zu verdanken, wenn ihm oft mitten im Sprechen der fortleitende Faden der Darstellung entgleitet. —

Bei der hier erläuterten Art der Multiplication muß fortwährend die Grundidee dermaßen vorleuchten, daß der Redner selbst in den Nebenbildern nur dem leuchtenden Strahle der erstren zu folgen scheint, und folgen kann. Es muß so aussehen, als erhöhe sie die Theilbilder, nicht als würde sie durch diese vermehrt und gesteigert; und da die Grundidee hier keinen Wechsel erleidet, und stets die nämliche zu bleiben hat, so ist dies auch in keiner Hinsicht schwer zu bewirken. — Hätte jener Redner (in dem eben angeführten Beispiele) zum wenigsten nur fortwährend daran gedacht, daß der „Genuß eines frohverlebten Sommerabends" sein Grundbild hinstelle, so würde er unmöglich auf den Preiscourant der Teleskope gerathen sein, sondern den „gestirnten Himmel" viel passender zur Erhöhung seines Hauptgegenstandes verwendet haben.

Die richtige Harmonie erzeugt am leichtesten die Abrundung des innern Gemäldes, und diese bewahrt uns am sichersten vor hemmenden Abschweifungen. —

Jeder aufgefaßte, zur Erhöhung der Grundidee zu verwendende Theilbegriff muß dem Redner selbst als von ihr ausgegangen erscheinen, wenn dies auch nicht wirklich der Fall sein sollte. Auch müssen, sobald die Grundidee eine und dieselbe zu bleiben hat, alle Theilgegenstände Begriffs-Aehnlichkeit haben, denn gerade das zu weit Abstehende in den Theilbegriffen ist es, was uns am leichtesten vom Hauptgegenstande entfernt, so daß wir uns am Ende, ohne es zu wissen, eine Menge von Pfaden bahnen, deren keiner der rechte ist, um uns wieder auf den Hauptweg zu führen. —

Die Schuld liegt dann freilich nicht am Zuhörer, wenn

die Absicht unserer Darstellung verfehlt wird. — Gesetzt, ich wollte einen Kreis von Hörern durch die Darstellung einer Scene aus der Negersclaverei rühren, oder zum Abscheu davor bewegen, so würde ich, wenn ich auch noch so schön eingeleitet und bis zu einem gewissen Puncte der Darstellung mich aufgeschwungen hätte, doch sicher den Endzweck nicht erreichen, wenn ich z. B. von der unmenschlichen „Geißelung eines Negers bei der Zuckersiederei" auf den Zucker selbst, von diesem auf den Kaffee, und endlich gar recht humoristisch auf eine Gesellschaft bejahrter Kaffeetrinkerinnen übergehen würde u. dergl. m. Aehnlicher Uebergänge fallen gewiß nicht wenige vor im Leben. Man gebe sich nur Einmal die Mühe, zu beobachten, und die Ursache, warum so manches schöne Redegemälde urplötzlich einer Stockung unterliegt, und werthlos verschwindet, wird leicht aufzufinden sein. —

Bei abstracten Begriffen gebraucht man oft die Benennung: „doppelt." Dies liegt immer in der Multiplication zweier Begriffe durcheinander. — Wenn ich z. B. sage: „Diese Dame ist **doppelt** anmuthig, denn sie vereint Sittsamkeit mit Anmuth," — so habe ich nichts anderes gethan, als ihre Anmuth mit ihrer Sittsamkeit multiplicirt. — Es ist eben so, als wenn ich sagte: $2 \times 2 =$ **doppelt** 2. —

Mehrung eines Hauptbegriffes durch unähnliche Theilgegenstände; oder Multiplication verschiedenartiger Begriffe durch Einen Hauptbegriff.

Diese Art der Begriffsauffassung hat viele Aehnlichkeit mit dem Aufreihen verschiedenartiger Perlen an Eine Schnur. Der Hauptbegriff ist dabei die Schnur, an die alle verschiedenartigen Theile dergestalt aufgereiht werden müssen, daß ihre Farben in Harmonie treten, und eine wohlgeordnete, schöne Gemäldekette entsteht.

Es spräche z. B. Jemand über „Naturgröße;" so ist dies der Grundbegriff. Er kann sodann die Größe und Schönheit der Natur durch interessante Gegenstände aus allen dreien Naturreichen erweisen, und hat hierbei zu beobachten: a) die Uebergangs-Proportion von einem Reiche in's andere; b) die Anordnung einer interessanten Wahl und Steigerung der aufzureihenden Gegenstände in ihrem Werthbegriffe; c) den richtigen Farbenwechsel im ganzen Gemälde; d) den Endbegriff aller einzeln angeführten Theile zu einem vollständigen Ganzen, durch den Beweis des Allgemeinwerthes und der Gesammtwirkung in dem Begriffe „Naturgröße." — Jede Perle muß zur vorhergegangenen und folgenden auf- oder absteigend passen; (so wie eigentlich auch die letzte zur ersten, indem man die Schnur an ihren Enden zusammen knüpft*)).

Die zur Aufreihung gewählten Gegenstände müssen in jeder Rücksicht mit Wahl, Ordnung und bestimmtem Farbenwechsel dargestellt werden. Zu diesem Behufe ist es besser, daß man lieber weniger Theilgegenstände nimmt, und ihre Naturfarbe mit der des Hauptbegriffes erhöht, als daß man ihre Anzahl zu weit ausdehne, oder sich in zu gemischten Farbenwechsel verliere. Die Mehrung Eines Hauptbegriffes mit verschiedenartigen Theilbegriffen findet besonders bei gerichtlichen und öffentlichen Volks-Reden mehr oder minder immer Statt. Der gerichtliche Redner vorzüglich hat sich dabei sehr häufig in die Empfindungen Anderer zu versetzen. Indem er sich zur Vertheidigung entschließt, bildet er gleichsam eine Doppel-Seele, denn er hat fremde und eigne Empfindungen zugleich auszusprechen. Hierdurch wird es ersichtlich, wie unumgänglich nöthig dem gerichtlichen Redner eine feste Richtungslinie ist, von der er nicht abweiche, und die ihm ununterbrochen als Schnur diene, an die er seine eignen Empfindungen mit denen des Anklägers oder Angeklagten in bestimmten, harmonischen Farbenwechsel reiht. — Alle Mode ist äußerer Gefühlssinn; — eine Empfindungs-Mode gibt es nicht, und darf es nicht

---

*) Hätte der Erzähler also vielleicht mit der Naturgröße des Menschen angefangen, so wäre es nicht ganz gut, seinen Bericht etwa mit der wilden Katze zu schließen. Denn der Berührungspunkt zwischen Mensch und wilder Katze ist eben nicht logisch, noch angenehm. — In keinem Falle aber dürfte der Redende im Laufe seiner Darstellung solche Natur-Sprünge machen, und etwa eine Begriffsperle über Blumen neben den Begriff Pavian hinreihen. Es sei denn, daß er im Voraus ein „buntes Gemälde" angekündigt hätte. Dann muß aber das Bunte mindestens vernünftig-bunt, und dabei mit gewähltem Geschmack im Bunten gezeichnet werden, sonst wird die Darstellung (wie alles Uebertrieben-Bunte) mehr für Kinder, als gebildete Erwachsene sein. —

geben. Empfindungswechsel ohne durchaus-nothwendigen Grund belügt entweder Andere oder den Empfindenden selber. — Der Redner, der seine Empfindungen also durch Theilbegriffe erhöhen, oder gar mit den Empfindungen Anderer multipliciren soll, hat seine Vorstellungen auf das strengste durch Wahrheit und eigne, feste Ueberzeugung zu läutern. Das Gewand des Gedankens ist seiner Willkühr überlassen, aber die Empfindung muß entweder ganz verschwiegen bleiben, oder, wenn sie an's Licht treten soll, so gegeben werden, wie sie ist. — Entweder Verschwiegenheit, oder ausgesprochne Selbstüberzeugung. Schweigen ist eine weit edlere Redekunst, als lügen. —

Zur Mehrung mit unähnlichen Gegenständen ist der Grundgegenstand immer sehr leicht im Auge zu behalten, da er, schon seiner Bestimmung nach, bei jedem neuen Theilbegriffe wieder neu erweckt wird. Wenn ich z. B. eine Schlacht beschreiben, und mit ihrer Darstellung gewisse Theilbilder, Umstände, Begebenheiten, Erfolge u. s. w. verknüpfen will, so wird mir das Bild der zu berichtenden oder schon dargestellten Schlacht dabei fortwährend im Geiste vorschweben müssen, so lange die Darstellung durch Theilbilder multiplicirt wird. Trete ich aber ganz aus dem Schlachtgemälde heraus, und verbinde mit der Grunddarstellung solche Gegenstände, die in gar keinem natürlichen Verhältnisse zu ihr stehn, so hört, wie begreiflich, die Multiplication auf, und ich addire dann bloß verschiedene Hauptdarstellungen mit einander, — in welchem Falle das vorgesetzte, erste Hauptgemälde nothwendigerweise den eignen Werth verliert.

Jede Mehrung durch unähnliche Theilbegriffe bedingt außer dem natürlichen Werthverhältnisse derselben zueinander auch noch eine genaue Eigenschaftentziehung, wenn diese einen zweckmäßigeren Uebergang zu erzeugen vermag. So kann ich z. B. einen schönen Pallast in einem Stadttheile mit den ihn umgebenden Märkten,

Gärten u. s. w. hervorheben wollen. — Liegt dann etwa ein schöner Garten ihm gegenüber, zwischen dem Garten und Pallaste ein Obst-Markt, und wäre der Garten mit angenehmen Schattengängen durchflochten, so würde sich die einfache Bemerkung: „vor ihm befindet sich ein schöner Obstmarkt und an diesen gränzt ein hübscher Garten" — gewiß nicht so interessant machen, als wenn ich etwa sagte: „man darf nur aus der Thüre hinaustreten, so glaubt man sich in einen duftenden Garten versetzt; denn rundum erblickt das Auge die schönsten zu Markte gebrachten Blumen und Früchte; einige Schritte weiter aber, und die gepflückten Blumen, das gepflückte Obst verschwinden vor der Erfrischung belaubter Schattengänge, — verschwinden vor der Pracht in voller Reife hängender Früchte und dem Anblicke der, im schönsten Dufte umherstehenden, Blumen; — sie laden ein, zum Pflücken, zum Erfrischen, — und man scheut sich demohnerachtet, die von ihrer Last gebeugten Bäume des herrlichen Schmuckes zu berauben, oder die weithin duftenden Blumen dem nährenden Mutterschooße zu entreißen; — man geht, kehrt wieder, verliert sich im kühlenden Schatten, und kann nur fortwährend beneiden den Besitzer eines Pallastes, der, außer seiner Wohnungspracht, des Anblickes eines solchen Naturgestirnes genießt, — der mit der Hand die dicht vor seinem Hause befindliche Würze entgegen nehmen kann, ohne seinem Auge das herrlichste Schauspiel entziehen zu dürfen u. s. w."

Unstreitig würde Jeder so empfinden, wenn er es auch nicht so sagen würde. Die Schuld aber liegt dann nur an ihm. Denn das ist es eben: seine eigenen Empfindungen herauszufinden aus den übrigen, und in dem Momente der Rede sich dergestalt zu beherrschen, daß kein sonstiges Gefühl von Wunsch, Sehnsucht, Hoffnung, Freude, Schmerz u. s. w. den beabsichtigten Endzweck störe, oder auf uns hemmend einwirke. Sobald man sich einzig und allein dem Gegenstande hingibt, von dem man gerade spricht, und über den man gerade sprechen will, so werden unsre Empfindungen sich von selbst auflösen in den passenden Ausdruck, in Lebendigkeit, Bewußtsein, Gedanke und Redeschmuck. Empfindungen sind für uns; Handlung und Rede sind auch für Andere. Diese aber werden sich nicht daran kehren, ob wir sonst noch ein Chaos von Vorstellungen in uns tragen oder nicht. Sie wollen, indem wir ihnen etwas darstellen, durch uns empfinden. Wir also werden in dem Momente der Darstellung die Triebfeder fremder Empfindungen sein. Fühlen wir nun, daß wir schwach genug sind, uns von störenden Vorstellungen beherrschen zu lassen, so ist es besser ganz zu schweigen, — oder wir machen sonst, indem wir dieses Uebergewicht unsres Innern nicht zu subordiniren wissen, Anderen nur unsere Schwäche bemerklich; wir täuschen vielleicht ihre gespannte Erwartung, und setzen uns so in ein ziemlich schwaches Licht, während es doch durch Selbstbeherrschung und feste Willenskraft gar so leicht ist, solche Erwartungen zu befriedigen. —

Der wahre, einsichtsvolle Oekonom hebt jede Stecknadel vom Boden auf, wenn er gleich mit den wichtigsten Gedanken beschäftigt daran vorüberginge. Denn dies gehört zu seinem Fache, der Oekonomie. Er wird aber, indem er sich mit ökonomischen Gedanken beschäftigt, nicht an's Fenster treten, und Beobachtungen anstellen, ob die Schwalben links oder rechts fliegen; denn dies gehört nicht zur Oekonomie. — So ungefähr mit dem Redner. Jeden erlaubten, zu benutzenden Gegenstand, der wirklich im Momente der Rede zu benutzen ist, muß er ohne Störung auffassen, sich aneignen, und den Redner durch seine Auffassung bewähren, sei der Gegenstand auch anscheinend noch so unwichtig; Alles aber, was nicht zu seiner Rede unmittelbar gehört, oder in sie zu verflechten ist, muß er ignoriren, es beseitigen, und im Momente seiner Darstellung nur das sein, was er für die Erwartung der Zuhörer sein soll. —

Indem bei dieser Multiplicationsart der Grundbegriff

nicht bloß die Richtungsweise des Redners, sondern auch die des Zuhörers bedingt, so muß der Grundgegenstand auch in allen mit ihm verbundnen Theilen ersichtlich bleiben, und stets in seinem vollen Werthe dastehn. Alles Ueberflüssige, auch wenn es zur Darstellung gehören könnte, muß folglich wegbleiben, damit der Eindruck nicht in unpassende Empfindungen getheilt werde. —

So hat vorzüglich bei erhabenem Grundbegriffe das Alltägliche wegzubleiben, und bei humoristischem Grundbegriffe das Allzuernste. — Unpassend würde es z. B. sein, wenn Jemand, der über Naturerhabenheit spricht und der Schönheit des gestirnten Himmels erwähnt, dabei in die Bemerkung ausbrechen wollte: „dennoch glaubt mancher Bauer, wie in jener Anekdote, daß die Sterne aus dem Monde herausgeschnitten würden" oder dergl. mehr; — unpassend würde es sein, wenn Jemand, der über die Thorheit der Verliebtheit spricht und dabei erwähnt, daß zwei Verliebte sich, aus Ungunst der Eltern, selbst den Tod gegeben, hinzufügen wollte: daß der Vater eines der beiden Opfer sich wegen dieser That entleibte, oder dergl. Denn in solchem Falle würde er nicht mehr bei dem Begriffe „Thorheit" verbleiben, sondern in's rein Tragische übergehen. Der gesuchte Tod aus Verliebtheit war Thorheit; die Entleibung des Vaters aber war Schmerz aus Kindesliebe, und der ist keine Thorheit mehr. Ein anderes wäre es, wenn der Erzählende zum Grundbegriffe das Thema: „über die Folgen der Thorheit" gewählt hätte. — Unpassend wäre es ferner, wenn ein Advocat, der die That eines des Mordes angeklagten Dieners zu vertheidigen sich bemüht, und dabei erwähnt, daß die Mordthat durch die höchste Aufreizung und Mißhandlung des Thäters durch seinen Herrn herbeigeführt sei, die Bemerkung anfügen würde: „der arme Teufel hatte seit mehreren Wochen von seinem Herrn nichts als Hafergrützen-Suppe erhalten, und Hafer macht Pferde hitzig, vielweniger einen Menschen." — Das wären pure Multiplicationen in Brüchen, und die verringern den Werth des Ganzen.

Der Satyre allein stehen mitunter solche Absprünge frei. Sie kann das Erhabene mit dem Alltäglichen, das Humoristische mit dem Tragischen multipliciren. Dann muß aber die Grundsumme „Moral" heißen, wie dies z. B. in Rabeners oder Pater Abrahams a Santa Clara Schriften und Reden der Fall ist, sonst wird die Satyre bloße Posse, und am bloß Possenhaften pflegt der Gebildete eben keinen Geschmack zu finden, noch kann es von besonderem Eindrucke sein. —

In größeren Reden pflegt man die Hauptbegriffe bisweilen mit Episoden zu vermehren. Episoden sind unpassend und unrichtig, wenn sie bloß gesuchte und nicht mitempfundene Gegenstände enthalten, — wenn sie gar zu weit vom Hauptbegriffe entfernen, oder die, durch sie im Zuhörer erweckte Empfindung nicht mit der Hauptempfindung harmonirt. Sie können aber passend und richtig sein, wenn der Redende sie in sich zur Empfindungs-Wahrheit steigerte, wenn sie einen mit dem Hauptbegriffe zusammenhängenden Strahl bilden, und ihn nicht verdunkeln, noch ganz davon abziehen, — und endlich: wenn sie die Hauptempfindung dadurch erhöhen, daß sie dieselbe in bestimmte Steigerungsgefühle abtheilen, und dabei wohlthuend auf sie einwirken. So kann es, wenn ich die Gefühle einer Mutter beschreibe, die am Grabe eines verlornen Kindes steht, eine gute Episode sein, wenn ich auf das Bild übergehe: daß die am Grabe weinende Mutter gegen sich über ein Vogelnest erblickt, aus dem plötzlich ein Junges herausfällt; worauf das brütende Mütterchen klagend herausfliegt, das gefallne Junge wieder zurückzutragen sucht, und, als das Junge ihm bei dieser Bemühung stirbt, stille wieder zu den Andern in's Nest zurückfliegt, um diesen nicht, durch allzuheftigen Schmerz über rettungslos Verlornes, die Pflege und Wärme zu entziehen.

Der Sinn, der in dieser Episode läge, und die Zurückwirkung derselben auf die Empfindungen der Mutter am Grabe wäre dem Zuhörer einleuchtend, und steigerte dessen Hauptempfindung auf eine wohlthuende Weise, so wie sie auch durch ihre Aehnlichkeit mit dem Grundbilde nicht zu weit von diesem abführte. —

Obschon nun Multiplication zugleich eine Addition ist so kann sie dennoch keine Ineinanderschmelzung von Summe sein. Jede Begriffsmehrung dehnt entweder aus, oder reiht sich bloß an, ohne in dem Hauptbegriffe zu verschwinden; sie unterscheidet sich ferner dadurch von der eigentlichen Addition: daß bei dieser, durch's Aneinanderreihen, die Hauptsumme oder der Hauptgegenstand als zusammengezogen, bei der Multiplication dagegen der Hauptbegriff als ausgedehnt erscheint. Es ist dies bei der Rede wie bei den Zahlen ganz gleich. Wenn es nun auch schon an sich erklärlich ist: wie durch die Addition eine Zusammenziehung, durch die Multiplication dagegen eine Ausdehnung erfolgen muß, ohnerachtet die Multiplication nur Addition ist, so müssen wir doch hier, aus besonderem Grunde, zu einer näheren Erläuterung schreiten. Die Zahlen 3, 6, 2 und 3 addirt, gibt die Hauptsumme = 14. — In dieser Hauptsumme liegen jene vier einzelnen Zahlen zusammengezogen. So auch kann ich die Zahl 7 zweimal zueinandergesetzt addiren, indem ich sage: 7 und 7 zusammengezogen = 14. Da dies aber zweimal ein und dieselbe Zahl ist, so geschieht in der Zusammenziehung nur eine Ausdehnung und ich multiplicire. Denn so oft sie beieinandersteht, so vielmal nehm' ich sie zwar zusammen, aber eben dies dehnt sie um so vielmal aus, als ich sie zusammennehme. — 7 und 7 zusammengenommen, dehnt 7 zweimal aus, und ich sage statt: „7 und 7" besser: „2 × 7." Erklärlich wird dies, wenn ich mir z. B. einen Weg vorstelle, der 20 Schritte lang ist, und diesen Weg von zehn Personen durchschreiten lasse. Will ich wissen, wie viele Schritte alle Personen zusammen gemacht haben, so werde ich durch die Zusammenziehung nur ausdehnen; denn, wenn ich auch addirte, und die von Jedem gemachten Schritte einzeln anführte, d. h. die Zahl 20 zehnmal untereinandersetzte, und dann zusammenzöge, so thue ich dabei nichts anderes, als daß ich den Weg, der zwanzig Schritte lang ist, zu zehnmal zwanzig Schritten im Geiste ausdehne, indem ich sage: daß auf einem Wege, der nur zwanzig Schritte hält, von zehn Personen 200 Schritte gemacht wurden. — Addition, oder eigentliche Zusammenziehung wäre es jedoch, wenn z. B. die Länge eines Weges noch unbekannt wäre, von drei ihn ermessenden Personen die erste 9, die zweite 5, und die dritte 6 Schritte weiter machte, und ich dann fragte: „wie lang muß der Weg sein, auf dem von drei Personen je eine so viele Schritte weiter machen konnte?“ Anscheinend würde ich hier ausdehnen, aber diese Ausdehnung wäre Addition. Im ersten Falle würde die bestimmte Weglänge als zu zehnmal vervielfacht erscheinen, im zweiten Falle dagegen eine noch unbestimmte Weglänge als zu zwanzigmal vereinfacht. — Denn, wenn im ersten Falle von zehn Personen eine jede zwanzig Schritte und mit diesen den ganzen Weg zurücklegt, so wird der Weg im Ganzen zehnmal zurückgelegt; — im zweiten Falle dagegen, wo der ganze Weg durch drei Personen dergestalt zurückgelegt wird, daß eine jede Person nur verschiedene Schritte weiter thut, wird er im Ganzen nur Einmal zurückgelegt. — Folglich ist der erste Fall Ausdehnung zu zehnfacher Mehrheit, der zweite aber Zusammenziehung zu zwanzigfacher Einheit. — Nun kann es zwar, wie wir ersehen, keine Multiplication geben, die nicht Addition ist; — aber aus dem Obigen geht folgender Grundschluß hervor:

Reine Multiplication ist es: wenn a) mehrere, sich ähnliche Größenbegriffe außer sich selbst zu einem

Ganzen aneinander geschmolzen werden; — wenn b) ein und derselbe Größenbegriff in sich selbst auseinander geschmolzen wird; — wenn c) mehrere, sich unähnliche Größenbegriffe dergestalt mit einem schon bekannten vorhandnen Größenbegriffe vereint werden, daß sie diesen in seiner Größe vermehren, ohne mit ihm unmittelbar verschmolzen zu sein. —

Reine Addition ist es: wenn mehrere, sich unähnliche Größenbegriffe zu einem Ganzen ineinandergeschmolzen werden †). —

---

†) Am deutlichsten wird dies hierdurch: — Ein Jeder kennt wohl das Schmiedehandwerk, oder hat Gelegenheit gehabt, Schmiedearbeiten mit anzusehen. Indem der Schmied ein bestimmtes Eisen bloß vergrößern will, so daß es in einem bestimmten Maaße sich verlängert, so multiplicirt er die vorhandne Größe dadurch, daß er das Eisen glüht, und es hierauf in sich selbst (von innen heraus) auseinandertreibt. Soll ferner das Eisen, das er zur Verlängerung bestimmt, in seiner ersten Längen- und Breitenausdehnung bleiben, wie es ist, und er will es dennoch zu einer bestimmten Länge vergrößern, so nimmt er, wenn das vorhandene Eisen z. B. zwei Schuh lang wäre, und es sollte vier Schuh lang werden, ein anderes Eisen, von derselben Ausdehnung, und multiplicirt das vorhandene Maaß dadurch, daß er zwei gleiche Längen (oder nach Erforderniß mehrere) aneinanderschmiedet. — Will er aber ein Eisen zu einer gewissen Länge ausdehnen, und nimmt hierzu ungleiche Längen, die er aneinanderschmiedet, so addirt er diese verschiednen Längen zu einander. — Hätte er dagegen in einem Sacke eine gewisse Quantität Eisen und würfe zu diesem Eisen noch anderes bloß hinzu, ohne daß es mit dem schon vorhandnen wirklich verschmiedet würde, so wäre das eine Multipli-

Dies ist in Rede und Zahl ganz gleich. — Und so entsteht denn für uns die wichtige Bemerkung: daß bei der Gedanken-Mehrung der Hauptgegenstand zwar schon da sein, derselbe aber von den Theilbegriffen in seiner natürlichen Größe nur vermehrt werden muß, ohne daß er mit ihnen Eines und Dasselbe ausmacht, und ohne daß er in sich selbst eine Vermehrung erhält. — Die Erhöhung muß also dergestalt Statt finden, daß wir, nach der Multiplication, vom Grundbegriffe einzelne Theilbegriffe wieder wegnehmen können, ohne daß er, wenn in ihm ein natürlicher Werth vorhanden war, dadurch eine Verminderung in sich selbst erleidet. — Er wird folglich vermehrt, ohne selbst zu vermehren. — Indem daher der Jurist den Begriff „Vertheidigung" durch seine angeführten Theilbegriffe zu verstärken sucht, so werden die von ihm aufgefaßten Verstärkungsbegriffe nur die Vertheidigung, nicht aber die Vertheidigung seine Verstärkungsbegriffe erhöhen können. — Dies bedingt den Umstand: daß bei der Multiplication eines bestimmten Grundbegriffes durch verschiedenartige Theilbegriffe, diese den Erhöhungs-Werth in sich selbst enthalten müssen, nicht aber ihn durch den Grundbegriff erhalten. —

Folglich ist jede Erhöhung eines Hauptbegriffes durch Theilbegriffe eine Erhöhung durch Gründe. — Sind daher die gewählten Theilbegriffe ohne Werth, so wird die ganze Darstellung ohne Werth bleiben, wenn kein besonderer, natürlicher Werth im Grundbegriffe liegt; — und lag in diesem ein natürlicher Werth, so wird dieser Werth auch nach der Darstellung bleiben, wie er ist, und nicht erhöht, noch vermindert worden sein, sobald die Theilbegriffe werthlos waren. Wenn also z. B. ein ungeschickter Prediger zur Erhöhung

---

cation des schon im Sacke vorhandnen Eisens, — oder des vorhandnen Eisen-Gewichtes.

des Begriffes „Religion" werthlose Gründe anführt, so kann seine Predigt werthlos sein, ohne daß sie darum dem Begriffe „Predigt" oder „Religion" etwas von dem natürlichen Werthe benimmt. So mit dem Juristen, der eine Vertheidigung mit werthlosen Theilbegriffen zu führen sucht; so bei allen Reden. —

Alles gedachte Sein und Wesen zerfällt in Grund oder Ungrund. —

Ungrund ist das denkbar Nicht-Causale; wirkliches Sein und Wesen muß Grund sein, und alles Begreifliche wird nur durch Grund begreiflich. Was wirklich unbegreiflich ist, das ist nicht — durch Ungrund †). Grund ist denkbare Wirklichkeit; Ungrund ist erweisbare Unwahrscheinlichkeit. —

Der Darstellende muß in Gründen und mit Grund reden. Das Fragezeichen der menschlichen Vernunft ist ihre schwache Seite; sie kann höchstens zufrieden gestellt, aber nie kann sie befriedigt werden. Das soll sie auch nicht; denn sonst wäre sie gesättigt, und — gleichwie plenus *venter* non studet libenter — so auch eine satte Vernunft.

Die Vernunft kann sich nie in sich selbst sättigen; sie zieht ein von außen, wie der Körper den Athem. Daher ist es begreiflich, warum einer jeden Antwort wieder eine Frage folgen kann. Der Mensch muß fragen, weil er selbst ein unlösbares Räthsel sich und Andern ist. Er frägt sich fortwährend selbst, so lange er nicht spricht, und wenn er Andere sprechen hört, so können seine stillen Gedankenfragen nur dadurch beseitigt werden, daß der Redende mit

---

†) Gott ist begreiflich, weil er der höchste Grund ist. — Alles ist nur, indem es durch Grund ist. Gott ist darum nur ideal zu begreifen, weil er nicht durch Grund, sondern als Grund ist. —

Grund spricht, und in Gründen bekundet, wodurch dieser die Fragen des Hörenden im Voraus beantwortet. —

Wie der Hauptbegriff Ursache der Darstellung wird, so muß jeder Theilbegriff Erhöhungsgrund dieser Ursache werden. Wahrheit ist nur Wahrheit durch Gründe. Empfindungs-Wahrheit bedingt Empfindungsgrund. Wahre Empfindungen ohne Grund gibt es nicht. Solche, die wir durch den äußeren Sinn unwillkührlich empfangen, sind momentan werthlos und bloße Null, so lange sie ohne Grund sind. Sobald wir aber das Bewußtsein derselben in uns erlangen, und sie läutern, so erheben wir sie durch Gründe zum Dasein in uns, und können sie sodann, — wenn Grund in ihnen selbst vorhanden ist, der einen Werth ausmacht, — zur Wahrheit steigern. —

Beweisende Rededarstellungen, die den Beweis auf Gründe stützen, und ihn durch sie wirklich herbeiführen, erlangen dadurch das, was wir bei klar überzeugenden Reden „Gewicht" zu nennen pflegen. Je triftiger und klarer alsdann die Gründe, je hervorleuchtender der auf ihnen beruhende Beweis, um so überzeugender wird der Werth der Darstellung sein. Das Gewicht einer jeden Beweisrede aber ist immer ein zusammengesetztes. Es müssen, um das Resultat überwiegend erscheinen zu lassen, alle Theilvorstellungen ihren Beitrag dazu geben; daher muß ein jeder vermehrende Theil- oder Theilhauptbegriff schon an und für sich gewichtig sein, sonst kann der geringste darunter den End-Ausschlag schwankend machen. — Man sehe sich daher bei Beweisreden vor, daß man solchen mehrenden Theilbegriffen, die uns vielleicht zur Erhöhung dienlich scheinen, aber kein klar ersichtliches Gewicht in sich hervortreten lassen, mindestens einen reellen Werth vom Grundgegenstande zutheile. —

Hier ein Beispiel:

Gesetzt, ich vertheidigte in einer Rede die „Emanzipation der Juden;" so könnte ich unter den übrigen Gründen zur Erkräftigung meines Gegenstandes auch den hervorheben wollen: daß die Juden eine, in sich abgeschlossne, Steuer, unter dem Namen „Schutzgeld" zahlen müßten. Dieser Grund kann alsdann triftig sein; da ich aber nicht über das Judenthum, sondern über „Emanzipation" desselben spreche, so hat er in sich selbst kein erhebliches Gewicht, sondern ich muß ihm dasselbe vom Grundgegenstande entnehmen. Grundgegenstand meiner Vertheidigung ist: „Bürgerliche Gleichstellung." Nun frägt es sich:

„Ist der christliche Unterthan nicht auch beschützt vom Staate?" — —

Antwort: „Ja. Es ist Pflicht des Staates, ihn in seinen Rechten zu schützen."

Der Jude aber zahlt besonders für einen Schutz, der gegen Andere im Staate Pflicht ist. Der Staat läßt sich folglich eine Pflicht vom Juden bezahlen, was nicht Statt fände, sobald die Juden emanzipirt würden. Durch diese Abschließung von ihren Mitmenschen, und indem sie eine Staatspflicht erkaufen müssen, werden daher die Juden in einen, sowohl sie als den Staat entehrenden, Hintergrund gestellt. Indem ich daher, als Grund, das Wort „Entehrung" aus jener schimpflichen Abgabe hervortreten lasse, kann ich auf diese vom Grundgegenstande (Emanzipation) ein doppelt-wirkendes Gewicht herüberziehen.

Das Schutzgeld, als solches, enthält darum kein, meine Vertheidigung erhebendes Gewicht, weil es, als Abgabe, im Interesse des Staates besteht. Das Schutzgeld aber als ausschließende, von seinem Mitmenschen absondernde Abgabe, ist mit Schmach begleitet. Ein rechtlicher Regent kann nicht Herrscher über entehrte Unterthanen sein wollen, und Unterthan nennt er doch die Juden.

Die zu bewirkende Emanzipation also erstreckte sich in ihrem wohlthätigen Werthe so gut auf den Regenten, als auf die Juden. Folglich wird der Begriff „Schutzgeld“ überwiegender Grund, durch den Grundgegenstand „Emanzipation.“ — —

Auf diese Weise läßt sich oft sogar bei geringfügig erscheinenden Theilbegriffen ein kräftiges Gewicht vom Grundbegriffe abstrahiren; doch ist hierbei immer Vorsicht und freie, genaue Ueberblickung des Allgemeinwerthes erforderlich, — denn der Theilbegriff darf in sich selbst nur scheinbar eine Erhöhung erleiden, und das aus ihm hervorgehende Gewicht muß, als den Grundgegenstand erhöhend, an's Licht treten, wie wir das an dem so eben gegebenen Beispiele ersahen. —

V.

Gedanken-Fügung.

(Division.)

Vertheilung der geordneten Vorstellungen.

Alle Berechnung kann scheitern, wenn die Berechnung eine Vertheilung bestimmten Materials unter verschiedene Bestandtheile erfordert, und sodann nicht richtig dividirt wird*).

---

*) Wir sagen im Teutschen „die Empfindung" und „der Gedanke." Das ist in gewisser Beziehung ganz verkehrt. Denn genau betrachtet ist die Empfindung der Mann, der alles, was nöthig, herbeischafft, und der Gedanke die Frau, die das Angeschaffte richtig eintheilt, es wirthlich und klug verwaltet, und das Seelenhauswesen in Ordnung erhält. Wir sollten also besser sagen: der Empfindung und die Gedanke, — wenn gleich uns das jetzt, der langen Gewohnheit wegen, etwas komisch klingen mag. Der Italiener bezeichnet dies mit senso und cogitazione viel richtiger, — sowie auch der Franzose mit sentiment und idée. Alle Ordnung ist nichts, wenn sie nicht erhalten wird, wenn nicht eine richtige Eintheilung sie nützlich macht, wenn sie nicht die Grundlage zu fortdauernder Ordnung bildet. Die Empfindungskraft des Menschen ist, wie alle Männer, ein wenig leichtsinnig, und, wenn gleich stets thätig und arbeitsam, doch häufig auch gar zu verschwenderisch. Hätte der Schöpfer unsrem Empfinden nicht die Idee zur Frau gegeben, so sähe es schlimm mit uns aus. Wir hätten dann vielleicht nicht Irrenhäuser genug, um alle Empfindungs-Banqueroteurs aufzunehmen. Freilich bringt Madame Idee oft das Oberhaus in Unordnung; — na! „wir wissen ja, wie Weiber sind!" — Vielleicht rührt das auch mitunter von der Unartigkeit des Mannes her. —

Das Ungeordnete muß geordnet, das Geordnete richtig vertheilt werden, dann ist ein geregelter, dauernder Bau möglich. Die Division der Gedanken ist die Finanzverwaltung des Seelenstaates.

Sie kann erheben, bereichern, oder umstürzen, je nachdem wir das innere Staatswesen richtig verwalten, oder nicht.

Wir können eine Fülle von geordneten, klaren Gedanken in uns tragen, ohne sie darum, auch wenn sie alle paßten, für eine einzige Darstellung verwenden zu müssen; ferner können wir irgend eine Reihe geordneter Vorstellungen in uns vorhanden wissen, ohne gerade diese ganze Reihe für einen *einzigen* Hauptgedanken bestimmen zu müssen. Die Begriffe gewisser Gegenstände lassen so leicht das Herüberziehen neuer Vorstellungen aus anderen Sphären zu*), die wir sodann mit einflechten können, daß es gut ist, mit jeder bestimmten Vorstellungsreihe so sparsam umzugehen, als möglich, weil wir nicht immer voraussehen, ob wir nicht diese oder jene gediegene Reihe unter *mehrere* Hauptgedanken vertheilen können. — Es ist sehr gut, seine inneren Kräfte so genau zu kennen, daß das Ordnen der Empfindungen keiner Schwierigkeit mehr unterliegt; aber das Bewußtsein: die Begriffsbestandtheile eines Gegenstandes so vollkommen klar in uns zu tragen, daß wir eine Darstellung desselben mit der größten Leichtigkeit zu geben vermögen, muß uns darum nicht verleiten, unsere innere Vorrathskammer auf Einmal ganz zu entleeren. — Gleichwie es Menschen geben kann, die mit der Ordnung ihres Innern so wenig bekannt sind, daß sie bei einer Menge von Ideen diese doch nicht *aussprechen* können, so gibt es auch wieder Solche, die ihre Empfindungen mit einer Leichtigkeit

---

*) Was wir oft, wenn dies Herüberziehen gelingt, beim Redner eine „glückliche *Wendung*“ nennen; (diese ist von der *Episode* bei der Rede genau zu unterscheiden). —

ordnen, daß sie gleichsam den Augenblick, zu reden, gar nicht erwarten können, und, wenn sie endlich an's Reden kommen, plötzlich übersprudeln, wie ein lange zurückgedämmter Strom.

Eines ist hier so unangenehm wie das andere.

Der gar nichts spricht, wird jedoch noch angenehmer einwirken, als der, der seine Zuhörer förmlich überschüttet, und ein langes Geschwätz hält, statt einer Darstellung. Die vernünftigsten Ideen können widerlich werden, wenn sie so übermächtig bei der Rede hervorsprudeln, als ob sie den Verstand des Zuhörers wegschwemmen wollten. Abgerechnet, daß man dadurch in den Verdacht eines egoistischen Schwätzers oder eines aufdringenden Vielwissers gerathen kann, so wird dem Zuhörer auch noch, wenn ihm gar keine Zeit zum Besinnen oder zum geistigen Mitfortschreiten gelassen wird, das meiste Gesprochne dunkel bleiben, wenn auch der Redende sich seiner Ideen noch so klar bewußt wäre. —

In der Gesellschafts- oder Conversationsrede ist ein dergleiches Hervorsprudeln noch weit mehr zu vermeiden. —

Der Redner muß immer wissen, daß er vor Zuhörern nicht Monologe hält; er muß seinen Gegenstand ruhig fixiren, ihn herbeiziehen, mit dem innern Auge ruhig umgehn, betrachten, und seine Ideen mit Bedacht entwickeln, — nicht aber auf den Gegenstand zustürzen, wie der Geier auf's Lamm.

Viele Menschen halten sogar ein solches Uebersprudeln bei größerer Darstellung für Begeisterung! Glücklicherweise sind sie dann aber meist naiv genug, zu sagen: „er sprach in der höchsten Begeisterung, so daß ich nichts davon verstehen konnte.“ — —

(Einer unverständlichen Schwätzerei den Namen Begeisterung beilegen, kömmt uns vor, wie die Behauptung, daß eine Gänseheerde in bestimmten Accorden schreie.)

Momentan kann wohl der Redner in eine wahrhafte

Begeisterung gerathen, die den Strom seiner Ideen und Worte rascher fließen läßt, aber nie darf Begeisterung der Verständlichkeit schaden. Die Sonne strahlt gerade am hellsten, wenn sie am höchsten steht. —

Wenn wir die, unserem geistigen Auge sichtbare, Fläche unsrer Seele wie eine ebne Lichtmasse betrachten, in der sich unsre Empfindungen als eben so viele Punkt-Reihen befinden, so werden wir finden, daß manche dieser Punkte so dicht nebeneinander liegen, daß wir das oft als eine einzige Empfindung beobachten, was aus einer Masse anderer zusammengesetzt ist. Sollen wir daher eine solche zusammengesetzte Empfindung in eine Darstellung verflechten, so verschwenden wir unnütz die in ihr versteckten Punkte, wenn wir die, uns als Einheit erscheinende, Sammlung bloß für einen einzigen Begriff verwenden. Wir können sie vertheilen, und mehrere Begriffe damit versehen, wenn wir es verstehen, eine größere Anzahl von Vorstellungen hinein zu dividiren.

Eine solche Division ist sodann nichts anderes, als die Subtraction gleicher Theile von einem scheinbar-einfachen Ganzen. — (Jede Division ist bekanntlich eine Subtraction; wenn ich unter drei Personen 24 Stücke vertheile, also 24 durch 3 dividire, so erforsche ich durch die Division bloß, wieviel ich für eine jede der drei Personen vom Ganzen abziehen kann, damit eine jede gleich betheilt werde.) —

Gedanken-Fügung ist das Höchste bei der Rede. Sie besteht darin: richtig zu vertheilen, so daß ein jeder Begriff nur die ihn gebührende Gedankensumme erhält. Nun kann bei der Darstellung freilich nicht durchgehends ein Begriff eben so viel wie der andere erhalten. Daraus folgt, daß bei jeder Darstellung mehrere Divisionen Statt finden müssen.

Bei der Darstellung bildet der Hauptgedanke fortwährend den Hauptdividenten, sowie ein jeder Theilhauptgedanke zugleich Theildivident ist. — Die Haupt- oder Grundempfindung wird dadurch in die ganze Darstellung verflochten, daß ich sie fortwährend durch ihre Theilbegriffe dividire, und so jedem einzelnen dieser Theilbegriffe eine Theilsumme des Hauptgedankens zuwende. Jede Theilsumme besonders wird hierauf wieder zur Mehrung des Hauptgedankens angewandt, wodurch es entsteht, daß ich die Hauptempfindung ununterbrochen mit ihren eignen Nebenempfindungen vervielfache. —

Ebenso dividire ich jeden Haupt-Theilgedanken durch seine, ihm eigenen, Nebenbegriffe, erhöhe ihn mit den entstehenden Summen, und füge das Ganze sodann dem Grundgedanken als Multiplicator an. —

Sobald der Hauptgegenstand einer Darstellung festgesetzt ist, und diejenigen Begriffe, die ihn vermehren oder erhöhen sollen, der Einbildungskraft vorliegen, hat der Redende sein letztes und höchstes Augenmerk auf die Ineinanderfügung der Ideen zu richten. Alle Begriffe im Voraus zur Ineinanderfügung zu ordnen, ist nicht immer nothwendig; oft könnte dies die Grundordnung einer zu schwierigen, doppelten Mühe unterziehen. Ferner kann bisweilen die Fügung um so leichter sein, wenn der betreffende Moment selbst sie gibt, und es wäre mitunter nicht gut, dem Geiste im Voraus gewisse Wendungen zu bestimmen, die ihm das Gefühl weit richtiger während der Rede selbst anzeigen kann. Nichts desto weniger aber muß die Fügung passend, leicht und harmonisch vor sich gehn, so daß jeder Begriff nicht höher noch niedriger hingestellt wird, als es das Gewand der ganzen Darstellung erfordert. — Alles, was wir bis jetzt über Festigkeit des Bewußtseins und Zurückdrängen der überflüssigen Vorstellungen sagten, ist hierzu besonders zu berücksichtigen, und muß bei der Gedanken-Fügung zur eigentlichen, wirkenden Anwendung gebracht werden.

Bei der Eintheilung der Begriffe nach Werth und Ableitung ist auch ihretwegen darauf zu sehen, inwieferne sich die Nebenbegriffe zu ihren Hauptbegriffen und alle Theile zum Hauptgegenstande hinsichtlich ihres Naturalwerthes verhalten. In diesem muß zugleich ermessen werden, ob das für den Zuhörer Interessantere mit einer lebhafteren Farbe bekleidet werden kann oder nicht. In einem solchen Falle kann das Interessante zur doppelten Eintheilung bestimmt und mehreren minder wichtigen Begriffen zugetheilt werden.

Wiederholungen sind zwar strenge zu vermeiden, aber das im Naturalwerthe Hervorstehende läßt Wiederholungen zu, wenn diese den Hauptgegenstand mehr in's Licht setzen können. Wir haben schon früher auseinandergesetzt, daß die Entwickelung der Ideen dergestalt Statt zu finden habe, daß wo möglich mit den früher in die Seele eingegangnen begonnen, und so nach und nach auf die jüngsten oder letzteingegangnen übergangen werde. Nur in diesem Falle ist eine, sich während der Rede von selbst ordnende, Fügung der Gedanken möglich, durch die das ganze Gemälde eine richtige Farben-Vertheilung und Ineinanderschmelzung erhält, wie aus Folgendem ersichtlich wird:

Indem der Geist während der Rede das vorher in der Einbildungskraft überblickte Ganze in seinen Theilen zu umfassen hat, so tritt er in doppelt-wirkender Kraft auf. Die Trennung der geregelten Begriffe und Abhaltung derselben von den überflüssigen oder ungeregelten, macht es, wie weiter oben erklärt, nöthig, daß er 1) eine Peripherie bilde, innerhalb welcher er sich die ganze Darstellung hindurch bewege, und deren Gränzen er nicht überschreite. Was und worüber er reden will, das muß ihm im Ganzen klar und unwandelbar vorschweben, — das muß er in die Peripherie vor dem Beginne hinein ziehen. — Alle in der Einbildungskraft festgestellten Theilbilder, sollen nun während der Rede sich wie von selbst ineinander fügen; sie sollen sich bei der Entwicklung des Festgestellten von selbst durcheinander dividiren, nnd der Redner soll durch den inneren Blick des Bewußtseins Summen erhalten, und gebrauchen können, deren Berechnung durch den festgesetzten Standpunkt aller Theilbegriffe zueinander sich von selbst ergeben muß. — Hierzu muß der fixirende Geist nicht bloß als umfassender Umkreis des Darzustellenden sich gestalten, sondern er muß auch 2) zu gleicher Zeit das Centrum in sich selbst bilden, von dessen Standpunkt aus die wirkenden Strahlen in die Runde ausgehen. Man wird dies verstehen, wenn wir sagen, daß der Geist des Redners den um den Gegenstand geschlossenen Kreis vollkommen auszufüllen hat, daß er alles in sich, und nichts außer sich sein muß, so lange die Rede dauert, und daß durch die Offenbarung des Empfundnen und Gedachten das Bild eines See's aufzustellen ist, den der Zuhörer am Schlusse der Rede von allen Seiten umblicken kann. — Keine der entwickelten Empfindungen darf als vom Ganzen sich wirklich ablösend erscheinen. — Die Darstellung muß eine eröffnete Quelle sein, die nur eine gewisse Vertiefung ausfüllt, nicht aber darüber hinausströmt; so daß die Gedanken wie ineinander verbundene Tropfen sind, die zusammen eine Fluth bilden, von der nur die Quelle bekannt sein darf, und kein Abfluß. — In dem Momente, der den Redenden an die Behandlung eines bestimmten Begriffes fesselt, muß der Geist wahrhaft und fest bei diesem Begriffe sein; ist der Begriff aber von höherem Werth, und nur bei solchen darf der Redner länger verweilen, so muß ihm, außer denjenigen Ideen, die ihm, seinem Naturwerthe zufolge, nothwendig gebühren, noch eine Divisionssumme des Haupt- oder Grundgedankens zugewendet werden, durch die er mit letztrem in regressive oder progressive Verbindung tritt. Das Centrum sei ununterbrochen der Grundgedanke, und der Grundgedanke sei im Zeitraume der Darstellung so innig mit dem Geiste des Redenden verflochten, daß ihm alle, und selbst die fremdartigen Theilbegriffe als nur von ihm ausgehend erscheinen. Das Umfassen aller Haupt- und Nebenbegriffe muß schon an und für sich so fest sein, daß es mehr Mechanik wird, — aber das ächte reine Geisteswirken, das klar und ordentlich seine Strahlen belebend in's Ganze verflicht, muß innerhalb des Umkreises sich bewegen, von der Peripherie aus auf's Centrum, von diesem zurück durch die Radien auf den kleinsten Punkt des Umkreises sich verpflanzen, und so in der ganzen Darstellung Ein Leben, Eine Seele, Eine Auffassung bekunden, wenn auch Schmelz und Farbenwechsel noch so manichfaltig sind. —

Wohl können sich noch während der Rede Begriffe entwickeln, die der Redner vorher nicht bestimmte; es kann durch irgend eine Wendung eine ganz neue Ansicht des Hauptgegenstandes sich eröffnen, und, um es deutlicher auszudrükken, es kann ein Bild im Bilde entstehen. Nicht nur, daß die Mitverflechtung eines solchen, durch innern geistigen Widerstrahl, oder durch die Selbsterweckung der Erinnerung hervortretenden Bildes nicht schadet, — sondern es kann eine solche Ansicht, wenn sie zur passenden Zeit vor die Seele des Redners tritt, gerade den schönsten und höchsten Schwung des Geistes erzeugen. Aber dann ist ein Aufrechthalten des Grundgegenstandes nur möglich, wenn das erwachende Bild innerhalb des geschlossenen Kreises zur Anschauung gebracht, und wenn der vorgesetzte Grundgedanke nicht dadurch aus dem Mittelpunkte verdrängt wird. Der tiefste, innere Geistesblick, und dies ist gerade das Centrum oder der belebende Mittelpunkt, sei unverrückt der nämliche, — ein Fels, um den die Gedankenfluth sich rund erhebe. Damit dieser innere Blick nun Centrum im Grundgedanken bleibe, auch wenn ein neues Bild sich während der Rede eröffnen sollte, so werde auch dies Bild so hingestellt, daß es Leben und Licht nur durch den Grundgedanken erhalte. Dieser sei immer und unverändert die nährende Mutter, und nichts verführe den Redner, von ihm mehr, als unumgänglich nöthig, abzuweichen. So wie die menschliche Empfindung die stärkste Anziehungskraft sein kann, so ist sie auch nicht selten abziehend, und zwar gefährlich abziehend, denn die Kraft der Empfindung ist wohlthuend, süße, allmächtig. Der

Redner aber ist verloren, der über irgend eine Empfindung, und sei sie für den Zuhörer momentan die interessanteste, sich selbst vergißt. — Ruhig schöpfend aus dem selbsteröffneten Geistesquell, der als Mittelpunkt das betretene Gebiet befruchtet, gebe der Darsteller keiner seiner erwachenden und erweckten Empfindungen mehr Werth, als den sie wirklich besitzt. Erregt aber diese oder jene seine Seele auf eine Weise, daß er zu höherem Schwunge hingezogen wird, und daß sein Geist verschwenderisch bei einer anderen als der Hauptempfindung verweilt, so vergesse er mindestens nicht, daß er momentanem Reize sich hingibt; er vollende den Aufschwung mit dem Bewußtsein, daß er sich aufschwingt, und kehre ruhig wieder zurück zur verlassnen Quelle. Sie allein löscht den erregten Durst des Zuhörers; alles Andere wird ihn nur vermehren.

Der Divisor des Grundgedankens liegt bei jeder Darstellung im Zwecke, und hängt immer von diesem ab, so wie auch sein Werth sich nach ihm richtet. — So wird z. B. der Divisor sehr verschieden sein zwischen einem Gutsbesitzer, der die Schönheiten seines Gutes darstellt, um es zu verkaufen, und dem, der eine Beschreibung davon macht, bloß um die Schönheiten desselben darzustellen. — Da es nur Eine Wahrheit gibt, so wird natürlich die entstehende Hauptsumme sich immer gleich sein, sobald die Wahrheit berücksichtigt wird; — dennoch aber wird durch die Verschiedenheit im Werthe des Divisors immer ein großer Unterschied in der Ausschmückung und Lebhaftigkeit der Darstellung u. s. w. entstehen können. — Der Divisor der Theil-Hauptgedanken liegt im Verhältnisse derselben zum Grundgegenstande. Sie müssen so eingetheilt, oder die durch sie entstehende Divisionssumme muß so angewendet werden, daß ihre Nebenbegriffe klar und zum Hauptgedanken passend an's Licht treten, und daß der ihnen zufallende Antheil von Bekleidungsideen ihre Anschauung in gesteigertem Uebergange oder Rückwirken auf den Hauptgegenstand erzeugt. Die, sie erzeugenden Empfindungen müssen die Neigungen des Zuhörers stufenweise für den Grundzweck stimmen, erhöhen und lenken. Auch im kleinsten Gedanken, der durch Ineinandertheilung entsteht, sei Leben, Licht und Schatten, und die Vertheilung der Theil-Hauptgedanken sei nie eine stiefmütterliche. Es ist so leicht, Empfindungen in Andrer Gemüth zu hauchen, wenn man nur sich selbst in der Gewalt hat, sein eignes Denken genau kennt, und es in der Seele mit dem Leben wahrer Gemälde bewußt und ruhig in Verbindung setzt! —

Das Zutheilen bestimmter Ideen an bestimmte Begriffe liegt schon so in der Natur der Sache, daß ein nur etwas feines Tactgefühl des Darstellers bei der Fügung gar nicht fehlen kann. —

Einen allgemeinen Redner-Tact kann es nicht geben, da es kein allgemeines Denken gibt. Der jedesmalige Tact tritt erst durch's Wesen der Darstellung hervor. Im Allgemeinen läßt sich nur annehmen, daß derjenige Tact, der unmittelbar aus dem Wesen des Empfundenen, und nicht durch Reflexion erzeugt wird, davon abhängt, ob die Seele abgeschlossener in sich oder ob sie mehr in Fremdes eingehend empfindet. Man kann das Erste das „freiwillige Empfinden" (sentiment spontané), das Zweite aber das „sich erhaltende Empfinden" (sentiment entretenu) nennen*). Der sicherste Tact aber ergibt sich immer daraus, daß die mehr reifen, geläuterten Empfindungen den Weg zur Hauptvorstellung bahnen, daß die erwachenden Gedanken sich in steigender Fortschreitung zu einander verhalten, und daß die Entwickelung zwanglos, dabei aber doch mit steter Berücksichtigung der inneren Ruhe geschehe; diese Ruhe sei unterstützt durch klare Uebersicht der Ordnung und strenges Ver-

*) Von diesem Punkte aus betrachtet, dürfte das weibliche Geschlecht zum Tacte mehr geeignet sein, weil es mehr in sich abgeschlossen empfindet. —

bannen des Unpassenden. — Dies Alles aber wird am leichtesten und zweckmäßigsten bewirkt durch das Voraussenden der bekannteren Vorstellungen, und die Folgerung auf diejenigen, die erst neu eingingen, und während der Entwicklung noch zur Klarheit zu erheben sind. —

Soll nun während der Entwicklung älterer Vorstellungen eine richtige Fügung entstehen, so müssen alle vorausgehenden Haupt-Theilbegriffe in irgend eine geistige Beziehung zum Hauptgedanken gesetzt werden, so daß man die nachfolgende Hauptsumme zum Theile schon in den vorausgegangenen Gedanken erblicken kann, und der Zuhörer ohne Mühe, und ohne daß er diese Absicht merke, bis zum Gipfel der Darstellung hinangeführt wird. —

Die Gedankenfügung zerfällt in

a) Vertheilung der unabhängigen Nebenbegriffe durch die vom Hauptgegenstande bedingten;

b) Vertheilung der abhängigen, oder bedingten Begriffe untereinander selbst.

Unabhängige Theilhauptbegriffe sind solche, die mit dem Grundgegenstande in ein Gleichungsverhältniß treten, ohne nothwendig aus ihm hervorgegangen zu sein. Da nun aber alle dem Zuhörer versinnlichten Theilbegriffe mindestens scheinbar als nothwendig dem Hauptgegenstande entsprossen sich darstellen müssen, so müssen die unabhängigen durch nothwendige dividirt, oder, was dasselbe ist, unter sie vertheilt werden, wodurch das Verhältniß ihrer nothwendigen Hervorgehung aus dem Grundgegenstande mittelbar hergestellt wird. Daß die Wesenheit dieser unabhängigen Begriffe jedoch an und für sich schon eine Verbindung mit dem vorgesetzten Grundgegenstande zulassen müsse, ist natürlich, weil sonst bei ihrer Division durch ächte Theilbegriffe dem Grundgegenstande nur unpassende, und ganz fremdartige Theilsummen erwachsen würden. So könnte ich z. B. bei dem Thema oder Grundgegenstande „Naturgesetz" die Begriffe des menschlichen Naturgesetzes durch passende Divisionen sehr leicht mit Begriffen des thierischen Naturgesetzes in Zusammenhang bringen, und von dem letztern steigerungsweise zum erstren übergehen; unpassend aber und falsch würde es sein, wenn ich bei dem Thema oder Grundgegenstande „Menschenrecht“ Divisionssummen aus der den Thieren schuldigen Verpflichtung zur Anwendung bringen wollte. Dies könnte höchstens im Scherze, oder bei humoristischen Darstellungen geschehen.

Ferner ist bei den unabhängigen Begriffen genau zu überlegen, inwiefern sie bei der Entwickelung in ein progressives oder regressives Werthverhältniß zu dem Grundgegenstande zu setzen sind. Man kann sich, da sie als zum Theil für sich allein bestehend, nicht immer eine ganz genaue Verschmelzung zulassen, leicht täuschen, und während man sie in aufsteigender Linie mit dem Grundgegenstande zu vereinen wähnt, diesen gerade dadurch oft herabziehen; es ist daher meist gerathener, sie, wenn die Umstände kein längeres Ueberlegen zulassen, in ein regressives Verhältniß zu setzen.

Die Summen der unabhängigen und abhängigen Theilbegriffe verhalten sich zueinander, wie die Hauptsumme der unabhängigen Theilbegriffe unter sich zur Hauptsumme des Grundgegenstandes. Man hat daher bei der Gedankenfügung darauf zu sehen, daß der unabhängigen Theilbegriffe nicht zu viele sind, denn je mehr sich die Größe ihrer Hauptsumme der des Grundgegenstandes nähert, um so überwiegender wird ihr Werth zu dem der nothwendigen oder abhängigen Theilbegriffe sein, und um so mehr also werden sie dieselben verdunkeln; eine Verdunkelung der nothwendigen Nebenbegriffe durch unabhängige darf aber bei der Rede niemals Statt finden, wenn nicht der Hauptgegenstand selbst darunter leiden soll.

Die unabhängigen Theilbegriffe müssen dergestalt durch die nothwendigen dividirt werden, daß die Resultate, als den Grundgegenstand wesentlich hervorhebend, an's Licht treten, und da dieser dem Zuhörer fortwährend vorzuschweben hat, so müssen sie während ihres Gebrauchs beständig in merklicher Berührung mit ihm bleiben, welche Berührung alsdann natürlich durch ihre Verschmelzung mit den nothwendigen Begriffen Statt findet. —

Die Fügung der nothwendigen Begriffe unter sich ist durch den Zweck des Hauptgegenstandes bedingt, und diese Fügung kann nur bei denen Statt finden, die ihrem Werthe nach zu Theil-Hauptbegriffen erhoben werden können. Diesen wird, nachdem sie unter sich schon durch Divisionen zweckmäßig aufgelöst und eingetheilt sind, noch vom Hauptgegenstande eine Theilsumme zugewendet, indem derselbe nach Herstellung der Proportion der einzelnen Theilhauptbegriffe durch einen jeden derselben dividirt werden muß. — Indem wir auf diese Weise die Verbindungspunkte aller Theilbegriffe untereinander in gerader Richtung nach dem Hauptgegenstande herstellen, und diesen dabei fortwährend zur Anwendung zu bringen genöthigt sind, erzeugen wir eine Kette der Ideenverflechtung, bei welcher dem Zuhörer der Hauptgegenstand zwar bis zuletzt als passendes Schlußglied aufbewahrt, und seine Aufmerksamkeit spannend, bis zum Schlusse unbekannt bleibt, bei der aber zugleich dieser Hauptgegenstand ihm allmählig in seinen Theilbildern überzeugend zur Anschauung gebracht, und dergestalt durch denselben der Zweck der endlichen Hervorleuchtung eines beabsichtigten Grundbildes steigerungsweise erfüllt werden kann. Und dies bildet die Grundlage zur rhetorischen Improvisation, die wir im nächsten Abschnitte behandeln werden. —

Improvisation.

Wenn wir uns während einer Wasserfahrt im Boote befinden, und die Schiffer verstehn geschickt zu rudern, so sehen wir zwar das Einsenken der Ruder in's Wasser, allein wir spüren nicht jedesmal bei diesem Einsenken einen neuen Ruck oder Stoß des Schiffes, und wenn wir unser Auge von den Rudern wegwenden, so gleiten wir so ruhig dahin, als ob das Schiff durch gar keine äußere Kraft bewegt würde, denn wir bemerken nicht, daß die Bewegung durch Ruderschläge geschieht. Dies rührt ganz einfach daher: daß der Bootsmann, sobald das Schiff einmal in Gang gesetzt ist, mit dem Einsenken des Ruders nicht jedesmal so lange wartet, bis der, dem Schiffe zuvor gegebene Schwung ganz vorüber ist, sondern den Ruderschlag immer *vor* dem Aufhören des zuletzt bewirkten Fortschwunges vollführt, weshalb denn natürlich die im Boote Sitzenden keinen Ruck desselben bemerken können, da es keinen Stillstand erleidet, und die verschiedenen Abschnitte der bewirkten Fortbewegung unmerklich ineinander verschmelzen.

Dies Beispiel bildet den einzigen, genau treffenden Vergleich mit dem improvisirenden Redner.

Wie wir (in der zweiten Abtheilung) ein *Zurückdenken* des Redners erläuterten, so kommen wir nunmehr auf das *Vorausdenken* bei der Rede.

Die Empfindungen, die bei der Darstellung eine für sich bestehende Periode bilden, sind bei der Verlautbarung jedesmal als eine geistige Schwingung zu betrachten, deren letzte Momente mit dem Anfange der folgenden Periode verschmolzen werden müssen; nämlich der Redner muß es, um zur Vollkommenheit des Darstellens zu gelangen, endlich dahin bringen, daß er, während er den einen Gedankenkreis noch in Worte kleidet, oder ausspricht, schon den folgenden in sich ausbildet, und dergestalt in ununterbrochner Ideenfolge sich fort zu bewegen vermag. Indem sich das geistige Auge mit der gegenseitigen Ideenverbindung beschäftigt, hat es fortwährend voraus zu blicken, und den später folgenden Ideenabschnitt noch während der Entwicklung des Gegenwärtigen heranzuziehen, so daß es jedesmal um eine Ideenperiode mehr überblickt als der Redner ausspricht. Auf diese Weise erringt dieser den doppelten Vortheil, daß sich nicht so leicht eine fremdartige Idee zwischen zwei Perioden zu drängen vermag, und daß dem Zuhörer kein Haschen oder ängstliches Suchen nach einer neuen Begriffsreihe ersichtlich wird. Da ihm schon vorher die Uebersicht der in ihm festgesetzten Bilder das Ganze unter einen Geistesblick bringen hilft, und da er ferner schon vor Beginn der Rede sich des Werthes einer jeden nothwendigen Empfindung Behufs der Steigerung zum Grundbegriffe bewußt sein muß, so wird ihm die geistige Verarbeitung der jedesmal folgenden Idee schon dadurch leichter werden, daß sie ihm im Geiste beständig vorschwebt; nur muß er ja nicht vergessen, unsere früher erläuterte Entwicklungsart hierzu anzuwenden, und die älteren, schon früher in seine Seele eingegangenen Empfindungen wo möglich vorantreten zu lassen. Der improvisirten Rede liegt diese Art der Entwicklung unbedingt zum Grunde, weil, wie gesagt, die Empfindungen um so fähiger zur Klarheit sind, je länger sie sich in der Seele befinden, und je mehr wir Gelegenheit hatten, mit ihnen vertraut zu werden. Indem daher der Redner die ihm bekannteren vorausgehen läßt, wird er sich auf eine minder mühevolle und zwanglosere Weise mit der Verlautbarung derselben beschäftigen, und sich während dem den folgenden mit um so mehr Aufmerksamkeit hingeben können. Während er, mit der größten äußern Ruhe in Wort und Mienen, sich ausspricht, muß sein Geist in ununterbrochner Thätigkeit verbleiben, und dem gegenwärtigen Worte immer weit voraus sein, so daß der lebendig gewordne Gedanke zwar mit der inneren arbeitenden Kraft fortwährend in Verbindung bleibt, aber dieselbe nie eher einholt, als am Ziele, d. h. am Schlusse der Rede; so wird es dem Redner möglich werden, sich den später folgenden Gedanken in seinem Innern viel früher gleichsam durch sich selbst zuflüstern zu lassen, wobei es ihm nach einiger Uebung gerade so erscheinen wird, als ob ihm bei der Improvisation das Gedächtniß unterstütze, ihm der kommende Gedanke schon längst bekannt sei, und er ihn auswendig gelernt habe. Es wird ihm zuletzt so vorkommen, als sähe er während er spricht die später kommende Idee verkörpert vor seinem äußern Auge schweben. Die geistige Fixirung des Objectes erhält hier also die schöne Anwendung, daß sie der später erwachenden Empfindung im Voraus den Weg zur Gedanken-Erhöhung bahnt, und dabei fortwährend die belebende Stütze des gegenwärtigen Gedankens bei dessen Lautwerden bildet. — So wird sich von selbst eine Gedankenfügung im Innern basiren, bei welcher der Redner mit festem Vertrauen sich der Richtung seines geistigen Auges hingeben darf, indem eine jede Idee im Momente ihrer Aussprechung sich ihm als so bekannt dargeben wird, daß es ihm scheinen muß, als kleide sie sich selbst in's Wort, und als ziehe sie ohne eigne Bemühung seines Geistes das Folgende nach sich.

Die nach Innen gerichtete Willenskraft des Menschen erlangt bei nur einiger Uebung eine so unglaubliche Stärke, und gibt dem auffassenden Geiste eine solche Gewandtheit, daß der improvisirende Redner mitunter gar nicht nöthig hat, sich mit der Hervorziehung der in ihm schlummernden Bilder zu beschäftigen, sondern daß er vielmehr von seinen Ideen gesucht sein wird; ja, die bei der Improvisation in höherem und lichterem Grade unterhaltene Ideenreflexion wird ihm im Strome der Rede sehr häufig Begriffe zuführen, von denen er früher nicht die leiseste Ahnung hatte, und deren Hoheit er sich vorher gar nicht zugetraut haben würde. Nirgends zeigt sich die Ideenassociation erhabener und reicher, als bei dem improvisirenden Redner, wenn er völlig Herr seiner Willenskraft ist, und mit vollkommner Ruhe und Geistesgegenwart sich der innern Fixirung seines Gegenstandes hingibt.

Die Ergreifung des jedesmaligen Nebenbildes zur Einkleidung in's Wort muß dergestalt Statt finden, daß die ausgesprochne Idee als das zunächst Folgende in sich bedingend erscheint, damit der Zuhörer so wenig den Faden verliere, als der Redner selbst. Der Redner leitet ferner den Faden seiner Darstellung in der Einbildungskraft fort, während der Zuhörer ihn zum Theile mit seiner Erwartung auffaßt. Der Zuhörer hat fortwährend nur Momente der Darstellung vor sich, während der Redner ununterbrochen das Ganze überschaut; es muß daher der Darsteller dafür sorgen, daß des Zuhörers aufgefaßte Momente von Periode zu Periode ein Ganzes unter sich bilden, und schon deshalb allein bedarf es des Vorausdenkens, um keine merkliche Unterbrechung unter denselben herbeizuführen. Denn, sobald der Zuhörer zu weit abgeleitet wird von der Darstellung, und sich selbst damit beschäftigen muß, einen Moment mit dem andern zu verbinden, so wird seine Aufmerksamkeit auf eine störende Weise getheilt, und der in seiner Seele plötzlich durchbrochne Empfindungsstrom von minder günstigem Eindrucke für den Redner sein. Der Hörer muß dermaßen in den ungehemmten Strom der Darstellung mit hineingezogen werden, daß er seine Persönlichkeit zuletzt ganz vergißt, daß er ganz aus sich heraustritt, und seine Ideen mit denen des Redners identificirt werden. Um dies zu bewirken, ist es die erste Pflicht des Redners, den Zuhörer durch eine ununterbrochen gleichmäßige, fortwährend gesteigerte Auffassung seines Gegenstandes gar nicht zur Beschäftigung mit sich selbst kommen zu lassen, und ihn mit ergreifender Macht an die Aufnahme des verhandelten Gegenstandes zu fesseln. Das Hinaufziehen des Zuhörers zur lichten Höhe der Ueberzeugung, um seine Seele mit der Allgewalt der süßen Empfindung sich in dem Entschlusse der freien und selbstthätigen Handlung wiegen zu lassen, — das unwiderstehliche, innere Erwecken der klaren und selbstständigen Ansicht, um ihn zur beabsichtigten, schönen That hinzuleiten, — das Umwandeln des, im Schooße des falschen Glaubens, oder fremdartigen Zwanges ruhenden dunkeln Begriffes, in den Lichtstrahl der Wahrheit, um ihn aus der Beschränktheit seiner innern Sclaverei zur Würde freier Thätigkeit hinzuleiten, — das Pflanzen der hohen göttlichen Ideensaat in's zweifelnde Herz, um es zum Lichte der richtigen Erkenntniß hinzuführen: — das Alles gehört mit in den Beruf des selbstdenkenden Redners, und von seiner mehr oder minder festen, inneren Anschließung an seinen Gegenstand wird es abhängen, inwiefern er dieser Sphäre seines Berufs entspreche, oder nicht.

Der improvisirende Redner muß sich bei der Darstellung von seinen Ideen umgeben sehen, wie von einem Kreise liebender Kinder, die er mit Sorgfalt und Kenntniß ihrer Gemüthsart aus seiner Seele hinausschickt, um sie den Empfindungen seiner Zuhörer zur Pflege zu übergeben. Je einfacher und wahrer er das Folgende aus dem Vorhergegangenen entwickelt, um so inniger wird die Aufnahme bei seinen Hörern Statt finden; sein Bereden sei vielmehr ein Zureden, ein kindliches Mittheilen, durch das er sich selbst der geistigen Theilnahme seiner Hörer zur weitern Führung zu überlassen scheint, während er es ist, der sie führt. Damit aber seine eignen Bilder mit jenen der Hörer Hand in Hand zu gehen vermögen, müssen zuvor seine Ideen in ihm selbst Hand in Hand gehen, und in ununterbrochnem Vereinthalten derselben muß er auf derselben Bahn an's Ziel gelangen, die er zu Anfange der Darstellung in lichter Klarheit betrat. Seinen Geist mit genauer Umfassung aller Theilbilder unverrückt auf den Grundgegenstand richtend, muß er mit unerschütterlichem Bewußtbleiben der Verhältnisse des Einzelnen zum Ganzen und des Ganzen zum Einzelnen eine einzige regelmäßige Verkettung aller Begriffe zueinander in sich bewirken, und sie in derselben Ordnung, wie er sie dem natürlichen Werthe nach in sich festgestellt, vor die Seele seiner Hörer hintreten lassen. Dabei darf er sich von dem vielleicht zufällig sich ergebenden, scheinbar größeren Werthe irgend eines an die Reihe gekommenen Nebenbegriffes nicht verblenden lassen, und ihm etwa eine größere Ausdehnung geben, als ihm im Verhältnisse zu den nachfolgenden Nebenbildern gebührt, sonst erlitten die zunächstfolgenden vielleicht eine momentane Verdunklung, und könnten den Redner leicht dergestalt beirren, daß er allmälig vom vorgesetzten Gange gänzlich abwiche. Da es, wie schon bemerkt, eigentlich so wenig eine ganz einzelne, unauflösbare Empfindung geben kann, als es einen wirklichen Punkt in der Mathematik gibt, und da wir vielmehr in jeder scheinbar einzelnen Empfindung immer noch eine unbekannte Anzahl in ihr enthaltner Theilempfindungen in uns entwickeln, so ist nichts leicht so trügerisch, als ein Nebenbegriff, der uns bei der Eintheilung zum Hauptbegriffe als in sich abgeschlossen erscheint; woher es denn auch kömmt, daß uns oft bei der Darstellung der äußere Anblick des geringsten Gegenstandes in unserem Ideengange zu stören vermag, wenn er, wie das zufällig geschehen kann, eine nähere oder entferntere Reflexion im Bezuge auf das von uns Darzustellende zuläßt. Der Redner also hat, wenn Einmal dem betreffenden Theilbegriffe in der Uebersicht ein bestimmter Platz, und bei der Eintheilung ein bestimmter Werth angewiesen ist, diesem Begriffe, sobald er bei der Darstellung zur Verlautbarung reif ist, durchaus keinen größeren Werth, als den ihm anfänglich verliehenen, beizumessen, denn der Hauptgegenstand könnte nur selten dabei gewinnen, wohl aber jedesmal dabei verlieren. Da es ferner in der menschlichen Seele keinen Stillstand geben kann, indem ihr Leben im Empfinden besteht, und da gerade bei der unmittelbaren Rede ihre Regsamkeit in besonders starken Anspruch genommen werden muß, so ist es gar nicht zu verwundern, wenn dem improvisirenden Redner alle Empfindungen weit heftiger und in stärkerer Begleitung zuströmen, denn die Seele, Einmal in besonders starken Zug nach irgend einer Richtung gebracht, übergibt dem geöffneten Strombette gewöhnlich einen stärkeren Zufluß von Ideen, als man wünscht, sobald ihr der Redner zum Gange seiner Empfindungen wirklich nur dies Eine Strombette in gerader Richtung nach seinem Hauptgegenstande eröffnet. Es ist alsdann zwar nur Einer ihrer Strahlen, den sie hinzuleiten läßt, aber der in ihm enthaltenen Ideengebilde sind meist unzählige. — Dies macht bei der Fügung der Ideen nothwendig, daß wir in kürzeren Zwischenräumen die Theilbegriffe unter sich selbst dividiren, damit etwa nicht im Bezug auf den Grundgegenstand, oder den Hauptdividenten, dieser Hauptdivident am Ende kleiner dastünde als der Divisor, in welchem Fall' eine Division unmöglich wäre, sondern anstatt derselben ein Bruch entstünde. Es ist selbst bei der genauesten Uebersicht und bei der festesten vorausgegangenen Abrundung nicht zu vermeiden, daß wir während der Darstellung eine Menge anderer unerwarteter Ideen mit den uns bewußten herbeilenken, und der improvisirende Redner kann unmöglich Alles vorauswissen, was sich durch Association im Laufe seiner Darstellung den bestimmten Empfindungen vereinen dürfte. Man kann daher von ihm eigentlich nicht verlangen, daß er das darzustellende Ganze in seinen kleinsten möglichen Details in einem so kurzen Zeitraume in sich feststelle, als ihm vielleicht zum Entwerfen der Grundlage seiner Improvisation vergönnt sein dürfte; denn es gibt Gelegenheiten, bei denen dem öffentlichen Redner zur nothwendigen Insichabschließung des Darzustellenden, vor dem Beginne der Rede kaum einige Secunden übrig bleiben. Nun ist zwar die Schwungkraft des menschlichen Geistes ungeheuer, ein einziger, fester und willenskräftiger Blick mit dem innern Auge, und wir haben in einem kaum denkbar kurzen Momente einen beliebigen Kreis von Ideen in uns umschlossen, sobald wir nur erst unsere innere Ordnung seit längerer Zeit erkannt, und auf gehörige Weise in uns festgestellt haben; aber demohnerachtet sind wir bei der improvisirten Rede mehr oder minder genöthigt, uns in einen Strom zu stürzen, von dem uns viele Stellen noch unklar und unbekannt sind. Und so tritt denn hier ein von uns früher nur dunkel berührtes Haupterforderniß ein, nämlich: daß der Darsteller Schritt vor Schritt mit sich selbst zu gehen habe; des jedesmaligen gegenwärtigen Momentes muß er sich durchaus so klar bewußt sein, daß er den folgenden darauf zu gründen vermag, und mit der größten Sicherheit mindestens zurück, wenn auch nicht vorausblicken kann; er muß mindestens im Voraus, wenn nicht die Untiefen, doch den Lauf und die Ufer seines Stromes genau kennen, sonst ist er immer verloren, er mag sich so kühn hineinstürzen, als er nur immer wolle. Unmöglich mag es sein, sich aller und jeder zufälligen und störenden Einflüsse zu erwehren, unmöglich mag es für Manchen sein, vor Beginn der zu improvisirenden Rede Alles und Jedes schon zu wissen, was da kommen könnte, unmöglich mag es sein, bei gewissen im Innern eintretenden Ideenverwickelungen nicht momentan in Zweifel oder in eine kleine Verwirrung zu gerathen, — aber möglich ist es bei der ungeheuren Schnellkraft des geläuterten menschlichen Gedankens, mit einem einzigen geübten Geistesblicke die Hauptkrümmungen oder Wendungen des zu eröffnenden Stromes im Voraus zu überschauen; möglich ist es, daß, wenn wir den Gegenstand, über den wir sprechen wollen, wirklich kennen und in uns tragen, wir uns mit Leichtigkeit durch alles auf uns Einstürmende hindurch bewegen, sobald wir uns eine innere Grenze ziehen, über die hinaus wir nicht treten, und sobald wir im Voraus uns ein klares und lichtes Ziel oder einen Hafen vorgesetzt haben, nach dem wir ununterbrochen und unverrückt die ganze Darstellung hindurch hinstreben. Man wird uns also nicht mißverstehen, wenn wir sagen, daß der Redner bloß Schritt vor Schritt mit seinen eignen Gedanken zu gehen, und daß er sich an seiner eignen Ueberzeugung und an der Klarheit seiner eignen erwachenden Empfindungen unbedingt festzuhalten habe, als derjenigen Führer, die ihn, wenn seinem Ideengange, wie wir das nicht oft genug wiederholen können, nur eine genaue Selbsterkenntniß zum Grunde liegt, durch alles Unerwartete am sichersten hindurch leiten werden. —

Bei dem Vorausdenken haben wir vorzüglich nur das zu beobachten, daß wir denjenigen Haupttheilbegriff im Geiste festzuhalten suchen, der andern Haupttheildividenten zum Divisor dienen soll, und dabei den erst später folgenden Dividenten gleichsam im Voraus schon in uns ausrechnen, während wir uns noch mit einer gegenwärtigen Theildivision beschäftigen. Auf diese Weise werden diejenigen Theilbegriffe, die wir zum Dividenten eines Partial-Hauptbegriffes bestimmen, im Momente des Gebrauchs als schon geordnet zu ihrem Divisor vor uns hintreten, und dadurch, daß sie uns schon vorher im Geiste bekannt geworden sind, es der Einbildungskraft möglich machen, sich während deren Anwendung wieder mit einem später zu entwickelnden zu befassen, u. s. f., bis wir endlich alle entstandenen Theilungen zur Hervorhebung des Grundgegenstandes benützen können. Wir werden dergestalt eine Ideenkette bilden, deren Glieder wirklich ineinander greifen, und daher von keiner störenden Fremdidee zu durchbrechen sind. Alsdann treten aber auch alle früher entwickelten Kräfte in Eine Wirkungskraft zusammen, und die Reihung, Trennung, Mehrung und Fügung der Ideen kommen zu gleicher Zeit zur Anwendung. Die Begriffs-Umfassung ist dabei die ein für allemal um die, zur Darstellung als nothwendig sich ergebenden Begriffe gezogene Grenzlinie, oder Peripherie. Innerhalb dieser Umfassung, aber auch nur innerhalb derselben, wird das geistige Triebwerk in Gang gebracht, und demselben wo möglich ein Theil des innersten Seelenvermögens dermaßen verbunden, und zugewendet, daß dieser Theil unsrer Seelenfähigkeit, so lange die Darstellung dauert, einzig und allein für sie in Bewegung gesetzt wird. Indem wir durch diese identische Verschmelzung eines bestimmten Strahls unseres Seelenlebens mit einem zur Rededarstellung in bestimmte Bewegung kommenden geistigen Triebwerke, diesem Triebwerke das erforderliche Lebensprincip, dessen es zu seiner periodischen Bewegung bedarf, aneignen, kann die Seele ungehindert durch unsre Darstellung, und ohne diese zu hindern, sich mit der Belebung ihrer übrigen Strahlen beschäftigen, und außerhalb der von uns gezognen Grenzlinie die zu ihrem Leben nothwendigen, neuen Empfindungen in beliebiger Anzahl aufnehmen. Unsere äußeren Sinne können mithin auch von ihr beschäftigt werden, ohne daß wir dadurch eine störende Einwirkung zu befürchten haben.

Der geistige Strahl, der bei der Richtung unsres inneren Auges und dessen Fixirung auf den Hauptgegenstand, über alle Theilbilder hinweg nach dem Grundbilde sich zieht, enthält sodann in sich alle in seiner Richtung jedesmal befindlichen Theilbegriffe als eben so viele Auffassungs- und Ruhepuncte. Da nun dieser, die Richtung des Geistes bildende Strahl jedesmal wieder auf einen andern Punct des Grundbildes zu fixiren ist, so oft die in ihm enthaltenen Theilbilder schon ausgesprochen worden, so entsteht es: daß alle Theilbilder sich zum Grundbilde wie Radien gestalten, welche Radien eben so viele Richtstrahlen des Geistes sind, als der Redner bestimmte Reihen von Theilbildern zu entwickeln hat; oder mit andern Worten: der Grundgegenstand, als Centrum, wird während der Rede wie eine Kugel geistig gedreht, um jedem neuen Radius einen neuen Fixirungspunct darbieten zu können; wie wir es durch folgende Figur versuchsweise zur Veranschaulichung bringen.

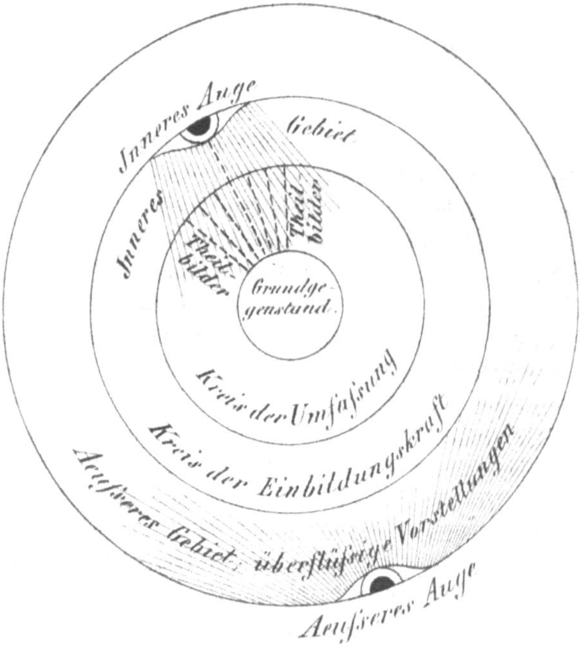

Die bloße, richtige Zueinander-Fügung dieser Radien-Puncte ist die Reihung, die Absonderung derselben (oder vielmehr ihr Entfernthalten) von den ausgeschlossenen überflüssigen Vorstellungen und ihre gegenseitige, abscheidende Gleichung unter sich, ist die Trennung, die durch sie bewirkte Erhöhung des Hauptgegenstandes, die Mehrung — und das Ineinanderfügen derselben die Fügung der Begriffe.

Nun ist es aber nicht gerade nöthig, daß diese vier Rechnungsarten bei jeder Darstellung in der nämlichen Weise nach einander folgen. Es kann häufig der Fall sein, daß die Division beginnt, und die Reihung oder Addition schließt. Dies ist z. B. in dem in der zweiten Abtheilung angeführten Reihungsexempel der Fall. Die Aufeinanderfolge derselben ist dem Redner frei gestellt; — nur darf er nicht etwa eine von ihnen ganz weglassen.

Bei obiger Figur wird es vor Allem auffallen, daß das innere Auge sich zwar innerhalb des Kreises der Einbildungskraft, aber außerhalb der Peripherie der Umfassung befindet. Allein man wird sogleich bemerken, daß die vom Grundgegenstande, oder dem Centrum, ausgehenden Radien durch die Grenzlinie der Umfassung hindurch und in das Gebiet der Einbildungskraft fallen, welches letztre nur durch das innere Auge beherrscht wird. Ferner wird man bemerken, daß wir unser Centrum als einen ausgedehnten Punct bezeichnen. Dies erklärt sich daraus, daß das innere Auge sein Gebiet eigentlich nur in der Einbildungskraft hat, und nur von ihr aus zu wirken vermag. Indem wir nun mit dem Geiste unsern Gegenstand mit allen seinen Theilbildern umfassen und abgrenzen, wird das innere Auge scheinbar von dieser Grenzlinie ausgeschlossen, und erhält auch wirklich nur jedesmal durch denjenigen Radius, mit dessen Theilbildern es sich gerade beschäftigt, und der seinen jedesmaligen Richtungsstrahl und Fixirungspunct bedingt, seine bestimmte Verbindung mit dem Grundgegenstande, oder dem Centrum, in welchem Falle sodann die Grenzlinie der Umfassung durch die Richtungslinie des inneren Auges von der Einbildungskraft aus durchbrochen wird. Dadurch wird der besondere Vortheil bewirkt, daß, während sich das innere Auge mit den Bildern eines gegenwärtigen Radius beschäftigt, alle übrigen Theilbilder noch innerhalb der Umfassungsgrenze zurückbleiben. Es zieht immer nur einen einzelnen Radius zum Grundgegenstande zu sich herüber, und erst, wenn dessen Theilbilder bereits in Worte gekleidet, und ausgesprochen sind, wird der nächstfolgende in das innere Gebiet herübergeleitet, und so fort, bis alle aus dem Hauptgegenstande erwachsenen Theilbilder diese Art von innerer Revue passirt haben, und einzeln zur Behandlung gekommen sind.

Auf diese Weise wird man dann auch den Uebergang von einem Theilbegriffe zum andern sehr erleichtert finden, und es werden nur höchst selten bemerkliche Lücken entstehen. Die größte Verlegenheit, worein der improvisirende Redner gerathen könnte, wäre die, daß sich einer der aufgefaßten Theilbegriffe plötzlich dergestalt in einer Menge von Nebenbegriffen vor ihm enthüllte, daß er sich, dadurch getäuscht, zu sehr vertiefte, und sich endlich vom Hauptgegenstande verlöre, ohne einen passenden Rückweg wieder finden zu können. Dieser Verlegenheit ist aber durch Befolgung unseres Grundsatzes schon im Voraus auf eine unumstößliche Weise abgeholfen, indem bei uns die jedesmal zu einander gehörenden Theilbilder als in Einer bestimmten Richtungslinie, oder einen Radius sich aufgestellt befinden, dessen Fixirpunct im Grundgegenstande, und dessen Ausgangspunct im geistigen Auge sich befindet. In einem solchen Radius kann ein Theilbegriff sich zwar plötzlich vor dem Redner in einer unendlichen Menge kleinerer Theilbegriffe auflösen, aber indem er sich dadurch zertheilt, und gleichsam in Stücken auseinanderfällt, wird dem Redner sogleich der in der Richtungslinie hinter jenem sich zunächst befindende Begriff vor's innere Auge treten, und es ihm (wenn er anders nicht in Verwirrung gerathen, und ihn verschmähen will) unmöglich machen, von dem betretenen Pfade zum Grundgegenstande gefahrbringend abzuweichen.

Dasselbe stützende Verhältniß tritt, und zwar aus demselben Grunde, bei der jedesmaligen Division eines Theilhauptbegriffes ein. —

Noch ist es nothwendig, das Gemischte in den Empfindungen so sehr als möglich auszugleichen, um auch in ihrer natürlichen Stellung ein möglichst gleichartiges Verhältniß herbeizuführen. Da das natürliche Empfinden bei der Aufnahme immer unwillkührlich geschieht, und der äußere Sinn unzähliche Male unwillkührlich wirkt, und der Seele Empfindungen zuführt, ohne daß das absolute Bestehen derselben alles neu Aufgenommene erforderte, so ist es nicht zu vermeiden, daß unsre Empfindungen sehr häufig so gemischter Art sind, daß dadurch unsere Neigungen eine starke Schwankung erleiden. Nun hatten die meisten Philosophen bis jetzt die Meinung, daß die Empfindung selbst ein Begehren oder Verabscheuen, d. i. eine Zuneigung oder Abneigung sei, und daher den Grundsatz aufgestellt, daß das Gemischte in den Empfindungen das Angenehme derselben herbeiführe. Da aber, wie wir früher erwiesen, die Neigung vielmehr zwischen Empfindung und Idee liegt, also selbst unmöglich Empfindung sein kann, so wird man uns verstehen, wenn wir sagen: daß das Gemischte in den Empfindungen, indem es den Reiz zur Gegengleichung †)

---

†) Vergleichung ist das Gegenüberstellen zweier oder mehrerer Begriffe, oder Gegenstände, um durch den Ver-

nährt oder erweckt, mitunter zwar eine mittelbare Ursache zum Angenehmen, doch nie das Angenehme unmittelbar sein kann. Nicht nur aber, daß es nicht das Angenehme ist, sondern bei der Rede kann es bei vorherrschendem Einflusse sehr leicht zur inneren Verwicklung beitragen, deren Schädlichkeit und Unzulässigkeit wir bereits hinlänglich auseinandergesetzt haben. Jede Mischung ist eine Durcheinanderfügung, und bedarf folglich zur Ineinanderfügung erst einer besonderen Ausscheidung und Ordnung.

So wie die einzelne Empfindung sich bis zum klaren Gedanken steigern muß, so müssen alle Empfindungen zusammen sich bei der allgemeinen Uebersicht zur umfassenden Klarheit des Ganzen aufschwingen. Folglich bedarf das Ganze, um zur Klarheit zu gelangen, so gut der Läuterung, wie jeder einzelne Bestandtheil desselben; das Vermischen aber hindert mindestens die Läuterung, und muß also vertheilt und beseitigt werden.

Das Verschmelzen der kommenden Idee mit der gegenwärtigen geschehe so unvermerkt als möglich. Die Fügung läßt nicht gut einen Abstand im Begriffe zu, falls dieser Abstand nicht etwa in der Gegengleichung zweier aufeinanderfolgenden Begriffe beruht. Aber auch eine zu starke Gegengleichung strengt das innere Auge an, und ermüdet es leicht. — Da man ohnehin die nächstkommenden

---

gleich ein in ihren Merkmalen beruhendes, harmonisches Resultat zu erforschen; Gegengleichung ist das Gegenüberstellen zweier oder mehrerer Begriffe oder Gegenstände, um ein aus ihrer Wesenheit hervorgehendes fremdartiges Resultat zu erforschen. In der Mathematik sollte daher eine genaue Unterscheidung zwischen Gegengleichung und Vergleichung Statt finden.

Ideen schon während des Aussprechens der gegenwärtigen vorauszusehen hat, so ist der stufenweise Uebergang oder die unmerkliche Verschmelzung um so leichter; denn in jedem Theilbegriffe befindet sich ein Haupt-Merkmal als Haltepunct, und dieser Haltepunct kann zur harmonischen Verbindung mehr oder weniger immer benützt werden. Dadurch entsteht das gleichmäßige Fortschreiten in der Rede, und die Verbindung des Einzelnen wird Zusammenhang des Ganzen.

In der natürlichen Stellung und Beschaffenheit eines jeden Theilbegriffes zeigt es sich, ob er Divisor oder Dividend zu sein habe. Im letzteren Falle muß er so viel natürliches Gewicht haben, daß man ihn zum Partial-Hauptbegriffe erhöhen kann. Zu diesem können sich bei der Fügung eignen

a) alle Nebenbegriffe, die zu dem Grundgegenstande in einem definitiv-aufklärenden Verhältnisse stehen;

b) alle diejenigen, welche in sich selbst erläuternder, und für den Hauptbegriff beweisender Grund sind;

c) diejenigen, welche zwar keinen beweisenden Grund in sich selbst bilden, die aber zur unmittelbaren Verstärkung eines andern beweisenden Theilbegriffes dienen können; und endlich

d) diejenigen, welche durch ihre Werthstufe dem Grundgegenstande bei der Entwicklung am nächsten stehen. —

Daß man das jedesmalige Resultat einer Theildivision zum Resultate der nächstfolgenden zu schlagen habe, ist schon bemerkt worden; wir fügen aber hier hinzu: daß je zwei und zwei solcher Divisionsresultate bei Theilhauptbegriffen auch wieder eine Subtraction voneinander zulassen, wenn es der Redner für gut finden sollte, irgend einem der folgenden Haupttheilbegriffe eine nicht zu große Erhöhungssumme zuzuwenden. Es versteht sich jedoch von selbst, daß alsdann jedesmal die restirende Summe der Subtraction durch gehörige Verbindung dem nächstfolgenden Divisionsresultate zuzuwenden sei. —

Mit dieser Steigerung wird in gleicher, fester Weise fortgefahren, und so endlich der Hauptbegriff aus dem klaren Werthe aller Nebenbegriffe zur Anschauung gebracht. —

VI.

Gedanken-Einkleidung.

(Regeln der Anwendung.)

Das Schickliche.

Unter dem Worte Einkleidung verstehen wir nicht die Bekleidung der Ideen mit dem lebendigen Worte, sondern das Einkleiden derselben in das geistige Gewand des zur Darstellung Schicklichen. Das Schickliche der Darstellung ist immer sowohl durch den Grundgegenstand, als durch die Absicht des Redners bedingt. Da nun die Absicht des Redners immer eine gute sein soll, so läßt sich der Hauptbestimmungsgrund des Schicklichen darin feststellen: daß, wenn der Grundgegenstand an und für sich ein edler ist, die Bestimmung des Schicklichen von ihm, — wenn er aber ein unedler ist, jene Bestimmung vom Redner auszugehen habe; d. i. bei eigenthümlich innerem Gehalte des Grundgegenstandes hat das Schickliche aus der objectiven Anwendung, bei solchen Gegenständen aber, die erst durch die Absicht des Redners einen Gehalt erlangen, aus der subjectiven Anwendung zu entspringen.

Ferner wird die Einkleidung in das Schickliche in weiterem Sinne bestimmt: durch das gegenseitige Werthverhältniß der einzelnen Begriffe zu einander und durch deren hervorleuchtende Eigenschaften zu denen des Grundgegenstandes. Bei der Rededarstellung ist die Schicklichkeit des Verlautbarten ein Haupterforderniß zur Vollkommenheit derselben, und je mehr in ihr das Schickliche mit dem Wahren harmonirt, um so mehr wird diese Harmonie zum beabsichtigten Erfolge des Redners beitragen. Sollte das Redegemälde auch noch so farbenreich ausfallen, und sollte das Thema zur Darstellung sogar die Unschicklichkeit eines Gegenstandes betreffen, so darf dennoch nicht das mindeste Unschickliche zur wirklichen Anwendung bei der Rede kommen, ja, es darf nicht einmal zum Schatten des Gemäldes wirklich benutzt werden, da, was das Unschickliche betrifft, dieser Schatten nur als gedacht hervortreten, nicht aber durch wirkliche Verlautbarung zur Anschauung kommen darf.

Durch die geistige Berechnung des Werthes der einzelnen Begriffe und durch das hergestellte Steigerungsverhältniß derselben ergibt sich gewöhnlich die Art und Weise der Einkleidung von selbst, indem die Ausscheidung des Werthlosen zum großen Theil die Ausscheidung des Unschicklichen in sich begreift. —

Schönheit der Darstellung.

Die, durch Harmonie oder Zusammenstimmung des Manichfaltigen zu Einem Ganzen und Einem Zwecke, erreichte Vollkommenheit einer Darstellung ist die vollkommne Schönheit derselben.

Bei der Darstellung des Redners muß die äußere Vollkommenheit mit der inneren zusammenstimmen, d. i. die Harmonie seiner Worte muß rein aus der Harmonie seiner Empfindungen hervorgehen, — sonst ist seine Darstellung, wie alles bloß äußere Vollkommene, eine unächte Schönheir, wäre sie in der Verbindung der Worte auch noch so gelungen zu nennen. —

Da die Theile des Ganzen bei der Rededarstellung durch innerliche Unterscheidung berechnet werden müssen, so hat der Redner die innere Harmonie oder gleichmäßige Uebereinstimmung derselben herzustellen, um sie in ein harmonirendes Verhältniß mit den zu erregenden Gefühlen seiner Zuhörer zu setzen; — dabei müssen seine inneren Bilder durch einen und denselben Bewegungsgrund bestimmt werden, welcher Bewegungsgrund unmittelbar aus ihm selbst oder auch aus dem vorgesetzten Objecte oder Grundgegenstande hervorgehen kann. Geht die Absicht des Redners als Bewegungsgrund aus seinem Objecte hervor, so entsteht die ästhetische Vollkommenheit der Darstellung, wenn das Zurückführen des Manichfaltigen in den einzelnen Theilen des Objects unter einen Brennpunkt mit der Absicht des Redners übereinstimmt, und diese ästhetische Vollkommenheit wird vollkommene Schönheit der Darstellung, wenn die Harmonie der aus dem Objecte hervorgegangenen Theilbilder der Harmonie der eignen Empfindungen des Redners gleich ist. Aus dieser Gleichheit der inneren und äußeren Harmonie entsteht das Vergnügen des Eindrucks, und aus der Zurückwirkung des Eindrucks auf die Beschäftigung des Verstandes und der Vernunft: das Vergnügen des Schönheitgefühls. Die Darstellung durch die Rede kann demnach ein schönes Kunstwerk genannt werden, wenn sie die Einkleidung schöner und vernünftiger Ideen in harmonisch-zusammenhängende Ausdrücke ist.

Der höchste Grad jener Schönheit, die durch den Zweck der Darstellung bedingt ist, ist „Harmonie der Schönheit;" der höchste Grad der Lebhaftigkeit und Stärke, die aus der geübten Einbildungskraft des Redners hervorgehn, und die Sinne des Zuhörers angenehm beschäftigen oder auf sie einen angenehmen Eindruck machen, begründet: die „Harmonie der Sinnlichkeit," (oder eigentlich der Sinnheit).

Wird diese Sinnlichkeit bei der Rede dermaßen zur klaren Anschauung gesteigert, daß daraus Ueberzeugung bei dem Zuhörer hervorgeht, so ist der Zweck erreicht, und die Darstellung kann vollkommen gelungen genannt werden.

Jeder Darstellung kann nur eine einzige bestimmte Absicht zum Grunde liegen. Will der Redner mehrere Zwecke durch Eine Darstellung erreichen, so müssen diese Zwecke in einem harmonischen Verhältnisse untereinander stehen, sonst verliert die Schönheit der Darstellung, durch die Theilung der Absicht nach verschiednen Richtungspunkten. Auch kann eine gemischte oder getheilte Absicht den Redner in seinen Ideen zu leicht verwickeln; auf jeden Fall aber ist sie bei dem Zuhörer von minder günstigem Eindrucke, da das Gemischte in der Absicht dessen Urtheilskraft nach verschiednen Richtungen zugleich lenkt, und ihn also zur anstrengenden Theilung seiner Empfindungen nöthigt. — Indem der Redner durch das Bewußtsein und die Uebersicht aller Theile seiner Darstellung mehr in ein gleichzeitiges oder bleibendes, der Zuhörer aber durch das aufmerksame Verfolgen der ausgesprochnen Ideen mehr in ein successives Verhältniß zu derselben tritt, so ist es Obliegenheit des Redners, die Aufmerksamkeit des Zuhörers wo möglich nur auf Einen bestimmten Grundgegenstand hinzulenken, und dessen Empfindungen nur für Eine Absicht reifen zu lassen. —

Das Gemälde des Redners muß eben so gut seine geistig sichtbaren Linien haben, als die Zeichnung des Malers oder Bildhauers ihre körperlich sichtbaren, und so wie sich bei den letzteren alle Linien gemeinschaftlich zu einem und demselben Ganzen zu verbinden haben, um die Vollkommenheit und Schönheit des Werkes hervorzubringen, so müssen die geistigen Linien des Redners zu einem und demselben Zwecke sich vereinen, um die Schönheit und Vollkommenheit seiner Darstellung herbeizuführen.

Eine eigentliche Form, wenn wir anders nicht die Formung der Worte und Sätze darunter verstehen wollen, kann zwar in der Darstellung des Redners nicht hervortreten; betrifft aber seine Rede äußere Gegenstände, die sich durch ihre Form versinnlichen, und bei welchen die Wesenheit der einzelnen Theile die Absicht und den Gang der Darstellung zu bestimmen haben, so muß die Form des bedingenden Gegenstandes mindestens durch das Ganze der Darstellung dem Zuhörer sich versinnlichen, weil sonst der Zweck des Redners verfehlt werden würde.

Daß die Wahrheit im Ausdrucke die Schönheit der Darstellung erhöhe und befördere, darf wohl nicht erst besonders erläutert werden. Sie ist das Grundprincip alles wahrhaft Schönen in der Kunst.

Belege. Argumente.

Um die Vorstellungen bei der Einkleidung wirkend zu machen, muß eine jede derselben ein Vorstellungs-Grund sein. Dieser Grund bedingt in sich eine eigne Kraft der Vorstellung, und diese theilt sich in:

a) Kraft des Beleges;

b) Kraft des Beweises; und insoferne sie in diesen beiden Theilen gemeinschaftlich zur Anwendung kömmt, in:

c) die gemeinschaftliche Kraft der Vorstellungen.

Als die letztre ist sie, je nach der Absicht und dem Grundgegenstande des Redners, verschiedner Natur. Die Kraft des Belegs aber muß in jeder Darstellung sein:

1) eine erleuchtende (vis illustrans);

2) eine überredende (vis persuadens).

Die Kraft des Beweises muß bei jeder Darstellung sein:

1) eine bewegende oder rührende (vis movens);

2) eine überzeugende oder beredende*).

---

*) Um wieviel ärmer selbst die reiche lateinische Sprache ist, als die teutsche, erweist sich daraus, daß der Lateiner sogar für die genau zu unterscheidenden Worte bereden, überreden und überzeugen nur das einzige persuadere besitzt. Convincere konnten wir hier um so weniger anwenden, da es mehr das gerichtliche, oft gewaltsame Ueberzeugen oder Ueberführen eines Vergehens oder Verbre-

Jeder beweisende Grund ist zugleich Beleg, aber nicht jeder belegende Grund zugleich Beweis. Belegende Gründe können daher nur bei der Ueberredung zur Anwendung kommen; bei der Beredung müssen sie, wenn sie nicht fähig zum Beweise sind, oder zu solchem erhoben werden können, wegbleiben.

Bei der Ueberredung, die zum Zwecke hat, in Andern bloß gewisse Vorstellungen für oder wider einen Gegenstand zu erregen, müssen die Belege, um die Wahrheit der Darstellung aufrecht zu erhalten, triftige Belege sein, d. h. sie müssen die Empfindungen und Gesinnungen des Redners dergestalt treffend auseinandersetzen, daß dadurch der Zuhörer zur klaren Anschauung des ihm Vorgestellten bewegt wird. — Der Beleg kann hervorgehen

a) aus der Beschaffenheit des Grundgegenstandes selbst;
b) aus der eigenthümlichen Auffassung dieses Grundgegenstandes von Seiten des Redners, in welch' letztrem Falle der Darsteller seine Belege auch von andern Gegenständen, wenn sie dem vorgesetzten Grundgegenstande ähnlich sind, auf diesen herüberleiten kann.

Zugleich aber müssen wir hier die schon vorgekommene Bemerkung wiederholen: daß der Ueberredung (so wie der Beredung) durchaus nur die gute Absicht zum Grunde liegen darf, wenn der Erfolg der Darstellung ein dauernder sein soll; denn man kann zwar zur Ueberredung eine Menge täuschender und falscher Belege zur Anwendung bringen, und dadurch eine gewisse Absicht bei dem Zuhörer erreichen; allein dies Erreichen ist sodann immer nur momentan, die Wahrheit wird früher oder später an's Licht treten, und die Täuschung fällt alsdann mit vollem Gewichte auf den Redner zurück, während der Erfolg seiner Darstellung umgestoßen wird.

---

chens betrifft, wozu dann auch der Teutsche den Ausdruck „überführen" unterscheidend und klar gebraucht.

Wie bei der Ueberredung die Belege, so müssen bei der Beredung die Beweise triftig sein. — Der Beweis bei der Beredung muß immer aus der Wesenheit des Grundgegenstandes selbst hervorgehen. Unwesenheit oder fremdartige Beweise sind in sich selbst unhaltbar. Wird bei der Beredung ein Theilbegriff zum Partialhauptbegriffe erhoben, so hat in ihm ein gültiger Beweis zur Hervorleuchtung des Grundgegenstandes zu liegen.

Zur Einkleidung der Ideen muß bei der Beredung nicht nur eine Steigerung der Begriffe an und für sich, sondern auch eine Steigerung in den Beweisen Statt finden, denn der schwächere Werth eines Beweises nach einem stärkeren verdunkelt diesen sehr leicht, und kann noch leichter eine Abspannung in der bereits erlangten Ueberzeugung des Hörers herbeiführen. Da nun jede Abspannung der Kraft eine Erschlaffung derselben ist, so erklärt sich hieraus, warum bisweilen der beabsichtigte Erfolg einer Darstellung, ohnerachtet einer Menge von Beweisen, nicht erreicht wird, sobald diese Beweise nicht in steigender Progression entwickelt werden. Ferner behaupten manche Philosophen, daß durch einen mit Willen herbeigeführten, vorausgehenden dunklen Begriff der nächstfolgende um so heller hervortrete, und verleiten dadurch vielleicht zu der Meinung, daß es gut und angemessen sei, immer einen dunklen Begriff neben einen hellern hinzustellen. Diesem Grundsatze aber müssen wir uns ganz und gar entgegen erklären, indem durch dessen Anwendung leicht ein solches Gemische von dunkel und hell bewirkt werden kann, daß wir weder eine Einheit im Schatten, noch eine Einheit im Licht erhalten. Die Einheit in Schatten und Licht aber ist erste Grundbedingung bei einem jeden Gemälde; das Manigfaltige des Lichtes, so wie das Manigfaltige im Schatten, muß unter Einen Ausgangspunct zurückgeführt werden können, um durch das richtige Verhältniß ihrer beiden Ausgangspuncte die Harmonie des Gemäldes herzustellen. Es ist daher also immer eine allmälig fortschreitende, unmerklich ineinanderschmelzende Steigerung bei der Darstellung zu beobachten.

Analogie.

Das Verbinden mehrerer Gegenstände oder Objecte zu einem und demselben Zwecke, bedingt ein Aehnlichkeitsverhältniß zwischen ihnen, damit die bei der Darstellung zu beobachtende, bestimmte Richtungsweise keiner Störung durch ungleichartige Einkleidung der Ideen unterliege. — Das Analoge oder Gleichartige in den Theilbegriffen der verschiedenen Gegenstände ist, so fern es ihre Wesenheit zuläßt, in einander aufzulösen, oder zu vereinfachen, um Pleonasmus oder Reminiscensen zu vermeiden. Durch Ineinanderschmelzung des ganz Analogen wird bisweilen auch die Umfassung des Grundgegenstandes erleichtert, und eine leichtere Hinnäherung zu demselben bewirkt. Daß bei der Darstellung eines einzigen Grundgegenstandes das hervortretend Analoge in dessen Theilbildern durch gehörige Verschmelzung wo möglich ganz beseitigt werden muß, versteht sich von selbst.

Analogieen bei der Darstellung verschiedenartiger Grundgegenstände sind eigentlich nur dann erlaubt, wenn das hervorstehend Gleichartige zum beweisenden Vergleiche benutzt werden soll. Alsdann ist es aber auch nur bei diesem Vergleiche zur Anwendung zu bringen.

Je ungleichartiger sich die Theilbilder eines oder mehrerer Grundgegenstände einander gegenüber zu stellen scheinen, um so überraschender und kräftiger wird ihre Anwendung zu einem und demselben Zwecke in Wirksamkeit treten; denn je geschickter die Verbindung entschieden unähnlicher Theilgegenstände zu Einem Ganzen bei der Darstellung erreicht wird, um so mehr wird diese an Schönheit gewinnen, und um so eher wird sie den beabsichtigten

Eindruck auf das Gemüth der Zuhörer hervorbringen. (Und hier könnte denn das, was die bisherige Philosophie über das Gemischte in den Bildern sagt, einige Anwendung finden, insofern unter der Gemischtheit das Unähnliche derselben, und unter dem Angenehmen des Gemischten das Zurückführen des Unähnlichen unter Einen Hauptzweck und zu einem harmonischen Ganzen verstanden wird.) Da bei der Ueberzeugungsrede der Standpunct und Werth der Theilbegriffe unmittelbar aus dem Grundgegenstande selbst hergeleitet werden müssen, so folgt hieraus, daß ihre Wesenheit mit der Wesenheit des Grundgegenstandes analog zu sein habe. Es muß also eine Art von Analogie zwischen dem Grundgegenstande und seinen unmittelbaren Theilbegriffen ersichtlich werden. Diese Analogie findet auch jedesmal Statt; aber sie hat sich nur in der Wesenheit der Begriffe, und nicht in der Einkleidung derselben bei der Darstellung zu bekunden. —

Entwirrung — Auflösung.

Das unnatürliche gegenseitige Verhältniß einer gewissen Summe von Ideen ist, wenn dies Verhältniß durch allzustarke und unklare Vermischung derselben herbeigeführt wird, eine Verwicklung derselben; mehrere solcher Verwicklungen zusammen bilden eine Verwirrung der Ideen. Da nun eine jede vollkommne Darstellung an sich eine Entwicklung schon geordneter Ideen sein muß, so ist die Verwirrung der Ideen der inneren Vollkommenheit einer Darstellung gerade entgegengesetzt. Die Einkleidung der einzelnen Theilbegriffe kann daher nicht eher den Regeln der Vollkommenheit gemäß vor sich gehen, als bis jede etwa vorhandene Verwickelung zuvor entwirrt, oder aufgelöst ist. — Eine Verwickelung kann entstehen

a) durch allzustarkes Vorherrschen der Phantasie vor der nothwendigen Anschauung, wenn dies Vorherrschen der Phantasie auf sehr entfernt von einander liegende Theilbegriffe zu gleicher Zeit überführt, und diese von einander entfernten Theilbegriffe am unrechten Platze zu frühe mit gegenwärtigen Ideen unter einen Brennpunct gebracht werden;

b) durch das Dahingeben des Redners an sehr angenehme oder sehr unangenehme überflüssige Vorstellungen;

c) durch Verdunkelung der innern Allgemeinübersicht, und daraus hervorgehender starker Entfernung vom Grundgegenstande, bei allzugroßer Vertiefung in unwesentliche Theilbegriffe.

Zur Vermeidung der Verwickelung ist also das bleibende Bewußtsein der zur Klarheit gelangten Empfindungen, und das unerschütterliche geistige Fixiren des Grundgegenstandes die hauptsächlichste Stütze. Jede Art von Verwickelung muß durch den gehörigen Gebrauch dieser Stütze schon im Voraus, oder während dem Vorausdenken beseitigt werden; denn zur Auflösung einer Verwirrung, wenn sie schon da ist, dürfte dem Redner im Verlaufe der Darstellung erstens wenig Zeit übrig bleiben, und zweitens bewirkt ihr Vorhandensein während der Darstellung durch die sodann nothwendige Auflösung an und für sich schon eine Abweichung von der vorgesetzten Richtungslinie, mithin eine Unterbrechung und wohl gar eine Stockung im bedingten Redegange. Mag manche Art von starker Vermischung in den Empfindungen immerhin dem Empfindenden nicht unangenehm sein, so ist sie doch bei der Verlautbarung dieser Empfindungen immer eher schädlich, als nützlich. —

Wenn man glaubt, daß es Fälle geben könne, bei welchen der Redner mit Willen eine anfängliche Verwickelung herbeiführe, um sodann die Entwicklung desto glänzender hervortreten zu lassen, so ist dies ein gewaltiger

Irrthum; denn eine solche mit Willen eingeleitete Verwicklung, um sodann die Auflösung eines geschlungenen Knotens herbeizuführen, ist nur bei der dramatischen Darstellung erlaubt, bei welcher man diese Verwickelung die Intrigue des Stücks nennt. Der Redner wird also durch den Gebrauch dieses Mittels einen bedeutenden Mißgriff begehen, und seine Darstellung zum Schauspiele machen, welches weder vollständig überredet, noch überzeugt. (Es versteht sich von selbst, daß man das, was wir „Verkettung von Umständen" nennen, nicht mit dem eigentlichen Begriffe „Verwickelung" zu verwechseln habe.)

Der Redner kann vielmehr sehr häufig voraussetzen, daß sich in der Seele des Zuhörers mehr oder minder starke Verwickelungen befinden, und er also schon diese durch seine Darstellung zu entwirren habe; wie gefährlich also wäre es nicht für ihn, wenn auch noch in ihm selbst eine Verwirrung Statt fände. Dies ist besonders alsdann zu berücksichtigen, wenn die Zuhörer schon vorher wissen, wovon gesprochen werden soll, und also ein Jeder schon eine eigne Art von Meinung, Vorurtheil u. s. w. mitbringt, wie das z. B. beim Kanzelredner sich ereignen kann. Dieser kann immer mit der sichern Voraussehung die Kanzel betreten, daß er eine Menge von Zuhörern vor sich habe, die sich vorher schon ihre eigne Ansicht über seinen Gegenstand schufen, unbekümmert darum, ob sie bei dieser inneren Schöpfung die fremdartigsten und dunkelsten Begriffe verkehrt untereinander warfen oder nicht. Er hat also mit der vollkommensten Läuterung seiner eigenen Gesinnungen und mit der genauesten Entwirrung aller etwa in ihm selbst vorhandnen Verwickelungen seinen Redeplatz zu betreten, wenn er will, daß seine Darstellung den beabsichtigten guten Zweck erreiche.

Kontrast.

Der Kontrast entsteht dadurch, daß wir solche Vorstellungen zusammenstellen, die sich in ihren Merkmalen entgegengesetzt sind. Je unähnlicher sich gleiche, und je ungleicher sich ähnliche Gegenstände sind, desto stärker wird der Kontrast zwischen ihnen sein. Da nun der Naturalwerth eines jeden Gegenstandes durch seine Gleichung, Vergleichung oder Gegengleichung mit andern Bildern sich ergibt, und da ein jeder Gegenstand um so werthvoller vor einem andern sein wird, je mehr Werth seine hervorstechenden Eigenschaften vor denen des andern voraus haben, so ergibt sich hieraus, daß nicht nur bei jeder Darstellung zur Herstellung des Werthbegriffes ihrer Theilbilder und der Steigerungsproportion derselben, Kontraste nothwendig sind, sondern auch, daß der Kontrast, wenn viele unähnliche Theilbegriffe bei der Darstellung unter Einen klaren Hauptbegriff gebracht werden, zur Schönheit derselben wesentlich beitragen könne.

Es dürfen aber die Theilbilder eines Grundgegenstandes nur unter sich und nicht mit dem Grundgegenstande kontrastiren, sonst könnten sie leicht dem Zwecke des Redners entgegenstehen, anstatt denselben zu befördern. — Der Kontrast bei der Darstellung hat ferner nur im größeren oder mindern Werthbegriffe der Merkmale, nie aber in der stärkeren oder schwächeren Dunkelheit dieses Werthbegriffes zu beruhen.

Soll der Kontrast in den Theilbildern zur Hervorhebung des Grundgegenstandes mit beitragen, so müssen die, durch die kontrastirende Zusammenstellung aus ihnen hervorgehenden bedingenden Merkmale als wesentlich nicht-kontrastirend zu den Merkmalen des Grundgegenstandes sich darstellen; d. h. indem ich den kontrastirenden Theilbegriffen scheinbar einen Begriffswerth vom Grundgegenstande zukommen lasse, muß vielmehr der bei der Kontrastzusammenstellung aus ihnen hervorgehende entscheidende

Werth dem Grundgegenstande zugewendet werden können. Dadurch bewirke ich eine Erhöhung dieses Grundgegenstandes, durch die kontrastirende Gegenüberstellung seiner Theilbilder.

Es gibt bei der Rededarstellung a) einen verschönernden, b) einen erleuchtenden, c) einen erhöhenden Kontrast, der in dieser Eigenschaft zur Anwendung gebracht werden kann. Daß man den entstellenden, verdunkelnden und vermindernden Kontrast vermeiden müsse, ist begreiflich. —

Der verschönernde Kontrast beruht in der Gegenüberstellung des Harmonischen und Unharmonischen, oder der Assonanz und Dissonanz, der erleuchtende auf der Gegenüberstellung des Edlen und Unedlen, und der erhöhende auf der Gegenüberstellung des Werthvollen und Werthlosen. —

Begeisterung.

Wenn wir die Begeisterung in ihrer eigentlichen Bedeutung nehmen, als die, aus der unwillkührlichen, stärksten Hinneigung zu einem wahrhaft ergreifenden Gegenstande entspringende, höchste Lebhaftigkeit der Einbildungskraft, bei welcher sodann der emporstrebende Geist durch seinen unvorhergesehenen Aufschwung beinahe gezwungen wird, sich von allen Fesseln des Bedingten in der Verbindung loszureißen, — und wenn wir also annehmen, daß die höchste Begeisterung ein förmliches unwillkührliches Drüberhinausschwingen des Geistes über die Grenzlinie des Gewöhnlichen sein kann, so läßt sich begreifen, welch' ein geübter Redner derjenige sein müsse, der in der wahrhaften, d. i. in der unwillkührlichen Begeisterung den Faden seiner Darstellung nicht verlieren will. Es gibt freilich eine falsche Begeisterung, zu der sich Manche schon im Voraus entschließen, d. h. eine gemachte, oder vorgenommene, und bei dieser unterliegt sodann natürlich das Festhalten des Fadens keiner allzugroßen Schwierigkeit. Aber bei der ächten unvorhergesehenen Begeisterung, bei welcher der herbeigeführte Grad der Lebhaftigkeit in der Einbildungskraft den Redner selbst überrascht, gehört es mit zu den bedeutendsten Schwierigkeiten, dermaßen über die in der Seele nothwendig umschlossenen Empfindungen Herr zu bleiben, daß man sich in der Gluth der Phantasie nicht zu weit oder gar ganz vom Grundgegenstande entferne, durch die Ueberspannung der Seelenkraft ihr Wirkungsvermögen schwäche, dadurch die Klarheit der umfaßten Begriffe verdunkele, endlich den geschlossenen Umfassungskreis ganz und gar überschreite, und so in den Strom der überflüssigen Vorstellungen auf eine Weise hinein gerathe, daß man entweder plötzlich stocken muß, oder, was noch leichter ist, von der höchsten Stufe der Begeisterung zur Schwärmerei übergeht.

Wohl soll ein jeder Redner für seinen Gegenstand, besonders wenn derselbe einen sehr edlen oder erhabnen Zweck begründet, dermaßen beseelt und wahrhaft ergriffen sein, daß er bei der Darstellung in Begeisterung gerathen kann, und wohl soll ein jeder aus der Tiefe der Erkenntniß hervorgehende Ausdruck seiner Empfindungen die wahrhafte und begeisterte Auffassung seines Gegenstandes bekunden; aber selbst in der höchsten Gluth der Begeisterung darf er nicht sich selbst aus den Augen verlieren, und gerade in der höchsten Gluth der Begeisterung soll eigentlich er selbst nur im vorgesetzten Gegenstande sein, d. i. sein Geist muß den Grundgegenstand dermaßen in sich eingesogen haben, daß während der ganzen Dauer der Darstellung, also auch während der höchsten Begeisterung in derselben, das wissentliche Empfinden des Redners einzig und allein ein Empfinden durch seinen Grundgegenstand ist.

Da wir der Einbildungskraft, als solcher, während der Darstellung keinen eigentlichen Führer beigeben, sondern sie durch unsere Willenskraft höchstens zur Umschließung eines uns vorgesetzten Ideenkreises nöthigen können, so bleibt sie, was ihre Lebhaftigkeit betrifft, immer sich selbst überlassen. Wir müssen uns daher vor einer überspannenden Steigerung dieser Lebhaftigkeit bei der Rede so gut als möglich verwahren, und ihr wenigstens im steten Bewußtbleiben unserer selbst und in der Geistesgegenwart eine Art von Führer aufdringen, so ungerne sich auch die Einbildungskraft was aufdringen läßt.

Da ferner die Einbildungskraft die eigentliche Bevollmächtigte der Seele ist, welche ihr ununterbrochen Ordre gibt, „nur ja recht viele Bilder herbeizuschaffen," und da die allzeit fertige Bevollmächtigte sich ein wahres Vergnügen daraus macht, die Seele mit Empfindungen und Vorstellungen gleichsam zu überschütten, so haben wir schon genug zu thun, um sie während der Darstellung nur in ihrer gewöhnlichen Wirkungssphäre nicht ausarten zu lassen; — um wie viel mehr also haben wir uns nicht bei ihrer ungewöhnlichen — der Begeisterung — vorzusehen. —

Man kann die Begeisterung immer eher als einen unnatürlichen Zustand betrachten; sie bedarf daher der natürlichen Mittel, um gemäßigt zu werden. Alles dasjenige, was sich auf bleibendes Bewußtsein, Geistesgegenwart und feste Richtungsweise bezieht, ist natürliches Mittel zur Mäßigung überspannter Lebhaftigkeit.

Farben.

Insoferne die Rededarstellung eine gewisse Harmonie zwischen der nothwendigen und individuellen Anschauung, und also ein nothwendiges Verhältniß zwischen den bedingenden und abgeleiteten Begriffen durch mehr oder mindere Hervorleuchtung derselben bedingt, kann sie ein rhetorisches Gemälde genannt werden. Das Verhältniß der Farben eines solchen Gemäldes begründet sich in dem gegenseitigen Werthverhältnisse der einzelnen Begriffe zu einander, und je harmonischer und die Absicht des Bildners hervorhebender diese Farben in einander verfließen, um so vollkommener wird das Gemälde zu nennen sein.

Der Schatten ist der geringste Grad der Modification des Lichts, und hebt also natürlicherweise die stärkeren Grade dieser Modification, wenn er mit denselben verbunden ist, hervor. Wenn gleich aber die Licht-Farben des Redegemäldes einen Vergleich mit den Lichtfarben der wirklichen Malerei zulassen, so kann dies doch keineswegs der Fall mit den Schattenfarben beider sein. Das Schatten- und Licht-Verhältniß der Rededarstellung ist durch innere Anschauung, und durch inneren Begriffswerth bedingt, und soll von Seiten der Zuhörer gleichfalls eine innere Anschauung der Darstellung bewirken; und da ferner bei der wirklichen Malerei der Schatten in sich selbst jedesmal einen Werth haben kann, bei der Rede aber der sich ergebende Schatten eines Begriffes jedesmal einen niedrigeren Werth desselben anzeigt, so erklärt es sich, warum die Farben des rhetorischen Bildners ein ganz eigenthümliches Verhältniß der Mischung und Verbindung unter sich nothwendig machen.

Die Theorie der schönen Künste hat bis jetzt gewöhnlich die höheren Grade der Lebhaftigkeit das ästhetische Licht, und die niedrigern Grade derselben den ästhetischen Schatten genannt. Dem müssen wir aber im Bezuge auf die Rededarstellung ganz und gar widersprechen. Es könnte eine Summe der allerniedrigsten und werthlosesten Begriffe mit der größten Lebhaftigkeit erfaßt werden, und welche gesunde Vernunft wollte sodann diese Lebhaftigkeit mit dem Namen „ästhetisches Licht" belegen? Ebenso aber könnte ein ruhiger und gefaßter Redner eine Summe der edelsten und erhabensten Begriffe mit ganz geringer Lebhaftigkeit erfaßt haben, ohne daß diese geringe Lebhaftigkeit darum der Schatten seines Gemäldes genannt werden könnte. Wir glauben also besser zu urtheilen, wenn wir das, durch den unmittelbaren und natürlichen Werth der Empfindungen Hervorleuchtendere das ästhetische Licht, so wie das durch Bekundung eines natürlichen Minderwerthes Zurückstehende im Begriffe den ästhetischen Schatten benennen.

Die Farben eines rhetorischen Gemäldes verhalten sich zueinander, wie die einzelnen Begriffe desselben durch ihre unmittelbare Werthstellung. Der höchste Lichtglanz im rhetorischen Gemälde wird alsdann erzeugt, wenn durch gehörige Zusammenwirkung aller Farben der Theilbilder, der Grundgegenstand dermaßen in's Licht tritt, daß dadurch die gute Absicht des Redners erreicht wird; die höchste Harmonie des Gemäldes aber wird bewirkt, wenn der Werth aller Theilhauptbegriffe dermaßen zu einem Werthganzen verschmilzt, daß aus diesem Vereine der beabsichtigte Grund-Werth, oder hervorleuchtende Werth des Grundgegenstandes ersichtlich wird. Die, den höhern oder mindern Werth der Begriffe bezeichnenden, Merkmale derselben bilden das Kolorit der Darstellung, welches um so angenehmer auf das innere Auge einwirken wird, je harmonischer die erhöhenden Merkmale zu Einem Ganzen zusammenfließen.

Wie bei jedem ernsten Gemälde, so muß auch bei dem ernsten rhetorischen das allzu Bunte in den Farben vermieden werden.

Gemüthsruhe.

Der Redner hat sich während der ganzen Dauer der Darstellung in einer gewissen Gleichmäßigkeit des Gemüthszustandes zu erhalten, wenn auch gewisse von ihm ausgesprochene Empfindungen von einem besondern Eindrucke auf sein Gemüth sein sollten. Es kann sich in gewissen Perioden seiner Darstellung ein ergriffenes Gemüth zwar aussprechen, jedoch aber muß die Zurückwirkung des Ergriffenseins auf das Gemüth nicht so stark werden, daß dadurch eine momentane innere Unruhe herbeigeführt werden könnte. Auch die kleinste innere Unruhe kann auf die Einkleidung der Ideen schädlich einwirken.

Gemüths-Unruhe ist die nächste Stufe zur inneren Erschütterung; da nun die allzustarke Erschütterung endlich eine Schwankung herbeiführen muß, und da das Aufhören einer jeden Schwankung eine Stockung der vorhergegangenen Bewegung ist, so erfolgt hieraus, daß eine dauernde Gemüthsunruhe sehr leicht eine Stockung in der Rede herbeiführen könne.

Der Redner vergesse nicht, daß man in seiner Darstellung zwar die innere Triebfeder einer bestimmten Absicht, nicht aber die Aufgeregtheit seines Gemüths oder seiner Gefühle will in Wirkung treten sehen.

Das Natürliche. Das Wahre.

Je mehr Natürlichkeit bei der Einkleidung der Ideen hervortritt, um so einfacher werden sie den Weg zu dem Innern ihrer Hörer finden, und um so natürlicher werden diese zur Ueberzeugung gelangen. Alles nicht zu einer Darstellung zweckmäßig Passende ist für sie als unnatürlich zu betrachten, und stört die Gesammtwirkung ihrer Theilbilder. Je mehr sich die Entwickelung und Einkleidung der Ideen dem Verhältnisse ihres natürlichen Werthes untereinander nähert, um so natürlicher wird die Einkleidung sein, und um so einfacher wird sich das Wahre durch dieselbe bekunden.

Die Vollkommenheit der Rededarstellung schließt besonders das Unnatürliche, Schwülstige und Uebertriebene aus. Je einfacher und natürlicher sich die Linien oder Reihen der Empfindungen zu einander gestalten, um so wohlthuender werden sie auf das innere Auge des Zuhörers einwirken, und ihm die Annäherung an die vom Redner zu bewirkenden Empfindungen oder Absichten erleichtern.

Das Unnatürliche wird bei der Rede leicht zum Unwahrscheinlichen, und muß daher für den Redner immer von schädlichem Einflusse sein. Ungeübte suchen sich häufig bei der Darstellung mit schwülstigen oder unnatürlichen Ideen zu helfen, wenn sie durch Unsicherheit und Erkenntnißschwäche in ihrem Innern sich plötzlich verwickelt haben; dies macht aber das Uebel nur noch ärger, denn sowohl der Schwulst als das Unnatürliche bei der Darstellung entfernen immer weiter vom Gegenstande, anstatt zu ihm hinzuführen.

Das Wahre stützt sich immer auf die richtigste Einheit, auf die daraus hervorgehende Sicherheit in der Verbindung, und endlich auf die einfachste Anwendung des Gültigen nach seinem eigenthümlichen Werthe. Auch muß die Wahrheit in den Farben jedes einzelnen Theilhauptbegriffes zur Wahrheit des Ganzen wesentlich beitragen.

Fülle. Weitschweifigkeit.

Der in unserem Innern Behufs eines bestimmten Grundgegenstandes zu schließende Ideenkreis bildet den innern Gesichtskreis der Darstellung. Je mehr passende, und den Grundgegenstand erhöhende Theilbegriffe dieser Gesichtskreis zu umschließen vermag, um so reicher werden sich die einzelnen Theilhauptbegriffe zu entwickeln vermögen, und um so mehr hervorleuchtende Nebenbegriffe werden den geschlossenen Umfassungskreis ausfüllen können. Eine solche, den Hauptgegenstand erhebende, und zu seinem Werthe in passendem Verhältnisse stehende reichere Ausfüllung begründet die Fülle in der Darstellung, und eine solche Fülle trägt, wenn sie dem Zwecke vollkommen entspricht, und in einen bestimmten Kreis eingeengt ist, nicht nur zur Schönheit der Darstellung im Allgemeinen bei, sondern es werden auch durch dieselbe am leichtesten die Lücken bei der Verbindung der Theilbegriffe vermieden. Alles Ebenmaaß im Linienzuge hebt die durch selbe bewirkte Gestaltung, und alles Ebenmaaß in der Fülle trägt zur Schönheit dieser Gestaltung wesentlich bei.

Jede zu starke Fülle aber ist eine zu starke Ausdehnung, und alles unebenmäßig Ausgedehnte grenzt an's Unnatürliche. Bei der Rede pflegt die allzu große Fülle meist in Weitschweifigkeit auszuarten, und dadurch den nothwendigen Umfassungskreis der Ideen zu durchbrechen; eine jede Weitschweifigkeit aber ist in der Rede von mehr oder minder übler Einwirkung, weshalb man einer übermäßigen Fülle vorzubeugen hat. —

Die Regel de tri.

Diese besteht jedesmal in der genau zu berechnenden Verbindung zwischen: Erkenntniß, Bewußtsein und Ueberzeugung. Harmoniren diese innig und wahr mit einander, so wird dem Redner nicht so leicht eine Berechnung zu schwer sein. Man mag dagegen einwenden, was man will, so läßt es sich doch nicht ableugnen, daß die Kraft des Bewußtseins, in der Erkenntniß und der aus ihr hervorgehenden Ueberzeugung, eine mehr als menschliche sei, und daß, bei der Anwendung zur lebendigen Darstellung, dieser Kraft nichts zu schwer sein könne, wenn der Verbindungspunct zwischen dem Redner und seinem Objecte „Wahrheit" heißt. Auf diesem Verbindungspuncte wird es dann auch beruhen, ob der Zuhörer am Schlusse der Darstellung die nämliche Endsumme finden kann, die der Redner selbst in ihr findet; und, findet der Hörer sie eben so wie dieser, — hat jener göttliche Dreiklang der Seele sich in ungeschwächter Klarheit aus dem Innern des Darstellers den Weg in's Innere des Zuhörers gebahnt, dann darf der Redner gewiß sein, daß sein Zweck vollkommen erreicht, und die Wirkung eine dauernde sei. — — —

Wenn einige unsrer Leser vielleicht die Vermuthung hegten, eine wirklich rein-materielle Berechnung des Geistigen und Heiligsten im Menschen durch uns angegeben zu finden, so glauben wir den Irrthum dieser Vermuthung durch das Vorliegende hinlänglich dargethan zu haben, und bemerken ihnen bloß, daß das Erkennen des Menschlich-Geistigen durch körperliche oder maschinenmäßige Hülfsmittel und Vorrichtungen alsdann möglich sein wird, wenn wir es mit unserer Vernunft allein Einmal dahin gebracht haben werden, dem Schöpfer den Saamen der Gewächse nachzumachen, um sie ohne Ihn, durch uns selbst wachsen zu lassen. Und somit schließen wir denn in Ihm, ohne dessen Zuthun unserer Vernunft wenigstens bis jetzt nichts möglich war, ein Werk, dessen Grundlage unsere Selbsterkenntniß bildet, und von dem wir wünschen, daß es bei allen unsern Lesern eine ähnliche Grundlage zur Erreichung unsres Zweckes herbeiführen möge. —

Ende.

Leipzig,
gedruckt bei J. B. Hirschfeld.

Berichtigungen.

Seite 85	Zeile 2	von unten,	statt:	dergleichen,	lies: dergleiche.
" 98	" 14	" oben,	"	vorbeitende,	" vorbereitende.
" 112	" 7	" "	"	rette,	" rettete.
" 179	" 18	" "	"	verdrängende,	" vordrängende.
" 209	" 9	" "	"	Summe,	" Summen.

MIX
Papier | Fördert
gute Waldnutzung
FSC® C083411

Kolibri 360 GmbH
Ferdinand-Jühlke-Straße 7
99095 Erfurt, Deutschland
produktsicherheit@kolibri360.de